구성주의 수학교실 2학년

Nancy Litton 지음

김진호 · 남미선 · 안희진 옮김

教友社

역자 서문

학습자 스스로 지식을
구성하는 교실 문화 형성을 위해서

구성주의 수학교실: 1학년의 역자 머리말에서 구성주의를 바탕으로 하는 수학 교육의 가장 기본이 되는 전제는 "초등학생도 지식을 스스로 구성할 수 있는 지적 능력을 갖춘 인격체이다."는 점에 대해 간략한 설명을 하였다. 이처럼 학습자를 바라보는 관점이 바뀌면 이에 따르는 여러 요인들도 변해야 패러다임적 전환이 이루어진 교육을 실천할 수 있다. 그 중 하나가 교사가 형성하고 있는 학습자관이다. 2010년 현 시점에서, 학습자들이 이런 지적 능력을 갖추고 있음을 가슴으로 받아들이고 있는 초등교사가 얼마나 있는지 의문시된다. 물론, 개인적으로 이런 신념을 형성하고 교육에, 수업에 임하는 몇몇의 교사들을 목격한 바 있다. 그러나 다수의 교사들은 여전히 전통적인 관점에서의 교육관, 수업관에 젖어 있음을 부정할 수 없는 것이 현실이다. 역자 중의 한 명에게 수업지도를 받고 수업을 해 본 몇몇의 교사들은 아이들이 패러다임적 전환이 이루어진 수업 환경에 잘 적응하고, 자신들이 오히려 적응하기 어렵다고 한다. 교사들 입장에서는 자신들에게 익숙한 교수·학습 행위를 바꾸어야 하는데 이것이 그리 쉬운 것이 아니다. 또한, "어린이를 위한 수학교육연구회"의 한 회원이 교내 수업 공개 후에 있는 협의회 시간에 한 교사로부터 "선생님은 수업 중에 '맞았어', '아니지'라는 말을 한 번도 사용하지 않네요?"라는 질문을 받았다고 한다. 이 질문을 한 교사는 아이들의 반응에 대해서 교사가 할 수 있는 당연한 반응들 중의 몇몇으로 '맞았어, 그렇지, 아니지, 등'을 예상하고 있을 것이다. 전통적인 수업에서 볼 수 없는 교실 풍경을 그려내는 것이 어떻게 가능한 것일까? 바로, 교사들이 학습자가 스스로 지식을 구성할 수 있는 지적 능력을 갖춘 인격체이다는 점을 인정하는 것으로부터 이에 어울리는 교수·학습 관행을 실천에 옮기기 때문이다.

그런 점에서, 학습자가 스스로 지식을 구성할 수 있는 지적 능력을 갖춘 인격체라는 점과 관련해서 초등교사들을 설득할 수 있는 한 가지 논리를 더 살펴보도록 하겠다. 제7차 교육과정이 실시되면서 학습자 중심 수업에 대한 안내가 각종 연수를 통해서 교사들에게 전달되었을 것이다. 이때, 다수의 교사들의 생각은 학습자 중심 수업은 '일반아'를 대상으로 적용할 수 있는 수업 형식이 아니라 '영재아'를 대상으로 적용할 수 있는 수업 형식이라고 오해하였다. 하지만, 국가수준의 교육과정인 제7차 및 2007 개정교육과정은 분명히 '일반아'를 위한 교육과정이지 '영재아'를 위한 교육과정이 아니라는 점이다. "초·중등의 학교교육은 보통 교육이기 때문에 국민으로서 필요한 공통적이고 일반적인 기준이 ~"[1]라고 밝히고 있다. 이때 국민은 21세기 지식기반 사회에서 삶을 영위할 그 국민을 의미한다. 즉, 영재아를 포함하는 모든 학령기 아이들을 이르는 말이다. 다시 말해서, 잠재적으로 이 말 속에는 초등학생들도, 심지어 학습능력이 처지는 학생들도 지식을 구성할 수 있는 지적 능력이 있다는 점을 암시하고 있다.

학습자의 지적 능력을 인정하면서 수업을 하는 것을 전제로 한다면, 학습자들이 학습할 내용도 변화를 가져와야 한다. 특히, 제7차 교육과정처럼 패러다임적 전환이 이루어진 교육을 논할 때, 다루어야 하는 것이 바로 "학습자가 학습할 내용"이다. 그런데, 매우 유감스럽게도, 제6차 교육과정에서 제7차 교육과정으로 개정할 때, "학습할 내용"에 대한 논의에서 바뀐 패러다임에서 보는 "학습할 내용"에 대한 논의는 생략되었다. 대신에, 제3차 교육과정에서 제4차 교육과정으로, 제5차 교육과정으로, 제6차 교육과정으로 교육과정 개정 작업을 할 때 이루어지던 그대로의 관점들에서 "학습할 내용"에 대한 논의가 그쳤다. 즉, 수학의 개념, 원리, 다의성, 통합성, 연결성 등 기존 수학에 대한 관점과는 다른 관점에서 수학을 접근 할 수 있다. 본 역서에 담겨져 있는 거의 대부분의 수업자료는 바로 이런 지식관을 반영한 수업자료들이다. 7장에 소개되어 있는 "묶음으로 되어 있는 것들" 그리고 "원과 별 게임" 등과 같은 수업자료로 수업을 하면서, 이 수업에 대한 차시별 학습목표를 만연되어 있는 방식으로 적을 수 없을 것이다. "구성주의 수학교실: 3학년 (근간)"을 번역하면서 이와 관련된 논의를 지속하도록 하겠다. 독자들도 학습자관, 지식관에 대해서 다시 한 번 고민해 보는 시간이 되기를 바란다.

미국의 교육시스템과 우리나라의 교육시스템이 다르기 때문에, 독자들은 이 책에 소개되어 있는 수업자료들을 재구성할 필요가 있다. 특히, 이 책의 제목이 "구성주의 수학교실: 2학년"이라고 해서, 이 책에 소개되어 있는 "학습내용"이 현행 교육과정의 2학년의 그것과 일치하지 않는다. 이는 미국의 초등학교가 1학년을 시작하는 시기가 우리나라보다 반년 앞서기 때문이다. 따라서, "구성주의 수학교실: 1학년"의 내용 중 일부는 우리나라 교육과정의 유치원 교육과정과 관련 있고, "구성주의 수학교실: 2학년"의 내용 중 일부는 우리나라 교육과정의 1학년

1) 교육인적자원부 (1998). 초등학교 교육과정 해설. 서울: 대한교과서주식회사.

교육과정과 관련 있다. 두 시리즈물을 다 읽은 후 각 교사의 교육 환경에 맞게 재구성해 사용하기를 진심으로 바란다.

저자 서문에서 저자도 밝히고 있듯이, 본 서에 소개되어 있는 프로그램 및 그 순서는 한 가지 가능한 접근일 뿐이다. "구성주의 수학교실: 1학년" 및 "구성주의 수학교실: 2학년"의 역자 머리말에서 밝힌 관점들을 반영한 수업이 실행될 수 있는 방식으로 재구성하면 된다. 이 수업자료들을 가지고 전통적인 수업관을 적용한 수업을 하면 어떤 결과를 가져올지 상상해 보기 바란다. 이런 방식으로 학습자 중심 수업을 실천한 결과에 따르면, 모두 실패하였다고 보고하고 있다. 앞서 진술하였듯이, 아이들을 믿고 아이들의 지적 능력을 존중해 주면, 교사들은 아이들이 지적희열을 느끼며 수업에 임하는 것을 목격할 수 있다. 이것이 나의 그리고 어린이를 위한 수학교육연구회 회원들의 경험이다. 아이들이 수학시간이 기다려지는 그런 수업이 가능하다. 독자들도 이런 경험을 공유하기 바란다.

본서가 출판되기 까지 많은 이들의 노력이 있었음에 이들에게 감사하는 마음을 표하고자 한다. 특히, 우리는 어린이를 위한 수학교육연구회 회원들에게 감사힌다. 모든 회원들이 약 2년에 걸쳐 한 달에 한 번씩 만나서 세미나를 하면서 초벌 번역 작업을 하는 수고를 아끼지 않았다. 특히, 이주영 선생님, 유대현 선생님, 임상미 선생님, 박현미 선생님, 홍은숙 선생님, 김경미 선생님, 이진경 선생님들로부터 큰 도움을 받았다. 우리는 이들의 수고에 조금 더 수고를 보탰을 뿐임을 밝히고 싶다. 그리고 이 책의 출판을 맡아 준 교우사 특히 편집부 직원분들과 오판근 사장님에게 감사의 뜻을 전하고 싶다.

김진호, 남미선, 안희진

추천사

수학 교수 · 학습에서 중요한 것 중 하나는 교육 과정을 일관성있게 계획하는 것이다. 우리는 학생들이 배워야하는 중요한 수학적 개념에 대해 고민해야 할 뿐만 아니라, 아이들이 생각하고 추론하는데 능숙한 문제 해결자가 되도록 도와야 한다. 또한 아이들이 수학을 즐기고 그들의 삶에 유용하게 활용할 수 있도록 격려해 주어야 한다. 이러한 성취는 선택 가능한 다양한 교육적 내용, 가르치는 기술, 교실에 있는 개별 학생의 요구에 대한 이해가 있어야 하며 또한 수학 교육과정의 전반적인 범위에 대한 이해를 필요로 하는 어려운 주문이다.

이 책은 1년 동안의 수학 교수·학습 계획을 위한 안내를 달별로 제공한다. 이 책은 세 권이 시리즈로 구성되어 있는 책 중의 한 권이고, 이 세 권의 책은 1학년, 2학년, 3학년의 수학 교수·학습 방법을 안내하기 위해 구성주의 수업에 익숙한 교사가 집필한 것이다. 각 책의 저자는 자신의 제안이 단지 계획을 성취하기 위한 접근이나 반드시 다른 사람들이 따라야 할 가장 좋은 접근이 아니라, 교실에서 1년 동안 경험해온 것으로부터 성장해온 계획에 따른 사려 깊고, 실제적이고, 매우 개인적인 접근이라고 말한다.

이 시리즈의 세 명의 저자는 구성주의 수업에 익숙한 교사이다. 경험이 풍부하고, 경력이 많으며, 매우 열심히 일하고, 성취한 것이 믿을 수 없을 정도로 많다. 그들은 자신들의 지혜와 경험을 책 속에 독특한 방식으로 담아놓았으나, 교사로서 그들은 공통적인 경험과 관점을 공유하고 있다. 각각의 작가들은 전문적으로 성장한 많은 학급을 보여주고, 그들 경력의 주요 초점을 가르치는 교실 만들기를 해볼 수 있도록 교사를 위한 워크숍을 제공하고 있다. 세 저자 모두 처음부터 수학을 좋아하거나 잘하지 못했다. 그러나 그들은 학생들에게 알려주고 싶다는 그들의 필요에 의해 수학의 진가를 알아보기 위해서 연구하고 고민했다. 그들은 수학 지도에 있어 매우 헌신적이었고, 아이들을 이해하고, 교실을 관리하는 방법을 알고, 가르치는 것에 대해 열정적이었다. 당신에게 이 책을 소개하게 된 것을 매우 큰 기쁨으로 생각한다.

MARILYN BURNS

저자 서문

몇 년 전, 나는 개인 생활과 교직 생활에서의 변화를 경험했다. 나는 2학년 수학 수업과 관련된 한 프로젝트에 참가해 달라는 초대를 받았다. 이 초대는 매달 개최되는 워크숍에 참가하는 것으로 이 워크숍은 특히 2학년 학생들에 맞는 구체적인 수학 수업자료들에 초점을 두고 있었다. 각 워크숍 동안, 나는 한 수업 자료에 익숙해 질 수 있는 기회를 가졌고 내 교실로 돌아와서 이 활동들을 시도해 볼 것을 권유 받았다. 또한 이 워크숍들은 아이들이 수학을 학습하는 방법에 관련해서 토론을 진지하게 할 수 있는 기회를 제공해 주었다.

이 프로젝트에 참가하면서 결합하고 발달적으로 적절한 수학 교육과정을 제공 할 필요가 있음을 인식하게 되었기 때문에, 그 후로 나의 교직 생활은 변했다. 나는 나의 학생들이 항상 개념에 대해 생각하게 하는 방법을 배웠다. 이렇게 함으로써 아이들은 시간이 지남에 따라 이해를 발달하게 된다. 이 수업자료들은 내가 생각하기에 학생들에게 옳은 것이라고 찾던 그리고 나의 학생들이 자신감을 갖고 융통성 있는 문제 해결자가 되는데 일조 할 수 있게 내 나름대로 시도해 오던 것들에 좀 더 깊이를 더해 주는 바로 그런 수업자료들이었다.

이제는 더 이상 다음 한 주 동안 수학 시간에 나의 학생들과 할 것을 찾아내려고 걱정스런 마음으로 안간힘을 쓰면서 일요일 밤을 보내지 않기 때문에, 나의 개인 생활이 변했다. 나는 "Nancy, 준비가 안 되었는데.", "내가 올바른 방향으로 교육을 하고 있는지를 모르잖아. 쉽지 않은데.", "영화는 무슨 영화야. 다음 주 수학 시간 동안 할 것을 찾아내야지."와 같은 생각으로 인해 더 이상 괴로워하지 않는다.

나는 이 책이 교사들에게 내가 2학년 프로젝트에 참가하면서 경험한 것과 같은 도움을 주기를 희망한다. 교사가 아이들과 함께 일 년 동안 사용할 수학 프로그램을 공들여 만드는 고독한 작업을 계속해야 할 때, 나는 이 책이 교사들이 교수를 쉽게 해 주고 수업에 대한 의심과 걱정을 덜어 주기를 희망한다. 이 책은 또한 수학교육에서 학생들은 그들이 이해한 것을 자신의 지식으로 유지한다는 가정에 기반을 두면서 문제해결에 기반을 둔 교육과정이란 것이 무엇인지에 대한 교사들이 갖고 있는 정의를 넓혀 줄 뿐만 아니라, 교사들이 아이들은 사고를 유발하고 흥미와 인내를 장려하는 학습 환경에서 발달시킨 개념들을 가장 잘 이해할 수 있다는 생각을 갖도록 도와 줄 것이다.

이 책은 연간 계획을 위한 일반적인 안내를 담고 있지 정확히 같은 방식으로 좇아 해야 하는 청사진은 아니다. 각 장들은 학년의 달 순서로 구성되어 있고 가을부터 봄까지 다루어야 할 주제들을 위한 제안들을 제공해 두었다. 나는 교사들이 장기적인 계획을 세우는데 자신 있어 할 수 있도록 기본 구조를 제공하려고 노력하였지만, 교사들이 담당하고 있는 아이들의 필요와 능력을 토대로, 그리고 교사들 자신의 개인적 장점과 관심을 토대로 선택 할 수 있는 여지를 남겨 두었다.

이 책이 또한 교사들이 매 순간 수업 전・후에 직면하는 의사결정을 내리는데 일조하기를 나는 희망한다. 나의 아이들이 수학적 문제해결을 하면서 즐거움을 경험하였고 이해의 고통을 이겨내는 경험을 하는 것을 목격하는데, 나는 어떻게 나의 수업들이 이처럼 효과 있게 되었는지를 이해하려고 노력했고, 그래서 교사들에게 자신들의 아이들을 지원하는데 도움이 되는 방법들을 제시할 수 있게 되었다. 수업을 잘 제공하면서 아이들을 동기부여하고 지지하는 것은 계획하기 그리고 이해를 필요로 한다. 나의 제안들 중의 일부는 교사들이 일반적으로 행하고 있는 교수・학습 행위들을 반성해 보는 계기를 제공할 것이고 그리고 교사에게는 자신이 옳다고 생각하는 방식들을 새로운 아이들에게 시도해 볼 자신감을 제공해 줄 것이다. 또한, 이 책의 뒷부분에 달별 장에서 언급된 자료들에 대한 전체 목록을 수록해 두었다. 교사들이 이 책에서 제시한 아이디어들을 토대로 이들 교육과정 안내를 확장해 가길 나는 희망한다.

수학을 학습하는 것은 어린 학습자들에게는 호기심을 돋우는 즐거운 경험일 수 있다. 수, 도형, 자료 수집, 그리고 측정은 2학년 아이들의 호기심 많은 마음들을 유혹하는데 손색이 없는 수학의 세계의 모든 측면이다. 학습에 흥취 되어 있는 그리고 서로서로에 관심을 갖는 학급 구성원들과 함께 이들 아이디어들을 탐구하는 것은 이후의 수학 학습에 중요한 수학에 대한 긍정적인 태도를 형성하는 데 도움을 준다. 교사들이 아이들과 함께 일 년을 보내며 활동을 하는 동안 행운이 가득하기를 바란다.

목 차

부록목차

제 1 장

수업에 들어가기 전에

개학 1, 2주 전에는 기대와 걱정으로 가득 차 있다. 아직 교사들은 학생들을 배정받지 않았기 때문에 진공상태와 같은 기분이 들 것이다. 이 시기에 교사들은 예상되는 일에 대비하고, 걱정을 덜기 위해 다음과 같은 일을 할 수 있다.

- 학생들을 위한 물리적인 교실환경을 준비한다.
- 학생들이 수 감각을 계발할 수 있도록 기본적인 환경을 조성한다.
- 어떻게 수학 일정을 매일 진행할 것인지를 생각해 본다.
- 문제풀이에 기반을 둔 수학 프로그램에서 교사로서 어떤 역할을 할지 생각해 본다.

수학 학습을 위한 교실환경 꾸미기

학생들이 오기 전에 교실환경을 준비하는 것은 많은 도움이 된다. 교실을 질서정연하게 정돈하는 것은 학생들이 성공적으로 문제해결을 하는 데 필요한 자료와 공간에 쉽게 접근할 수 있도록 한다. 이는 교사가 새로운 학기에 적응하는 데에도 도움을 준다. 정리 정돈을 함으로써 자신이 담당하고 있는 교실 범위 안에서, 교사가 이 교실의 주인이라는 점과 이 교실을 책임지고 있다는 점을 상기시키는 데 도움을 준다. 교사들은 많은 외압을 받는다.[1] 하지만 학생들이 도착하고 교실문이 닫히는 순간 모든 것은 교사의 책임이다.

조작도구 : 기본적인 자료

교실에는 다음과 같은 것들이 이상적으로 준비되어 있어야 한다.

- 1년 동안 수 활동에 사용할 수 있는 1,000개짜리 연결정육면체 1세트
- 기하 활동 그리고 연관되는 모양을 통해 수학에 흥미를 이끄는 데 유용한 패턴블록 250개짜리 1통
- 측정 활동을 위해 자와 양팔저울 그리고 시침과 분침이 있는 시계
- 콩, 빵끈, 단추, 작은 세라믹 타일, 컬러타일, 또는 수를 세기 위한 작은 물건들은 다양한 형태로 제공되어 학생들로 하여금 수 개념이 크기나 모양과는 상관이 없음을 이해시키는 데 도움을 줄 것이다.
- 1~6까지 쓰여 있는 주사위나 정육면체(마주보는 면의 점의 수의 합이 7이 되어야 한다)
- 얼굴카드(K, Q, J)를 제외한 일반적인 놀이용 카드. 카드의 수량은 2인 1 모둠 당 한 벌의 카드와 교사용 카드 한 벌이 필요하다.
- 3차원 기하 활동을 하는 데에는 기하블록이 효과적이다.
- 여러 색으로 되어 있으며 각 색막대마다 길이가 정해져 있는 퀴즈네르 막대는 본래적으로 수학적 성질을 갖고 있다. 이 책에서는 퀴즈네르 막대를 필요로 하는 활동은 소개되어 있지 않지만, 퀴즈네르 막대를 활용하여 구조물을 지으면서 학생들은 중요한 수 관계를 탐구할 수 있다. 퀴즈네르 막대는 프로젝트 학습시간 동안 유용하며, 이러한 활동은 이 장의 "매일 수학 일정"에서 설명되어 있다.

---

1) 교사의 가장 우선적인 업무는 행정이 아니라 수업이다. 우리나라 전국의 초등학교 교사들이 한결같이 성토(聲討)하고 있는 '수업 중 행정 업무를 강요하는' 관행은 근절되어야 마땅하다. 단위학교장 및 각 시 · 도 교육청 관리들은 초등학교 교사들이 수업 중에는 수업에 전념할 수 있는 교육풍토를 마련해 주는 것이 자신들의 직분임을 잊어서는 안 될 것이다.

자료 준비하기

교구들을 보관함(예를 들면, 크고 작은 플라스틱 통 또는 뚜껑이 있는 플라스틱 상자)에 4인 1 모둠의 모둠에 적절한 양으로 넣어 둔다. 교사는 아이들이 각 교구가 어디에 보관되어 있는지 쉽게 알 수 있도록 교구장 또는 통 및 상자에 이름표를 부착한다. 그리고 이것을 토대로 아이들이 교구들을 정리 · 정돈하는 책임을 가질 수 있도록 한다.

가능하다면, 학생들이 쉽게 손이 닿을 수 있는 아래쪽 선반에 교구들을 놓는다. 교구장 위 벽에는 게임 · 활동 안내지를 담은 큰 봉투들을 압정으로 고정시켜 놓는다. 그리고 교구장 위에는 특정 활동이나 게임에 필요한 교구들을 놓는다(그림 1-1 참조).

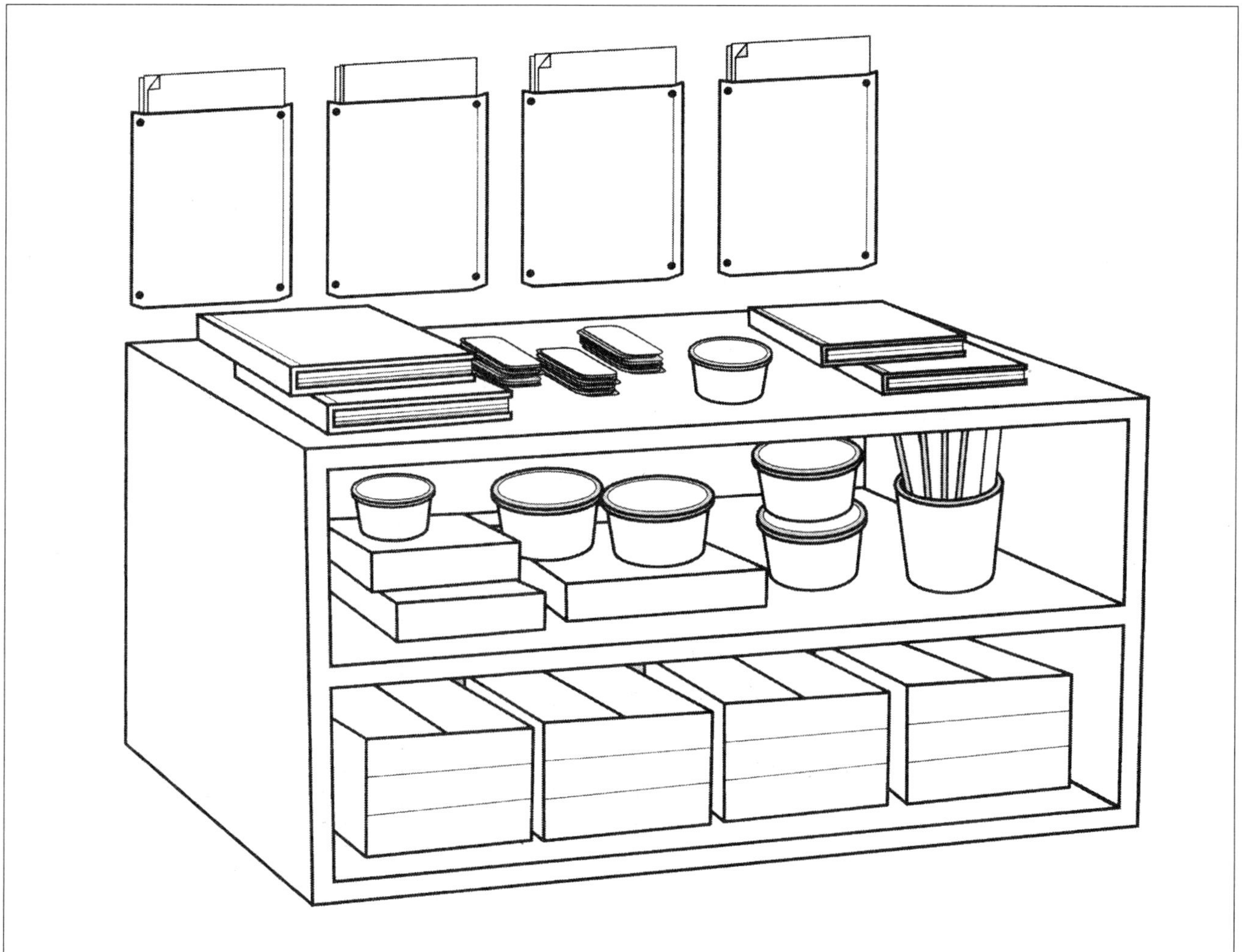

▲ **그림 1-1** 아이들이 교구에 쉽게 접근할 수 있도록 교구를 비치하기

교실 배치

러그 공간

가능하다면, 교실 안에 모든 학생들이 한 공간에 둘러앉을 수 있는 장소를 마련한다. 모든 학생들이 볼 수 있는 곳에 칠판(또는 비교적 크기가 큰, 종이철이 놓여있는 이젤)을 위치시킨다. 이런 배치는 학생들이 학급구성원들과 함께 자신의 문제해결 전략을 공유할 때 유용하다. 또한, 이러한 배치를 이용하여 새로운 게임을 설명하거나 모둠별 토론을 할 수 있다. 러그 공간은 어린학생들로 하여금 친밀감을 형성하게 해 주며, 이로 인해서 다른 친구의 말을 경청하게 되고, 이는 학생들의 시선을 집중시키는 데 도움을 준다. 또한 학생들이 하루 종일 의자에만 앉아 있지 않도록 해 준다.

2명씩 앉는 자리

1년에 걸쳐 각 학생들은 다른 학생들과 함께 활동이나 게임을 하고 문제를 해결하게 된다. 한 편에 두 명이 앉을 수 있는 직사각형 책상이 이상적이다. 또한 두 개의 책상을 붙여 정사각형 모양의 테이블을 만들고 러그 공간 주변에 U자 형태로 배치하는 것도 좋다. 이러한 배치는 교사가 학생들에게 쉽게 다가갈 수 있게 해준다. 또한 이런 좌석 배치를 통하여 학생들은 자기 자리에서 모둠별 토론을 할 수 있다(그림 1-2 참조).

그림 1-2 ▶ 2명씩 앉는 자리 계획

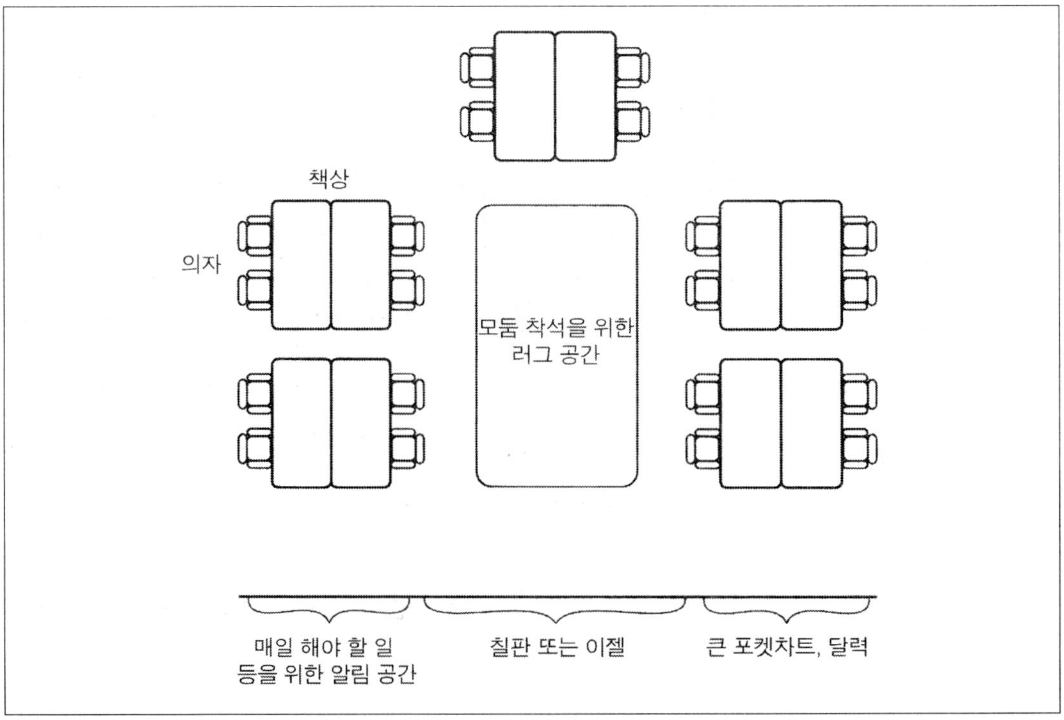

매일 해야 할 일을 위한 알림 공간

교사는 학생들에게 2장에서 설명할 '매일 해야 할 일'을 하게 할 수 있다. 학기 첫 날을 대비하여 학생들의 자리와 러그 공간에서 쉽게 볼 수 있는 위치에 큰 게시판을 놓아둔다. 이곳에, 교사는 달력 정보, 일일 그래프, 시간표 그리고 매일 할 일 표를 놓아둔다. 알림 공간에는 다음과 같은 내용을 게시한다.

- 달력 — 1년 동안 계속해서 활용할 수 있는 월별 포켓차트 달력(시중에 파는 것을 이용해도 됨)을 이용한다. 시중에 파는 것이나 직접 제작한 달력 중 현재 달에 해당하는 부분을 붙인다(부록에 있는 것을 확대하여 사용). 교사는 달력을 이용하여 특별한 날을 표시해 두거나 시간이 지나면서 각 날에 X 표시를 해서 지난날을 표시하는 것을 시범보일 수 있다.

일요일	월요일	화요일	수요일	목요일	금요일	토요일

- 오늘의 요일과 날짜 그리고 오늘의 수를 나타내는 포켓차트(부직포)[2] — 문장 줄지(sentence strip paper)[3]에 아래와 같은 문장을 포켓차트 위에 제시한다.

---

2) 포켓차트를 이용하지 않더라도, 칠판을 이용하여 요일과 날짜의 변화에 대한 학습을 지속적으로 학생들에게 제공할 수 있다.
3) http://www.jybooks.com 참고

오늘은 ______요일입니다. (월요일부터 금요일까지 적힌 카드를 포켓차트에 넣어 둔다.)

200×년 9월 ××일입니다. (월을 나타내는 수(1~12)와 날짜를 나타내는 수(1~31)를 포켓차트에 넣어 둔다.)

오늘의 수는 ______입니다. (1~180까지의 수 카드. 만약 학기가 더 길면, 더 큰 수까지의 수 카드. 교사는 이 수 카드들을 이용해서 계속 증가하는 수를 표현하는 데 필요한 공간을 마련하는 것이 좋다.)

- 등교일 수 — 큼직한 빈 칸으로 되어 있으며, 가로를 10칸으로 만들고 세로는 가능한 칸 수를 많이 하여, 학교에 오는 날을 한 칸에 하루씩 적을 수 있도록 한다.
- 날씨 그래프 — 각 달 가장 왼쪽에는 날씨 그림이 있으며 오른쪽에는 각 날의 날씨를 표시할 수 있는 빈 칸이 있는 A4 크기의 날씨 그래프를 게시한다. 매달 새로운 날씨 그래프를 게시한다(부록에 제시되어 있는 것을 확대하여 사용).

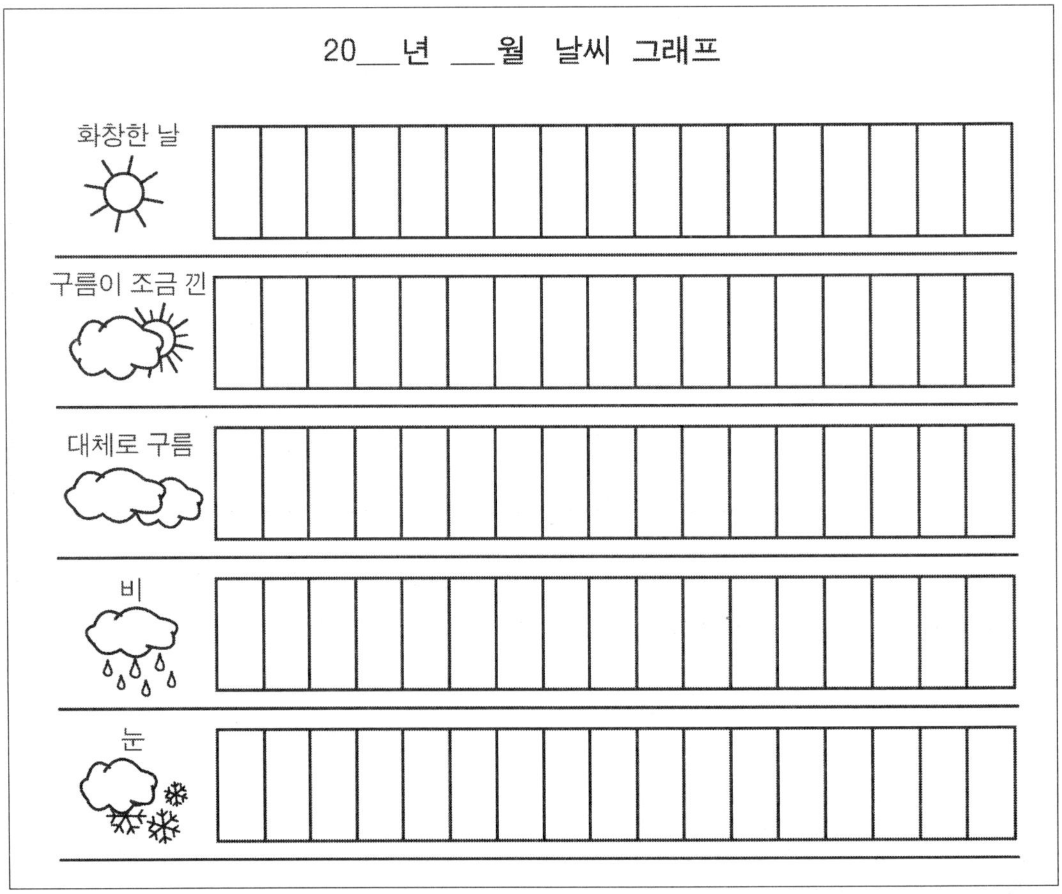

- 일일 시간표 — 칠판에 제시하거나 포켓차트를 이용하여 하루의 일과를 제시한다.
- 매일 해야 할 일 차트 — 4개의 할 일(오늘의 날짜, 날씨 그래프, 오늘의 수, 오늘의 달력)을 제시하고 학생들의 이름을 돌려가며 쓸 수 있는 공간을 만들어 둔다(그림 1-3).

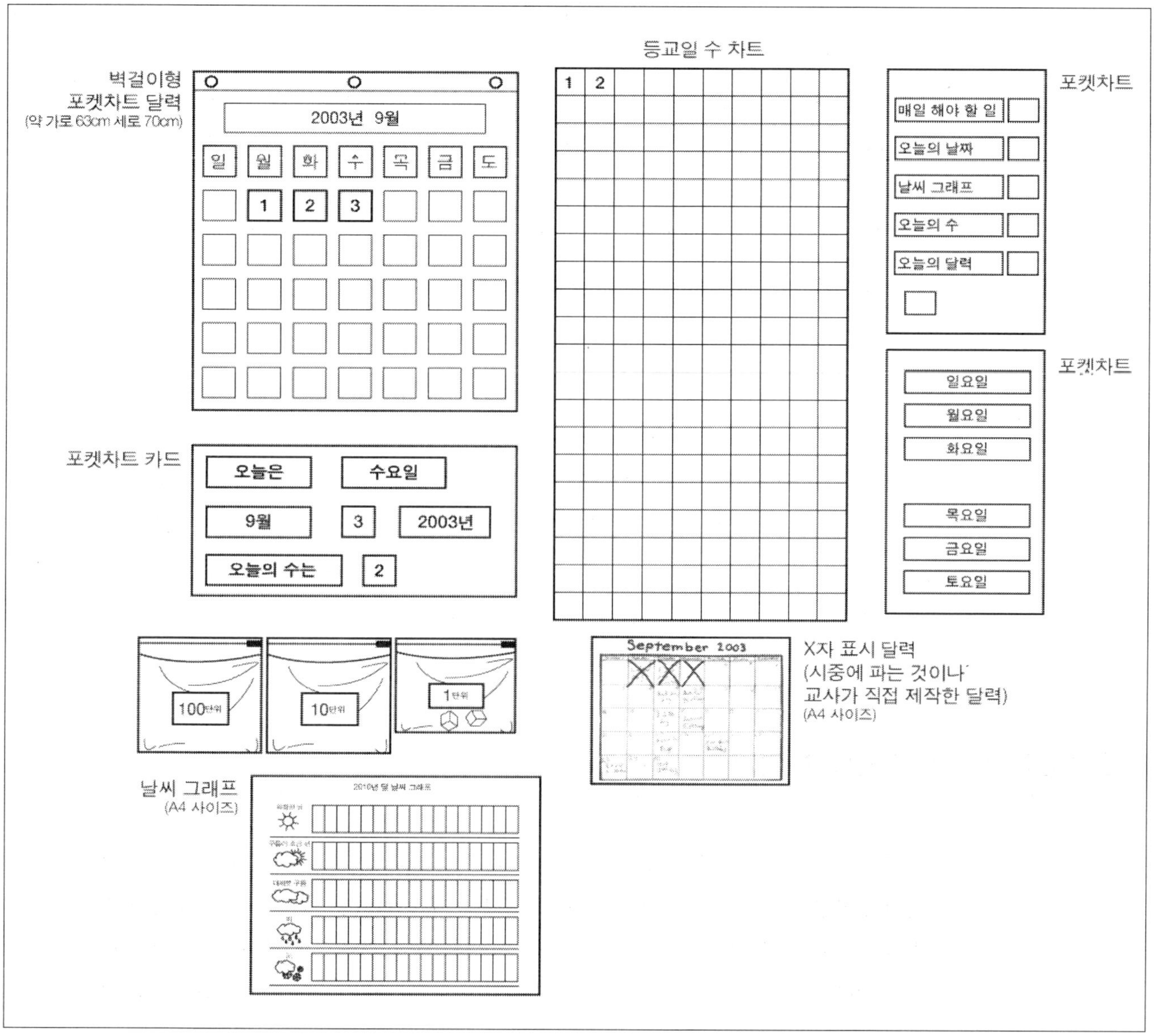

▲ **그림 1-3** 매일 해야 할 일을 위한 알림 공간

수학 폴더 또는 일지

교사들은 학생들이 자신들의 수학 활동지를 잃어버리지 않는 방법을 계획하고 싶어 한다. 여기에 몇 가지 아이디어를 제시한다.

- 포켓 폴더 — 두 개의 안주머니가 있는 폴더를 사무용품 가게에서 저렴한 가격에 구할 수 있다. 학생들은 책상 안에 이것들을 두고 활동이 끝났거나 진행 중인 활동을 보관할 수 있다. 활동지를 끼웠다 뺐다 할 수 있는 폴더를 사용한다면, 교사는 각 활동지에 날짜와 이름을 적어야 한다는 점을 이야기하고 시범을 보인다. 포켓 폴더는 교사가 특정 과제물에 대한 각 학생의 작품을 수집하는 것을 쉽게 해 줄 뿐만 아니라, 활동지를 끼웠다 뺐다 할 수 있는 융통성이 장점이다. 다만, 교사와 학생들은 특별한 수고를 들여야 활동지들을 조직적으로 보관할 수 있고, 정기적으로 또는 가능할 때마다 포트폴리오 발표를 할 수 있다.
- 빈 공책 — 교사는 쓰기 공책 또는 A4 여러 장에 두꺼운 종이로 겉표지를 대고 스테이플러로 찍어서 만든 공책을 이용할 수 있다. 필요한 시기에 학생들은 이 공책에 활동지를 풀로 붙이고, 각각의 새로운 활동지에 날짜를 적는다. 빈 공책은 시간의 순서에 따라 활동지를 정리하는 데 유용하고 학생들 각자가 쉽게 만들 수 있다는 장점이 있다. 그러나 빈 공책은 포켓 폴더처럼 융통성을 갖고 있지 않으며 교사가 특정한 과제물에 대한 각 학생의 작품을 점검하고자 할 때 다소 불편함이 있다.

학생들의 수 감각 발달시키기

교사가 학생들에게 제공하는 수학 프로그램이 유용한 프로그램인지 아닌지를 결정하는 한 가지 방법은 교사가 학생들이 확실한 수 감각을 발달시킬 수 있는 기회를 충분히 주고 있는지를 교사 자신에게 묻는 것이다. 이 규정하기 쉽지 않은 개념인 수 감각은 수에 대해서 능률적으로, 정확하게, 융통성 있게, 그리고 자신 있게 사고하는 능력으로 정의된다. 수 감각을 가진다는 것은 다음을 포함한다.

- 수를 가르고 다시 모으기 — 분리하기(decomposing) 또는 분할하기(partitioning).
- 상대적인 크기의 의미로서 수를 비교하는 방법 이해하기
- 덧셈과 뺄셈, 곱셈과 나눗셈의 기초적인 연산을 **개념적으로** 이해하고, 이들 연산을 수행하기 위한 알고리즘을 발전시킬 기회를 갖기

- 수들 사이의 관계 알기
- 정확한 어림하기[4)]

이런 아이디어들이 2학년 학생들이 학습할 수학 개념과 어떻게 관련되어 있는지를 이해하는 것이 중요하다.

수의 모으기와 가르기

수를 분리하거나 분할하기는 많은 기초적인 활동들이 초점을 두고 있는 것이다. 이것은 7이라는 수는 3+4, 2+5, 1+6으로 분할할 수 있음을 아는 것을 포함한다. 반복적으로, 2학년 학생들은 한 수가 여러 가지 방법으로 분할되더라도 총 양은 변하지 않는다는 개념을 발전시켜야 한다(수 보존 개념). 일단 학생들이 한 수를 작은 수들로 분리하는 것에 익숙해지고 나면, 그로 인해 학생들이 큰 수의 구조를 이해하는 데 도움을 받는다. 예를 들면, 학생들은 28은 20+8이라는 생각을 하게 된다. 구체적인 모델을 이용하는 것뿐만 아니라 머릿속으로 연습하는 것 모두를 통해서 학생들에게 수를 분리할 수 있는 기회를 주는 것이 매우 중요하다.

수의 상대적인 크기

2학년 학생들은 어떤 수가 주어진 수에 가까운지 먼지를 알기 시작해야 한다. 예를 들어, 24는 25에 가깝고 50의 절반 정도이며 100보다 작다. 학생들은 구체적인 물건의 양을 세고, 게임이나 측정, 수직선, 그래프 경험을 통하여 많고 적음에 대한 개념을 생각할 수 있는 기회를 많이 가짐으로써 상대적인 크기의 개념을 이해하게 된다.

연산의 이해

2학년 학생들은 합병 상황을 덧셈으로 표현하는 것과 구잔 상황을 빼셈으로 표현하는 것에 대해서 알 필요가 있다. 연산을 이해한다는 것은 언제 각 연산을 적용할 수 있는지를 아는 것을 포함한다. 이러한 능력은 학생들이 많은 문장제를 풀어 보면서 발달하게 된다. 2학년 학생들은 자기 자신이 이해할 수 있는 점점 더 효과적인 방법을 구성할 수 있는 기회를 자주 가져야 한다.[4)]

4) 정확한 어림이란 직관적 어림이 아니라 참조물을 갖고 어림하는 것을 의미한다.

수들 사이의 관계

수들 사이의 관계를 이해하는 것은 연산뿐만 아니라 수의 상대적인 크기를 이해하는 것을 포함하고 있다. 2학년 학생들에게, 이것은 5+5=10이면 5+6=11임을 아는 것을 포함한다. 또한 이것은 어떤 수에 10을 더할 때 발생하는 것과 같은 개념들을 포함한다. 학생들은 수들 사이의 관계를 주목하고 분석하면서 자신들이 이해한 패턴에 자주 의지한다.

어림

어림은 한 수가 다른 수와 어떤 상호 관계가 있는지에 대해 초점을 맞추고 있기 때문에, 학생들로 하여금 수 감각을 발달하는 데 도움을 준다. 또한 어림은 학습자들이 답의 합리성과 관련한 모든 중요한 개념을 발달시키는 데 도움을 준다. 2학년 학생들이 수 감각을 키우기 위해서, 주어진 참고물에 관해서 자주 어림할 것을 요청한다. 예를 들면, 어떤 상자에 얼마나 많은 연결정육면체가 들어갈 수 있는지 질문할 때, 교사는 "이 상자에 들어갈 수 있는 연결정육면체의 양은 100개가 넘을까요? 100개보다 적을까요?"라고 물어볼 수 있다.

학생들이 자신들의 발달 수준에 맞는 방법으로 이해력을 발달시킬 수 있는 기회를 가지려면, 자신들이 수학적으로 성장하는 데 도움이 되는 활동들에 참여해야 한다. 이 세상은 이러한 발달을 도울 수 있는 경험들로 가득 차 있다. 이 책의 뒷부분에서, 수 감각을 키워 줄 수 있는 여러 가지 아이디어들을 찾을 수 있을 것이다.

수학 일정표 짜기 – 매일

교사는 매일 일정표에서 다음과 같은 것을 할 수 있는 시간을 필요로 할 것이다.

- 정해진 활동으로서의 아침 일과 활동
- 하루 일과의 뒷부분에 블록 활동을 위한 45~50분
- 그 날 계획에 없던 것을 할 수 있는 기회 — 다른 교과에서 발생하는 수학을 이용할 수 있을 때마다

4) 이 문장에서 주목할 필요가 있는 것은 다음과 같다. 자기 자신이 이해할 수 있는 효과적인 계산 방법이라는 점과 지식 구성의 주체가 학습자라는 점이다. 전자는 다시 말해서 특정 알고리즘을 지도하는 것이 아니라 학습자 자신만의 덧셈 알고리즘을 발전시켜 나갈 수 있도록 하자는 것이며, 후자는 지식 구성의 주체는 학습자이고 교사는 조력자라는 점이다.

아침 일과 활동

아침 일과 활동시간은 적어도 20~30분간 지속되어야 한다. 아침 일과 활동은 그날의 수업을 시작하는 활동으로서 효과적으로 작용할 수 있다. 이 일과 활동은 달력에 관련된 3개의 활동들(22쪽 참고)로 시작해서, **'오늘의 수'** 활동(30쪽 참고)으로 이어진다. 학기가 지나면서 이 시간 동안 약간 변형될 수는 있지만, 이들 일과 활동들은 거의 변화 없이 정해진 활동이 된다.

메뉴 활동을 포함하는 수학 블록 시간

학생들이 긴장하고 있는 아침 시간을 선호할 수도 있지만, 교사들은 하루 중 후반부에 주된 수학시간을 계획한다. 일반적으로 15~20분간 토론시간을 유지하고 30분 정도를 수학 활동을 한다.

토론시간은 수업시간 초반에 새로운 활동을 소개하거나 수업의 끝부분에 활동을 점검하면서 이루어진다.

활동시간은 모든 학생들이 같은 활동에 참여하고 있을 때, 혼자 또는 짝끼리 또는 자신이 선택한 메뉴 활동에 참여하는 시간이다.

교사는 이 블록시간이 교사가 담당하고 있는 학생들에게 알맞게 제공되고 있는지 살펴보아야 한다. 시간이 적게 걸리는 활동은 학기 초에 하는 것이 좋다. 왜냐하면 이들 활동을 통해서 학생들은 적극적인 청자, 그리고 독립적인 문제해결자가 되는 것을 배울 수 있기 때문이다.

메뉴 활동

메뉴 활동에서는 여러 번에 걸쳐 천천히 소개되는 2~10가지 정도의 활동을 제공한다. 교사는 2장에서 메뉴 활동의 예와 이것을 소개하는 방법을 알게 될 것이다.

메뉴 활동을 구성하는 것의 큰 장점은 각기 다른 속도로 활동을 하는 학생들을 수용할 수 있다는 것이다. 교사가 모든 학생들이 활동을 하거나 해결하기 원하는 특정 문제를 학생들에게 주었을 때, 일찍 끝낸 학생들은 다른 사람들이 활동을 끝낼 때까지 메뉴 활동을 할 수 있게 한다. 또한 메뉴는 한 활동을 여러 번 반복할 수 있는 기회를 제공하고, 그럼으로써 학생들은 수학에 대해 좀 더 깊이 있게 탐구하게 된다. 게다가 메뉴 활동은 학생들로 하여금 자신의 활동에 좀 더 책임감을 갖게 하고 자기주도적 학습을 하게 한다. 결과적으로 일단 학생들이 메뉴 활동을 책임감 있게 하면, 교사는 좀 더 많은 시간 동안 학생들을 관찰할 수 있고, 활동시간 동안에 교실을 돌아다니며 학생들을 평가할 수 있다.

하루 종일 이루어지는 탐구

수학적 탐구는 수학시간만으로 한정되어서는 안 된다. 사실, 수학적으로 가장 흥미로운 대부분의 시간은 계획되지 않고 예상치 못했던 순간에 나타난다. 모든 일에 대해 가능성을 열어 놓고 가능성에 대해 지속적으로 관심을 가져야 한다.

예를 들면, 문학 작품을 읽다가 잠깐 수학적 이야기로 빠지는 것이다. 2학년 교사들은 Ruth Stiles Gannet의 『*My Father's Dragon*』[6)]을 큰 소리로 읽기에 이용하는데, 이 책에는 많은 수학적인 요소들이 잠재되어 있다. 예를 들면, 이 이야기에서 엘머가 그의 과자 다음에 귤을 몇 개 남겨놓았는지 기록하게 할 수도 있고, 그렇게 함으로써 동물섬으로 출발하기 전까지 31개의 귤을 땄다고 가정할 수 있게 된다. 엘머가 그 책의 5장에 등장하는 "정글 속에서 14개의 초록색 눈을 보고" 놀랐다는 것을 찾고, 교사는 주위에 몇 마리의 동물이 있는지 이야기해 볼 수도 있다.

그렇다면 어떻게 해야 하는가? 재미를 주고, 수학적으로 흥미를 유발하는 다른 교과의 상황에 지속적으로 주의를 기울여야 한다. 또한 좀 더 열정적인 수학적 탐구로 학생들을 이끌기 위해, 학생들이 관심있어 하는 상황들에 귀를 열어 두어야 한다. 다음의 예가 다른 곳에서 똑같이 재연될 수는 없지만, 아래의 이야기는 한 학생의 질문이 교실에서 수학이 풍부한 프로젝트가 될 수 있다는 것을 설명해 준다.

> 어느 해, 학교 건축 프로젝트 때문에 나의 2학년 학생들은 학교 내에서 99계단이라고 알려진 계단을 걸어 다녀야 했다. Iliana는 이 계단이 정말 계단이 99개인지 아니면 계단이 많아서 붙여진 이름인지 궁금했다. 나는 Iliana에게 그것을 어떻게 알 수 있을지에 대해 물어 보았다. 그러자 정확한 답인 "계단을 세어 본다."라는 반응이 나왔다. 나는 다음 쉬는 시간에 계단을 반드시 올라가면서 세보고, 다시 내려오면서 점검해 보라고 제안하였다. Iliana는 그렇게 했으나, 두 경우에 센 수가 다르다는 것을 발견하였다. 나는 Iliana에게 두 장의 포스트잇을 주고, 그녀가 센 두 수와 수를 센 날짜를 기록해보게 했다. 그리고 교실 한 쪽 벽에 "계단의 수는 얼마입니까?"라는 제목 밑에 이 두 장의 포스트잇을 붙이도록 하였다. 나는 이 학급의 다른 학생들에게도 이 활동에 참여하도록 권유하였다. 다음 주에 많은 학생들이 이 활동에 참여하여 자신이 측정한 계단 수를 포스트잇에 적어 벽에 붙였으며, Iliana와 그녀의 가장 친한 친구인 Katy가 가장 많은 포스트잇을 붙였다.
>
> 하루는 그동안 모은 데이터를 검사하였다. 학생들의 도움으로 무작위로 붙어 있던 포스트잇을 막대그래프 형태로 재정리하였다. 이를 통해서 측정의 범위와 가장 자주 나타난 수를 알 수 있었다(그림 1－4).
>
> 학생들은 계단의 수가 많아서 빠뜨리지 않고 세는 것이 어렵기 때문에 계단을 센 수가 일정하지 않다는 사실을 쉽게 알 수 있었다. 그러나 그 범위가 매우 좁다는 사실이 인상적이었다. 많은 정보

---

6) 이 책은 『엘머의 모험』(곽영미, 비룡소)으로 번역되어 있다.

들이 99 주변에 집중되어 있었기 때문에, 우리는 정확히 계단 수를 세어 봄으로써 계단의 이름이 타당하게 붙여졌음을 잘 증명했다고 확신하기 시작했다.

이제, 이 문제는 어떻게 하면 정확한 계단 수를 셀 수 있는가 하는 것이 되었다. 우리는 결국 연결정육면체를 각 계단에 올려놓아 수를 세자고 결정하였다. Iliana와 Katy는 주의를 기울여 이 활동을 하였고 나중에 이 연결정육면체들을 10개씩 묶었다. 우리는 연결정육면체가 정확하게 10개씩 9묶음 그리고 낱개로 9개임을 알아내었다. Iliana와 Katy는 후에 그들이 알아낸 것을 글로 적었고, 다른 학급구성원들이 볼 수 있도록 복도에 게시하였다. 궁금증이 많은 한 학생에 의해 제기된 간단한 질문으로 인하여 어엿한 정보의 종합과 분석이 이루어지고 많은 학생들이 탐구에 참여하게 되었다.

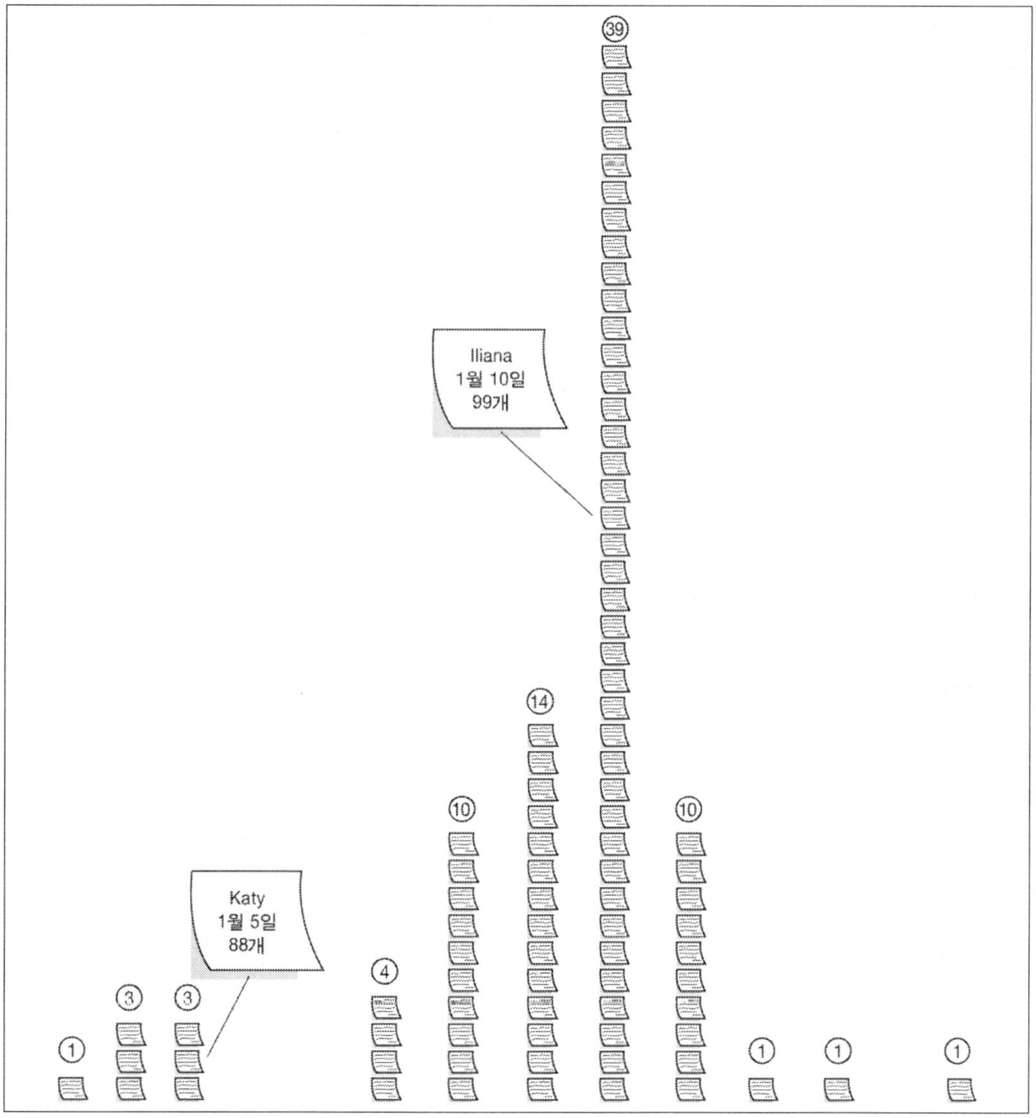

▲ 그림 1-4 99 계단 데이터

프로젝트 시간

'프로젝트 시간'이란 이름은 이 학급에 있는 학생들이 자발적으로 그리고 창의적으로 붙인 이름이다. 학생들은 일주일에 3일이나 5일 정도를, 30분 정도에서 적절하게는 45분 정도 자신들이 선택한 프로젝트를 수행한다. 이러한 활동은 그들이 대학교 시기 또는 살다가 어느 때에 스스로 프로젝트를 개발하고 고안해야 하는 시기를 준비하기 위한 것이다. 교사의 역할은 크레용, 종이 또는 다른 미술 재료들 또는 블록과 레고 같은 입체 만들기 재료들, 그리고 기본적인 수학교구들을 제공하는 것이다. 또한 교사는 학생들이 만든 창작물을 즐기고 반응하는 여유가 필요하다. 교사는 프로젝트 시간을 통해서 학생들 그리고 그들의 관심사에 대해 이해할 수 있고, 학생들은 교사가 자신들의 작품에 얼마나 관심있어 하는지를 알게 해 주는 좋은 방법이다. 학생들은 프로젝트 시간을 좋아한다. 교사는 이 시간의 말미에 짧은 토론을 통하여 학생들이 자신의 학습에 대한 책임은 자신에게 있다는 것을 이해하도록 도와줄 수 있다.[7] 토론은 짧게 하도록 하고, 토론은 자원자에게 이날 학급구성원들이 선택한 것에 대해서 몇 가지 이야기해 볼 것을 묻는 것으로 시작할 수 있다. 일단 학생들이 자신들이 선택한 프로젝트를 해결하고 나면, 수학적 상황들이 거의 확실히 발생한다. 예를 들면, 어느 날 Sonya와 Raj가 바닥에 앉아 연결정육면체를 연결하고 있었다. 이들은 이렇게 하면서 교실의 한 면과 다른 한 면을 이을 수 있을 만큼 충분히 긴 길이의 기차를 만들 수 있기를 희망했다. 절반 정도를 이었을 때, 나는 이 아이들에게 지금 하고 있는 것을 완성하려면 얼마나 많은 연결정육면체가 있어야 하는지 물어보았다. 이들은 필요한 연결정육면체의 수를 어림하는 방법에 대한 확고한 아이디어는 없었지만, 이 답을 구하는 데는 관심을 가졌다. 이 아이들은 지금까지 했던 것처럼 연결정육면체를 세려고 했다. 그러나 Sonya와 Raj는 하나씩 세는 것이 자꾸 틀리자 화가 나기 시작했다. 나는 더 쉽게 셀 수 있는 방법이 있는지 질문했고, 두 학생은 10개로 만든 미니기차를 만들 생각을 해냈다. 이들의 작업은 며칠에 걸쳐 진행되었고, 그러는 동안 매일 매일 정리시간에 10개씩 연결한 기차를 정리함에 담으면 미니기차를 쉽게 모을 수 있음을 알아냈다. 결국 그들은 각 미니기차의 마지막 연결정육면체는 파란색으로 연결하기로 하여(이전까지는 모두 빨간색만 사용했었다), 10량의 기차가 어디서 시작하고 끝나는지를 알 수 있게 되었다. 이들이 과제를 수행함에 따라 많은 다른 학생들이 그들의 작업에 관심을 갖게 되었다. 이들은 연결정육면체가 교실의 반쯤 도달했을 때 얼마나 많은 연결정육면체를 사용해야 하는지를 알 수 있었고, 이들이 과제를 끝까지 수행하기까지 몇 개가 필요한지를 알기 위해 패턴블록 작품이나

7) 이 책을 통해서 활동의 말미에 전체 학급토론을 하는 것을 주목하게 될 것이다. 이는 이 문장에서 진술하고 있는 것처럼 학습정리는 학습자가 해야 하는 것이라는 점을 명확하게 밝히고 있는 것이다. 어떤 형태로든지 교사가 학습정리를 하는 교수·학습 관행은 전형적인 교사중심수업의 예이다. 단, 학습자들이 이미 구성한 것을 교사가 다시 언급하는 것은 학습자의 학습정리 활동의 연장이라고 보아야 한다.

색깔 칠하기 프로젝트를 잠시 미뤄 두게 되었다.

Sonya와 Raj가 스스로 선택한 활동이면서, 자신들이 밝혀내고 싶은 질문에 봉착했기 때문에, 수학 활동은 풍부한 활동이 되었다. 그래서 교사는 이러한 가능성을 항상 염두에 두어야 한다. 그러나 한 걸음 뒤로 물러나서, 학생들이 그들 자신의 프로젝트를 최종적으로 결정하도록 하여야 한다.

교사의 역할에 대해 생각해보기

아마도 교사가 학년을 준비하는 데 있어서 해야 할 가장 중요한 준비는 교사 자신의 마음속에서 일어날 것이다. 수학 프로그램을 선택할 때, 교사는 자신이 담당할 학생들이 수의 세계에 대한 강력한 이해를 발전시킬 수 있는 기회를 많이 가질 수 있다는 확신이 들어야 함을 스스로에게 상기시켜야 한다. 교사가 다루어 주어야 할 수학책의 쪽 수가 몇 쪽인가 하는 것은 수학 프로그램을 선택하는데 있어서 최선의 판단 기준이 될 수는 없다. 교사의 가장 중요한 직무는 학생들이 수 체계에 대한 확고한 개념적 이해와 수학에 대한 긍정적인 태도를 갖도록 하는 것이다. 교사가 사용할 수학 프로그램을 판단하는 한 가지 방법은 "학생들이 수를 합병하고 분리할 수 있는 기회를 많이 가질 수 있는가? 학생들이 수의 상대적인 크기와 수들 사이의 관계에 대한 이해를 발전시킬 수 있는 경험을 많이 제공하고 있는가? 학생들이 기본적인 수학적 연산을 확고히 할 수 있는 시간을 갖도록 하는가?"라는 질문을 끊임없이 자기 자신에게 하는 것이다. 또한 교사는 도형 영역의 지식(모양의 세계)에 대해서도 관심을 가져야 한다.

교사가 담당하고 있는 학생들은 교사 그리고 자신의 급우들이 자신들의 생각을 가치 있게 여기고 있다는 것을 알게 할 필요가 있다. 적절한 문제를 풀게 한 후에, 학생들의 추론을 주의 깊게 들어 줄 계획을 세운다. 적극적으로 그리고 정중하게 들을 준비를 한다. 교사가 학생들의 아이디어를 경청할 때, 교사는 학생들이 어떻게 생각하는지 알게 되고 이해하게 될 것이다. 교사는 학생들이 낸 아이디어로부터 다음에 할 질문 및 문제를 낼 수 있다. 교사는 학생들에게 교사가 자신들의 사고 과정에 관심을 가지고 있으며 존중한다는 강력한 메시지를 보낼 것이다. 그리고 교사는 자신이 담당하고 있는 학생들을 위해서 적극적으로 경청하기를 시범보임으로써 학생들 자신들은 매우 훌륭한 경청자가 될 수 있을 것이다.[8)]

학생들이 새로운 개념들을 이해했을 때, 자신이 이해한 아이디어들에 대해 이야기해 볼 필

---

8) 의사소통이 활발히 이루어 수학교실 문화를 형성하는데 관심 있는 교사는 "수학 수업 중 원활한 의사소통이 이루어지는 교실문화 형성하기(김진호, 2009, 초등수학교육, 12(2), 99-115)," :모든 학습자가 수학수업에 참여하는 교수・학습행위(김진호, 2010, 초등수학교육, 13(1), 13-24)," "수학교실에서 말하기(김진호, 김인경, 남미선, 2009, 경문사)"를 참고하기 바란다.

요가 있다. 학생들이 자신들의 아이디어에 대해 이야기하는 것을 편안하다고 느끼게 하려면, 교사가 실수를 배움의 기회라고 여기고 있음을, 그리고 교사가 지적으로 용감하게 발표하는 것을 가치 있게 여기고 있음을 알 필요가 있다. 교사의 역할은 정답을 제공하는 것이 아니라 안내하고 질문해서 학생들이 이를 토대로 정답에 도달할 수 있는 풀이과정을 찾도록 하는 데 있다는 점을 기억하기 바란다. 이해로 가는 길은 길고 수많은 실수들로 특징지어진다는 사실을 수용해야 한다. 실수가 심층탐구로 이어졌을 때 실수는 배움의 기회가 된다. 따라서 교사가 수학적으로 잘못된 이해를 접할 때, 교사는 "글쎄, 그것은 아주 흥미로운 생각인데……, 그런데 선생님이 알기로는……."과 같이 말할 준비를 해 둔다. 그리고 학생이 낸 답이 주어진 문제의 어떤 점에서 충돌하는지를 지적해 준다. 이 학생이 주어진 문제를 해결하기 위해 그 문제를 다시 보도록 하기 위해서, "그것에 대해 어떻게 생각하니?"라고 묻는다.

아마도 마음에 새겨야 할 가장 어렵고 중요한 말은 학생들이 충분한 시간을 갖도록 해야 한다는 말일 것이다. 학생들은 많은 다양한 방법으로 한 가지 개념을 경험하기 위해서, 그리고 학생들이 올해 접하게 될 새로운 개념들을 이해하기 위해 시간을 필요로 한다. 우리 교사들은 학생들이 잘 하기를 원하고, 그래서 가끔 이 과정을 서둘러 몰아붙이기도 한다. 교사들은 문제를 푸는 "올바른 방법"을 가르쳐서 학생들이 수업을 통해 수학을 정복하는 데 필요한 도구를 익힐 수 있다는 바람으로 이런 수업을 한다. 교사들은 직접 교수법을 통해 알고리즘을 효과적으로 지도하는 것이 자신들이 해야 할 합리적인 것이라고 생각하는 경향이 있다. 그러나 교사들은 학생들이 개념적 이해가 부족한 어떤 절차를 실행하도록 했을 때 얼마나 혼란해 하는가를 보게 된다. 이런 모습을 통해서 알 수 있는 것은 이런 교수가 좋지 않다는 것이다.[9]

이해를 촉진시키는 방법으로 수학을 교수하는 것은 학생들이 수학적 개념의 이해에 관심이 있고 할 수 있다는 기본적인 신뢰를 필요로 한다.[10] 교사가 발을 잘못 내딛어 학생들이 이해에서 멀어지도록 하면 교사들이 먼저 불편함을 느낄 것이다. 교사는 학생들이 수학적 사고에 몰두하고 자발적으로 "난 수학이 좋아요!"라고 말하는 것을 볼 때 보람을 느끼게 될 것이다.

9) 알고리즘의 지도가 끼칠 수 있는 폐해에 대해서는 "Piaget의 발생론적 인식론을 적용한 수학 수업－3학년(강완, 김진호, 김연, 경문사)"의 제3장을 참고하기 바란다.

10) 이에 대해서는 "학습자 중심수업에 대한 오해와 진실(김진호, 초등수학교육 11(2), 81－94)"를 참고하기 바란다.

제 2 장

9월

친 해 지 기

학기 첫날은 학생들이나 교사 모두 기대되는 날이다. 2학년 학생들은 “어떤 새로운 친구들을 사귀게 될까? 공부가 어려울까?”와 같이 올해 학교생활이 어떨지 알고 싶어 한다. 교사는 드디어 지난 한 해의 온갖 혼돈스러웠던 상황에서 벗어난다. 대신, 교사는 학기 첫날 새 학급을 맞을 준비를 하고 학생들이 공부할 의지가 있을 것이라는 희망을 가지고 일찍 도착한다.

학습 환경

다음 달 정도가 되면 올해의 학습 경험이 모두에게 도움이 될 것임이 확실해질 것이다. 이번 한 달 동안 기본적인 규칙을 정하고, 쉬우면서도 중요한 학습 활동에 참여하고, 무엇보다도 학급 공동체를 형성하게 된다. 이번 달 교사가 해야 할 가장 중요한 일은 교사가 학생들을 좋아하고 존중한다는 것을 학생들에게 알리는 방법을 찾는 것일 수도 있다. 마음속으로는 지난해 학생들을 그리워하고 있을지라도 말이다. 교사는 학생들이 친근함을 높이고, 열심히 활동하고, 책임감을 기르는 교실환경을 만들 준비를 해야 한다.

수학

9월이 시작되면 교사는 모두가 이 교실에서 기초적인 일과 활동과 학생들에게 기대되는 것을 알도록 하는 데 초점을 둔 활동들을 며칠 동안 하는 것으로 시작할 것이다. 그러고 나서, 교사는 학생들이 1학년 때 배운 것을 복습하고 활용하는 기회를 주는 수학 메뉴 활동을 제공한다. 이 한 달 동안, 아이들은 새 교실에 편안함을 느끼고 수학적 기능과 사회적 기능을 모두 발전시킬 기회를 갖게 된다.

학급 규칙 : 구성하기

학급 규칙은 학생들이 필요로 하고 원하는 구조와 안도감을 준다. 교사가 학기 첫 날 가장 먼저 해야 할 과제는 학급 규칙을 정하는 것이다. 이 중요한 활동을 하는 방법은 여러 가지가 있다. 한 가지 방법을 예로 들면, 간단하고 직접적인 규칙을 소개하되, 한 번에 한 가지씩 규칙에 대해 논의하고 잠깐 동안 규칙을 따르는 경험을 갖도록 하는 것이다. 이 방법의 장점 중 하나는 학생들이 교사가 무엇을 가치 있게 생각하고 무엇을 기대하는지 알게 해준다는 것이다. 이 방법은 또한 규칙에 대해 이야기하고 또 규칙을 기억하면서 활동을 함으로써 학생들에게 규칙을 만드는 데 직접 참여하는 기회를 많이 준다.

1년 내내 붙여놓을 게시판의 종이에 규칙 1을 적으면서 시작한다. 종이에는 이렇게 적을 수 있다.

> **5반에서는 이것이 중요합니다.**
>
> 1. 정중하고 친절하게 대합니다.

정중하고 친절하다는 것이 무슨 뜻인지에 대해 이야기해 볼 사람이 있는지 물어보고, 왜 이 아이디어들이 중요한지 말해보도록 한다. 아이들이 생각을 깊게 하면서 토의할 수 있도록 여러 가지 관점을 이끌어 낸다. 그러고 나서 이 규칙은 사람들이 서로를 어떻게 대하느냐에 관한 것이기 때문에 그 어떤 것보다도 중요하다고 설명한다. "우리가 서로에게 정중하고 친절하다면, 학교생활이 항상 즐겁고 배울 것도 많을 거예요. 우리 각자가 자신이 맡은 분야에서 이 규칙을 지켜야 우리가 안전하고 행복할 거예요."

다음으로, 목록에 2번째 규칙을 적는다.

> **5반에서는 이것이 중요합니다.**
>
> 1. 정중하고 친절하게 대합니다.
> 2. 깊이 생각하면서 활동합니다.

다시 한 번 이 규칙이 무슨 뜻인지 자기가 이해한 대로 설명해 볼 사람이 있는지 물어보고, 왜 그것이 중요한지 물어본다. 교사는 학생들에게 실수를 해도 괜찮고, 그 실수가 공부하는 데 도움이 될 수 있다는 것을 설명한다. 하지만 학생들 각자가 학급 과제나 프로젝트를 할 때 생각과 노력을 보태야 함을 강조한다. "깊이 생각하면서 활동을 할 때, 가장 잘할 수 있는 기회를 얻게 됩니다. 그리고 더 많이 배울 기회를 얻게 됩니다." 1번 규칙과 마찬가지로, 아이들이 이 규칙이 그들 각자에게 어떻게 도움이 되는지 알도록 도와준다. 깊이 생각하면서 활동하는 것 중의 일부는 현재 하고 있는 활동에 초점을 두어야 하며, 관련 없는 대화는 포함하지 않는다는 것을 설명하면서, **수업에 관련된 것만 이야기하기(business-talk only)**라는 용어를 소개한다.

이제 이 아이디어를 연습할 시간이다. 정중하고 친절하게 그리고 생각하면서 활동하는 것을 연습하는 방법으로 초상화 그리기(39쪽에 보다 충분하게 논의되어 있다.) 같은 간단한 활동을 소개한다. 이들 규칙들과 활동들을 엮는 것이 각 규칙에 담겨있는 아이디어에 생명력을 불러주고, 아이들에게 현실적이며 유용하다고 느끼게 해 준다. 때로 활동을 하는 도중에 "깊이 생각하면서 활동하기로 한 것 기억하고 있나요?" 또는 "정중하고 친절하게 하는 것은 어떻게 하는 건지 기억하고 있나요?"와 같은 것을 물어본다. 학생들이 주어진 과제 이외의 것에 대해 잡담을 하기 시작하면, "명심해요, 이번 시간은 수업에 관련된 이야기만 하는 시간이에요."라고 말한다.

이 활동을 마치면, 몇 분 동안 학급구성원들이 이들 규칙들을 사용했던 방법들 또는 학급구성원들이 이들 규칙들을 이용하고 있는 친구들을 주목했던 방법들에 대해 논의한다. 만약 이 활동을 하는 동안 문제가 생겼다면, 그것에 대해서도 이야기한다. 하지만 초점은 우리가 그 문제로부터 무엇을 배울 수 있는가에 두어야 한다.

규칙 3은 교실에서 수학 조작물을 가지고 처음 활동을 할 때까지 남겨둔다. 아마도, 교사가 아이들에게 조작물을 살펴볼 수 있는 기회를 갖게 하기 바로 직전이 될 것이다. 이제 학급 규칙 목록은 이렇게 되었을 것이다.

5반에서는 이것이 중요합니다.

1. 정중하고 친절하게 대합니다.
2. 깊이 생각하면서 활동합니다.
3. 준비물(조작물)을 조심히 다룹니다.

다시 이 규칙이 실제로 어떨 것인지 그리고 왜 중요한지에 대해 논의한다. 조작물을 어디에 보관하는지, 어디에서 사용할 수 있는지, 어떻게 다루는지 등의 방법에 대해서 살펴본다. 교사의 목표는 학생들이 깊이 생각하면서 조작물을 사용하고, 조작물을 꺼낼 때나 다시 넣어둘 때 책임감을 갖게 하는 것이다. 주어진 조작물을 편하게 이용하는 아이가 몇 명이 있는지 기억해 둔다. 이 수는 교사가 즉각적으로 사용할 수 있는 조작물이 몇 개가 있는지 그리고 교실에서 이용할 수 있는 공간에 달려있다.

교사가 이들 세 가지 학급 규칙의 소개를 마치고 나서, 아이들이 조작물을 탐구할 수 있도록 한다. 학생들이 활동하는 동안, 교실 공간을 활용하는 방안에 대해서 자신의 결정이 좋았는지에 주목해야 한다. 이 활동을 마친 후, 조작물을 다루는 것에 대한 세 번째 규칙의 관점에서 이 활동에 대해 논의하는 시간을 갖는다. 교사가 생각하기에 변화를 주어야 할 필요가 있다고 판단이 되면, 이번 기회에 실수로부터 배우는 것에 대한 이야기를 나눈다. 교사는 "선생님은 여러분이 책장 근처에 있는 바닥에서 활동하는 것이 좋은 생각은 아니라고 생각해요. 그렇게 하면, 다른 학생들이 책장에서 책을 꺼내기 어려워져요. 선생님이 예전에 학생들에게 그렇게 하게 했었는데 안 좋았어요. 선생님은 선생님의 실수로부터 이것을 알게 되었어요. 앞으로 여러분은 그러지 않았으면 좋겠어요."라고 말할 수 있다.

마지막 학급 규칙은 프로젝트 시간 직전에 소개한다. 프로젝트 시간은 아이들이 자신이 활동할 프로젝트를 스스로 고르는 시간이다. 학급 규칙 목록은 이렇게 될 것이다.

5반에서는 이것이 중요합니다.

1. 정중하고 친절하게 대합니다.
2. 깊이 생각하면서 활동합니다.
3. 준비물을 조심히 다룹니다.
4. 활동의 시작과 정리를 미루지 않습니다.

활동의 시작과 정리를 미루지 않는다는 것이 무슨 의미인지에 대해 이야기하는 시간을 갖는다. 이 규칙에는 활동지를 받으면 바로 이름을 적는 것에서부터, 프로젝트가 끝나면 자기가 만든 패턴블록 작품까지 정리하는 것까지 모든 것이 포함되어 있다는 것을 확실히 한다.

교사는 아마도 이 학급 규칙을, 특히 정리하는 부분을 여러 번 점검해야 할 것이다. 활동에 몰입하고 있는 아이들은 다음의 다른 활동으로 이동할 시간을 알리는 신호가 떨어져도 자신들이 하고 있는 것을 멈추는 것이 어려울 수 있다. 교사는 이 학급 규칙에서 정리하는 부분을 계속해서 지키지 않는 아이들과는 개별적으로 이야기해 볼 필요가 있다.

이 학급 규칙을 지키지 못하는 학생들에게 줄 수 있는 가장 효과적인 벌칙은 다른 학생들이 프로젝트 시간에 열심히 참여하는 동안, 이 학급 규칙을 따르지 않은 학생들은 교사와 그 학급 규칙에 대해 이야기하는 시간을 갖는 것이다. 선생님과 학급 규칙에 대해 이야기하는 시간은 경고를 받는 시간이 아니라 이 학급 규칙의 중요성에 대해 심각하게 논의하는 시간이 되도록 한다.

교사는 전구에 불이 들어오게 하거나 종을 울리는 것과 같은 5분 경고 시스템을 정해서 아이들이 자신들의 활동시간 중 마지막 몇 분을 보다 잘 통제할 수 있도록 해 주는 것도 좋다. 활동을 지금 중단하더라도 프로젝트 시간이 또 있을 것이라는 사실을 상기시키면서, 모든 사람들이 이 학급 규칙을 지키도록 한다. 또한 진행 중인 프로젝트를 모아 둘 곳을 마련해 주어서 매번 활동을 처음부터 다시 시작하지 않도록 한다. 예를 들어, 이것은 아마도 패턴블록 구조물로는 가능하지 않을 수도 있다. 따라서 아이들은 4번째 학급 규칙이 전체 수업에 도움이 된다는 기대를 이해할 필요가 있다.

교사는 아이들이 스스로 이런 학급 규칙을 이끌어내는 것(이것은 학습에 대한 책임감을 학습자가 갖도록 하는 또 다른 타당한 방법이다)을 선호할 수 있다.[11] 그러나 교사가 어떤 방법을 사용해 학급 규칙을 정하든지, 정해진 학급 규칙에 대한 여러 차례의 학급토론을 학기 초 몇 달 동안 자주 해야 한다는 것을 명심해야 한다. 이런 토론을 이용해서 정해진 학급 규칙들

11) 학생들이 스스로 학급규칙을 정하도록 하는 것이 학습에 대한 책임감이 자신들에게 있음을 인지하도록 도와준다. 이런 방식으로 학급을 운용하는 예는 "Piaget의 발생론적 인식론을 적용한 수학 수업-1학년(강완 · 김진호 · 신국환 공역, 2005, 경문사)"를 참고하기 바란다.

이 학생들이 행복해지고 생산적이 되도록 도와주는 방법이라는 것을 인식하도록 한다. 여러 차례 토론을 하면서 정해진 학급 규칙 이면에 숨겨진 이유들을 점검하고 그리고 발생할 수 있는 곤란한 점들을 다룰 수 있는 기회를 갖는다.

매일 해야 할 일

달력 2개 그리고 빈 1~100 수 배열표를 주 소재로 하는 4 가지 "매일 해야 할 일"을 통해서 학생들은 일 년의 주기와 수 체계 모두에서 패턴을 깨닫도록 도와준다. 매일 4명의 아이가 칠판 앞으로 나와서 한 아이가 한 가지 활동을 맡는다. 이들 활동들을 계속 기록해 놓은 벽보는 1장의 "수학 학습을 위한 교실환경 꾸미기" 부분에서 그림과 함께 설명되어 있다. 매일 새로운 학생 4명이 이 활동을 하게 된다. 알파벳 순서로 활동 순서를 정해서 돌아가면서 이름을 적고 활동을 한다.

매일 해야 할 일 1: 오늘의 요일

첫 번째 아이가 학급구성원들 앞에 서서 친구들 모두가 자신에게 집중하고 있는지 확인한다. 그러고 나서 아래의 글이 적혀 있는 포켓차트를 가리킨다.

> 오늘은 화요일입니다.
> 2003년 9월 2일입니다.

학급구성원들이 앞에 나온 아이를 따라 단어들을 따라 읽는다. 그러고 나서 그 아이는 근처 벽면에 붙어 있는 작은 광고용(또는 직접 만든) 달력에 오늘의 날짜를 지운다(부록 참고).

매일 해야 할 일 2: 날씨 그래프

그러는 동안에 두 번째 아이가 교실 앞에 와서 의자에 앉은 다음 “오늘 날씨가 어떨 거라고 생각해?”와 같은 질문을 준비한다. 학생 3명에게 자신들이 예상한 것을 말해보도록 한 후에, 그 아이는 정해진 장소로 가서 하늘 상태를 확인하고 날씨 그래프에 어떻게 표시할 것인지 결정을 한다. (이 학생이 하늘의 상태를 살펴볼 수 있는 능력을 고려하고 이 학생이 잠시 동안 있어도 안전한 곳인지를 고려해서, 미리 날씨를 관찰할 장소를 정해야 한다. 캘리포니아에서는 좁은 복도 끝에 있는 발코니에서 날씨를 관찰한다. 하지만 학생들이 교실 창문 밖으로 관찰하는 것이 더 나을 수도 있다.) 그러고 나서 이 아이는 칠판 앞의 자신이 서 있었던 자리로 돌아와서 자신이 결정한 것을 이야기하기 좋은 시간까지 조용히 기다렸다가 날씨 그래프(일반적으로 아래 소개된 **등교일 수** 활동 위에 있다.)에 표시를 한다.

매일 해야 할 일 3: 등교일 수

이제 세 번째 아이가 주의를 집중시키고 학생들과 함께 다음 문장을 읽는다.

> 오늘의 수는 __1__ 입니다.

그러고 나서 이 아이는 “낱개” 용기에 셈도움물(counter)을 하나 더한다.(시간이 지나면서 셈도움물이 점점 많아지면, “낱개” 용기에 있는 셈도움물의 수가 10개 묶음을 새로 만들 수 있을 만큼 충분히 있는지 확인할 필요가 있다.) 이 매일 해야 할 일 활동을 하는 동안, 이 학생이 발표한 “낱개”의 수 (그리고 결국 10단위와 100 단위의 수)에 기초하여, 등교일 수 차트(세로로 10칸이 있고 가로로는 충분한 칸이 있어서 각 등교일 수를 나타낼 수 있어야 한다. 물론 처음에는 비어 있다.)의 빈 칸을 채운다.

이 활동은 셈도움물과 양을 기록한 식이 어떻게 서로 연관이 되는지에 대해 이야기를 하도록 도와준다. 내 학생 중 한명은 기록한 수는 용기에 있는 셈도움물의 수를 “철자로 쓰는” 한 가지 방법이라고 제안했다. 이 용어는 아이들이 셈도움물과 기록한 수 사이의 연결을 알도록 도와주는 것 같다. 그래서 이제 나의 학생들과 나는 우리가 셈도움물의 수를 정확히 셌고, 그 수를 정확하게 “철자로 썼는지” 확인하는 것에 대해 이야기를 한다. 그 시간이 지나면, 교실의 사면 중 높은 곳에 이 카드들을 붙여서 수직선을 만든다.

매일 해야 할 일 4: 달력

네 번째 매일 해야 할 일 활동은 하루 일과를 마칠 때 즈음에 실시한다. 이 때, 교사는 네 번째 아이에게 그 날에 대한 중요한 어떤 것을 발표해 달라고 요청한다. 이 아이가 말하는 것은 한 달을 나타내는 포켓달력에 기록한다. 학년 초에는, 당일 날 아침에 그 날 발표할 학생을 정한다. 이런 방식으로, 지목받은 학생은 자신이 하고 싶은 말에 대해 생각을 시작할 수 있다. 오후 중 한 시점에, 이 학생에게 오늘에 대해서 반성해 보도록 요청하고 한 문장을 적어 보게 한다. 학년 초에, 교사는 이 네 번째 매일 해야 할 일을 담당하는 아이에게 학급구성원들로부터 대체적인 제안들을 요청하도록 해도 좋다. 학년 후반부에, 교사는 이 역할을 하는 학생이 독립적으로 이 과제를 수행할 것을 아마도 기대할 수 있다. 교사(또는 이 학생)가 교실 앞 쪽에 게시되어 있는 포켓달력에 있는 "오늘의 요일"에 대응하는 날짜가 있는 칸만큼 큰 정사각형 종이에 이 학생이 발표한 것을 기록하고, 자신이 말한 것을 설명하는 그림을 그리고 나서 이 달력의 적절한 곳에 이 정사각형 종이를 붙인다(그림 2-1 참고).

하루 일과를 마칠 무렵 즉, 아이들을 집에 보낸 뒤에 다음 날을 위해 게시판을 정리 정돈하는 시간을 갖는다. "오늘의 수" 활동의 요일을 바꾸고 매일 해야 할 일 차트에 학생들의 이름을 바꾼다. 이전의 "오늘의 수" 카드는 증가하는 수직선을 게시할 곳으로 결정한 곳으로 이동시킨다.

그림 2-1
달력 페이지 예시

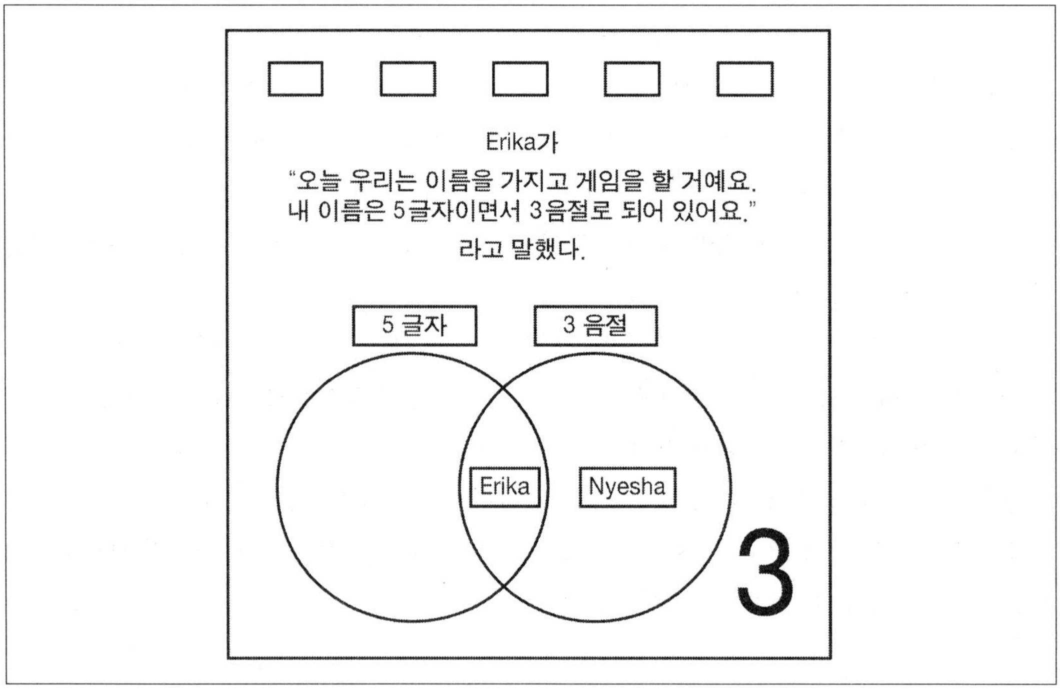

이 달의 끝 무렵, 포켓달력에서 정사각형들을 순서대로 떼어낸다. 그러고 나서 이 정사각형들을 함께 묶어 두었다가 학급도서관에 둘 새로운 미니북을 만들도록 한다. (만약 바인더가 없다면, 각 정사각형의 코너에 구멍을 뚫어서 두꺼운 끈 조각을 이용해서 이것들을 묶는다.)

학년 초에, 교사는 각 활동을 하는 방법을 시범 보일 필요가 있다. 한 학생이 한 문장을 읽고 다른 학생들이 좇아 읽도록 하는 교수·학습 행위를 하는 동안, 한 사람이 어디에 설 필요가 있는지(다른 친구들이 잘 볼 수 있도록)와 같은 그런 이슈들을 다룬다. 교사는 아마 학생들이 교실 앞으로 나올 때 “가장 친절한” 방법과 같은 이슈들을 논의하는 것도 좋다. 학생들이 자신들이 의도하지 않게 자신이 속한 집단을 방해하고 있는 때를 깨닫도록 격려해 준다. 교사는 다른 사람들을 존중해야 한다는 것에 대해 분명한 메시지를 전달해야 한다. 하지만 학기가 진행됨에 따라서, 교사는 가능하면 이런 일상적인 활동에 빠지도록 노력해야 한다. 교사가 담당하고 있는 학생들에 대해 알아감에 따라, 교사는 학급구성원들의 주목을 이끌어내고 매일 해야 할 일들을 수행하는데 거의 도움을 필요로 하지 않는 학생이 누구인지를 알게 될 것이다. 그럼에도 불구하고, 교사가 옆에서 지켜보아 줌으로써 학생들이 점점 더 책임감을 가져야 한다는 생각을 강조한다.

일단 이 3가지 아침에 하는 매일 해야 하는 활동을 수행하고 나면, 매일 아래 활동들 중 하나 또는 그 이상을 제안함으로써, 수학적 아이디어들을 발전시킬 수 있는 시간을 몇 분 동안 갖는다.

- 이 수 차트에 있는 패턴을 살펴본다.
- 한 주에 있는 요일들을 챈트한다.
- 달력의 날짜와 등교일 수의 차이점에 대해 의논한다. 왜 둘이 다른가? 혹은 두 숫자들이 같다면, 항상 같을 것인가?
- 새 달이 시작하는 시점에서, 지난달의 포켓달력에서 모든 숫자들을 떼어내고, 학생들이 교사와 함께 새 달력을 만든다. 그 아이디어는 적절한 상자 안에 수들을 넣는 것이다. 그러나 일단 1의 위치가 정해지면, 한 아이에게 5가 어디에 속하는지, 그러고 나서 8은 어디에 속하는지 등등－모든 숫자들을 배치할 때까지－을 알아보게 할 수 있다(Sheffield 2001).
- 세는 단위(낱개, 10씩, 100씩)의 수를 포켓차트에 있는 수와 1－100 수배열표에 교사가 쓰고 있는 수와 연결 짓는다. 아이들은 수의 의미에 주의를 기울이지 않은 채 1－100 수배열표를 좇아 “읽기”만 하고 있음을 쉽게 발견할 수 있다. 수를 기호로 표현하는 것은 이 수를 “철자로 쓰는” 방법이며 컵 안에 있는 셈도움물의 수를 나타내는 것임을 지적해 준다. 예를 들어, 교사는 이렇게 말할 수 있다. “자 여러분이 오늘 셈도움물 하나를 더해서

이제 셈도움물을 셌더니 8개가 되었어요. 선생님이 여기에 8을 쓸게요. 자 여러분은 10묶음이 2개있다고 했죠? 선생님이 여기 8옆에 쓸게요. 이제 10묶음 2개와 낱개 8개가 되었어요. 이것을 가장 간단하게 말하는 방법은 (쉬었다가) 28이에요."

이름 분류하기 : 공동체 형성하기 활동

2학년 학생들은 자신의 이름에 관심이 많다. 교사들은 그들의 관심을 다음과 같이 사용할 수 있다.

- 공동체 형성하기 활동을 제공해서 학생들이 서로의 이름을 잘 알 수 있게 한다.
- 논리적/수학적 성장에 필수적인 분류 개념들을 탐구한다.
- 한 활동 안에서 수학과 읽기 개념을 결합한다.

준비물

- 20cm 길이의 문장 카드; 학생당 1개와 교사용 1개.
- 학생당 3개 또는 4개의 큰 포스트잇.
- 3가지 색별로 만든 끈 고리; 각 고리의 길이는 3m.

교수 · 학습 지침 : 첫째 날

1. 한 문장 카드에 교사의 이름을 적고 그것을 모델로 보여준다. 교사가 대문자로 교사의 이름의 첫 알파벳을 적기 시작하고 다른 알파벳들은 소문자로 적었다는 것을 강조한다.

2. 학생들이 자신의 이름을 이용해서 분류하기 게임을 하게 될 것이라고 설명한다. 각 아이들이 문장 카드에 자신의 이름을 정확하게 쓰게 한다. 가장 좋은 결과를 얻기 위해서는 교사가 각 아이의 성과 이름을 적어서 마련한 이름표를 각 아이의 좌석에 나누어 주는 것이 좋다. 교사의 시범을 좇아서, 아이들이 먼저 연필로 자신들의 이름을 적도록 하고 크레용이나 마커 펜으로 베끼도록 한다.

3. 교사는 교사 자신의 이름으로부터 여러 가지 흥미로운 점을 알아냈다고 설명한다. 예를 들어, 교사의 이름이 Nancy라면, 교사는 이렇게 말할 것(그리고 칠판에 이렇게 적을 것)이다.

"내 이름은 N으로 시작해요."

"내 이름은 두 음절로 되어 있어요. (학생들이 음절이란 단어가 의미하는 바를 이해했는지 확인하기 위하여, 교사는 자신의 이름과 학급구성원들의 이름의 음절만큼 박수를 친다.)"

"내 이름은 다섯 글자로 되어있어요."

"내 이름은 모음이 2개예요."

"내 이름은 그 안에 **단모음** a가 들어있어요."

"내 이름에 있는 또 다른 모음은 y인데, 이름의 끝에 있기 때문에 e 소리가 나요."

교사의 이름에 대해 이야기하는 동안, 아이들은 자기 자신의 이름에 대해 의논하기 시작할 것이다. 만약 아이들이 **장모음** a 또는 **묵음** e와 같은 추가적인 아이디어를 생각해 낸다면, 이 아이디어들을 칠판의 한 부분에 목록을 만든다.

4. 아이들이 자신의 이름에 대해 적어도 3가지 흥미로운 점에 대해 생각해보게 하고, 각 아이디어를 낱장의 포스트잇에 기록하게 한다. 아이들은 교사가 칠판에 모델로 적어놓은 단어들을 사용해야 하지만, 칠판에 있는 것으로 제한할 필요는 없다.

5. 모든 포스트잇을 모으면서 수업을 끝낸다. 아이들이 자신의 이름표를 이후에도 쉽게 접근할 수 있도록 책상의 중간에 놓게 한다.

교수 · 학습 지침 : 둘째 날

1. 각 포스트잇에 있는 이름으로부터 새로운 아이디어들을 판서하면서 모든 포스트잇을 분류한다. 이 아이디어들을 이용해서 다음 수업을 이끌어간다.

2. 예를 들어, **3음절로 된** 그리고 **3글자로 된**과 같은 2개의 라벨을 고른다. 서로 독립적인 2개의 아이디어를 찾아서 두 개의 라벨 모두에 해당되는 이름은 없도록 한다.

3. 아이들은 자신의 이름표를 가지고 러그에 원을 만들어 앉는다. 교사는 아이들이 잠깐 동안 서로에게 자신의 이름을 말할 기회를 주어도 좋다. 그러는 동안, 누구나 볼 수 있도록, 러그의 중앙에 끈으로 2개의 원을 나란하게 만든다. 전체 학급구성원들의 주의를 집중시키고 나서, 각 원에 대해서 하나의 라벨을 선택한다. 교사가 선택한 것들을 설명한다. 예를 들어, "빨간색 원에는 **3글자**로 된 이름이 들어가요. 그리고 노란색 원에는 **3음절**로 된 이름이 들어가요."라고 말한다. 각 아이에게 차례로 자신의 이름이 어떤 원에 속하는지 정하도록 한다. 학생들이 정하면, 적절한 원에 이름표를 집어넣게 한다. (그림 2-2 참고)

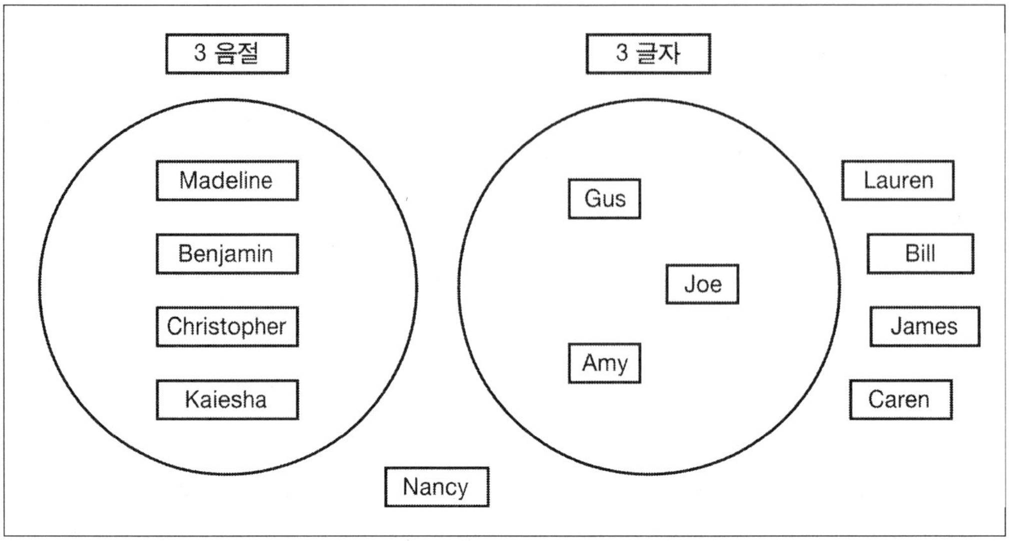

그림 2-2
교집합이 없는 벤다이어그램

4. 아이들이 모두 자신들의 이름표를 원 안에 넣었으면, "이렇게 데이터를 구조화하는 방법을 벤다이어그램이라고 불러요. 성이 벤인 사람이 이 그래프 모양의 표현방법을 만들어냈기 때문에 벤다이어그램이라고 불러요. 여러분의 이름이 원 어느 곳에도 속하지 않는다면, 여러분의 이름은 벤다이어그램에서 어디에 속한다고 생각하나요?"라고 말한다. 만약 아무도 대답하지 않는다면, 두 개의 원 어디에도 속하지 않는 이름들은 이 두 원 밖에 있을 수 있다는 것을 설명한다.

5. 이제 이렇게 배열한 것이 무엇을 보여주는지에 대해 이야기하는 시간을 잠시 갖는다. 이와 같은 아이디어가 나올 수 있다.
   - 3글자로 된 이름을 가진 사람을 3명뿐이다.
   - 3글자로 된 이름보다 3음절로 된 이름을 가진 사람이 더 많다.
   - 대부분의 사람들은 두 원 중 어느 것에도 속하지 않는다.

6. 교사가 2개의 원에 2개의 새로운 라벨을 붙이는 동안 각 아이가 자신의 이름표를 갖도록 한다. 교사는 서로 독립적인 영역으로 된 2개의 원을 그릴 수 있다. 또는 학생들이 교집합의 개념에 대해 사고할 준비가 되어 있다고 생각되면, 교집합이 있는 2개의 영역을 만든다. 예를 들어, **5글자로 된** 그리고 **2음절로 된**과 같은 영역은 두 가지 모두에 들어가는 이름이 나올 수 있다.

7. 다시 한 번, 새로 정한 두 개의 영역을 소개한다. 일부 아이들이 자신들의 이름표를 두 개의 원 모두에 넣어야 하는 딜레마를 느끼면, 이 아이들은 두 원 모두에 넣으려고 할 것이다. "두 개의 원에 동시에 들어갈 수 있는 클라라의 이름은 어떻게 해야 할까요?"하

고 질문한다. 학생들이 이 문제에 대해 고민하고 무엇이든 그들이 생각한 것을 말해보도록 한다. 만약 두 원을 겹쳐서 그린다는 아이디어를 생각해내는 학생이 없다면, 교사가 이것을 직접 말하고, **교집합**이라는 용어를 소개한다(그림 2-3 참고).

8. 모든 사람들의 이름을 알맞게 놓고 나면, 이 배열을 통해서 이 학급에 있는 이름들에 대해서 무엇을 알 수 있는지 논의한다. 학생들이 이 활동에 흥미를 느낀다면, 가능한 한 오랫동안 이름 분류하기 활동을 계속한다. 교사는 학생들과 새로운 음성상의 아이디어를 탐구하면서, 가능하면 새로운 카테고리를 추가해가며 이후의 몇 주 동안 이 활동을 여러 번 반복한다.

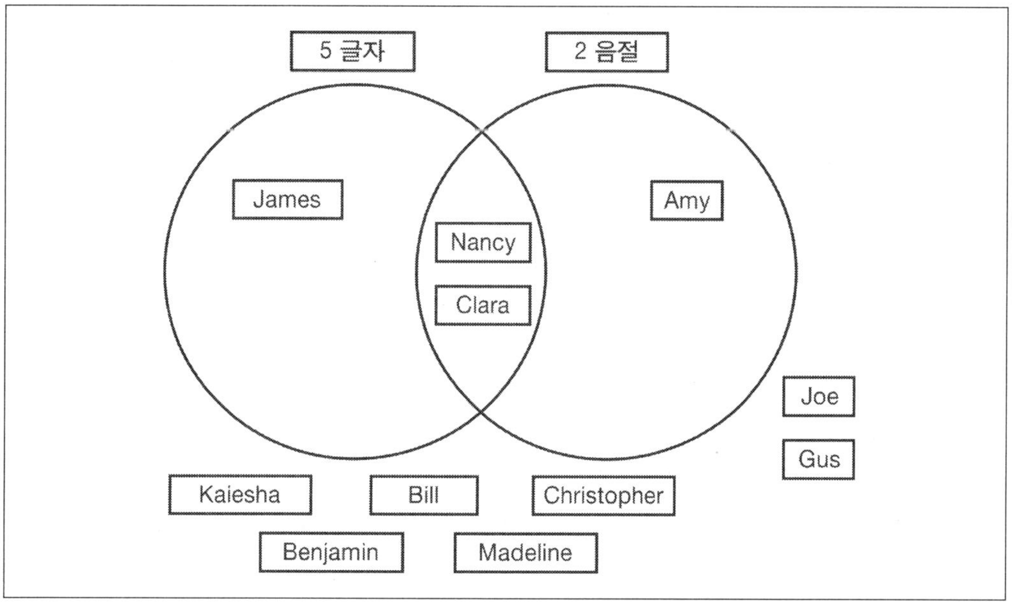

그림 2-3
교집합이 있는 벤다이어그램

오늘의 수 : 매일의 일과 활동

수 감각은 수학을 학습하는 사람 누구에게나 매우 중요하다. 학생들이 수 감각을 계발하도록 돕는 한 가지 방법은 아이들이 그날 설정한 수와 관련된 방정식을 매일 쓰게 하는 것이다. 교사는 달력의 날짜를 이용할 수도 있고 또는 등교일 수에 대응되는 방정식을 쓸 수도 있다.

시작하기

각 아이들에게 다음과 같은 간단한 표지가 있고 몇 쪽으로 되어 있는 작문 공책을 준비하게 한다.

> **오늘의 수**
>
> 수식 공책
>
> ______________ 지음

학년이 시작한지 5일째쯤 되는 날(또는 월초에) 숫자 5와 **오**라는 글자를 칠판(또는 교사가 매일의 방정식을 보관하고 싶다면, 포켓차트에)에 적는다. 그리고 누가 5를 여러 가지 방법으로 만들 수 있는지 물어본다. 교사는 3+2=5 또는 이와 유사하게 두 수를 더하는 덧셈식을 말해 줄 자원자를 기대할 것이다. 이 덧셈식을 칠판에 적고, 칠판에 적은 덧셈식이 3개나 4개가 될 때까지 계속해서 아이디어를 모은다.

이제 아이들에게 자신의 작문 공책 앞면에 자신의 이름을 적고, 공책을 열어 첫 번째 페이지를 편 다음, 교사가 칠판에 적은 것(5, **오**)과 같은 제목을 적도록 한다. 아이들이 스스로 5에 대한 덧셈식을 몇 개 쓰거나 또는 칠판에 있는 덧셈식 중 몇 개를 따라 적을 시간을 준다. 아이들은 정육면체나 다른 조작물을 이용해서 새로운 아이디어를 떠올려도 좋다고 제안한다. 아이들이 활동을 하는 동안, 아이들의 책상 사이를 궤간순시 한다. "첫 번째로 만들 수 있는 덧셈식은 무엇이 될까"와 같이 덧붙여서, 시작하기를 주저하는 학생들을 도와준다.

전체 학급구성원들을 다시 불러 모아 칠판에 덧셈식들을 추가적으로 판서하면서 몇 분을 보낸다. 교사가 이것을 하는 동안, 어떤 한 사람의 발표를 다른 사람보다 더 칭찬하는 일 없도록 하면서, 아이들의 사고에 열광하는 모습을 보여준다.[12] 수학적 내용에 초점을 맞춘 코멘트가 가장 도움이 된다. 특히 아이들이 발표하는 동시에 교사가 칠판에 아이디어를 적는 것이 도움이 되는데, 거기에는 다음과 같은 것을 포함할 수 있다.

"4 더하기 1은 5와 같아요. 이것은 수학에서 중요한 아이디어에요. 이 아이디어가 1씩 세기에 대한 전부예요. 한 수에서 그 다음으로 셀 때, 우리는 항상 1씩 더해요."

"3 더하기 2는 5와 같아요. 그리고 2 더하기 3은 5와 같아요. 이것도 덧셈에서 핵심적인 아

---

12) 교사가 다양한 어린이들의 다양한 사고를 수용해 주는 것이 다양한 어린이들이 자기 수준에서 자기 나름대로의 지식을 구성해 갈 수 있도록 해 준다. 교사가 이 다양한 사고 중 특정한 하나를 칭찬하는 언행을 하는 순간 그리고 이런 순간들이 누적되면서 어린이들은 교사의 칭찬을 들을 수 있는 아이디어를 구성하려는 지적 정신 작용을 은연중에 하게 된다. 이는 모두를 아니 거의 모두를 학습으로부터 소외시키는 의도하지 않은 결과를 낳게 된다.

이디어예요. 여러분은 같은 숫자를 다른 순서로 놓을 수 있는데 그 수를 더하면 여전이 같은 값이 나와요. 이 아이디어를 보여주는 또 다른 예를 생각할 수 있는 사람 있어요?"

아이들에게 수식 공책을 어디에 놓아야 하는지 그리고 매일 언제 그 활동을 하게 되는지를 알려주면서 수업을 마친다.

"오늘의 수" 일과 활동을 형성하기

오늘의 수는 매일 같은 시간에 할 수 있는 활동이다. 아이들이 학교에 도착했을 때 준비 활동으로 또는 쉬는 시간이나 외부 활동이 끝나고 교실로 돌아왔을 때 할 수 있다.

매일의 일과 활동은 다음과 같다.

1. 오늘의 수를 말한다.
2. "오늘의 수에 어울리는 수식에 대한 아이디어가 있는 사람 있어요?"라고 질문을 제기한다. 아이들이 사고를 하도록 하기 위해서 몇 가지 반응을 이끌어낸다. 그러고 나서 아이들이 자신의 자리에서 각자 활동을 시작하도록 한다.
3. 아이들은 자신의 작문 공책의 다음 페이지에 제목으로 오늘의 숫자를 쓰고, 자신들이 필요하다면 정육면체나 다른 조작물을 이용해서 이 수에 어울리는 개개인의 수식을 적는다.
4. 학생들은 자신의 책을 가지고 러그에 원을 만들고 칠판이나 차트지에 자신들이 만든 수식들을 적으면서 이들에 대해 의논한다. 교사는 아이들에게 자신이 만든 수식이나 다른 학생들이 칠판에 판서한 수식에 대한 생각을 설명하도록 한다. 교사는 또한 아이들이 탐구하고 있는 아이디어들을 확장시켜 갈 기회를 가질 수 있다.

학생들을 지원하기

아이들이 자신만의 수식 공책을 적는 데 있어서 교사의 존재는 중요하다. 교사가 그 활동에 대해 코멘트를 하며 궤간순시를 하는 동안, 학생들은 교사가 아이들과 개별적으로 나누는 대화를 귀동냥하게 된다. "패턴을 사용해서 뺄셈식을 만들고 있다는 것을 알게 되었어요. 10 빼기 0은 10과 같다는 것에서 시작해서, 11 빼기 1은 10과 같고 12 빼기 2는 10과 같다. 다음 수식은 어떻게 될까?"와 같이 말하는 것은 교사가 말하고 있는 아이의 학습을 뒷받침한다. 그리고 또한 근처에 있는 다른 아이들의 관심도 끌게 된다.

아이들은 교사에게 와서 "이 수식도 되나요?"하고 물을 것이다. 아이들이 제시한 수식을 확인한 뒤에, 교사는 "네, 그래요. 이 수식도 된다는 것을 스스로 확인할 수 있나요?"라고 반응하는 것이 좋다. 이 시점에서, 교사는 예상치 못한 반응을 얻을 수 있다. 예를 들어, 한 아이가 6+8-7=7이라는 수식에 대하여 "음, 8에서 7을 빼면 1이 남아요. 그리고 6 더하기 1은 7이에요."라고 설명할 수 있다. 이것은 수의 관계에 대한 이해가 성장하고 있음을 보여준다. 이것은 중요한 성취이다. 이런 반응은 예상하지 못한 것이다. 왜냐하면 또 다른 학생은 같은 수식을 보고 이렇게 말할 수 있기 때문이다. "6더하기 8은 14와 같아요. 그리고 14 빼기 7은 7과 같아요. 그래서 그 수식은 정확해요." 아이들과 이야기를 나누는 것은 아이들이 어떻게 생각을 하고 있는가에 대한 통찰을 주고, 아이들이 수에 대해 생각하는 다양한 방법에 대해 눈을 뜨게 해 줄 것이다.

또한 교사는 한 수식이 잘못되었다는 것을 발견할 수도 있다. 그럴 때, 교사는 "선생님은 이 수식에 문제가 있다고 생각해요. 선생님이 뜻하는 것을 이해할 수 있는지 알아보세요. 이것은 네가 배울 수 있는 기회예요. 네가 구한 것을 보자."라고 반응할 수 있다. 이러한 종류의 끼어듦은 실수가 나쁜 것이 아니라 오히려 아이들이 배울 수 있는 가치 있는 기회가 된다는 생각을 강화시켜줄 수 있다.

혼란은 학습 과정에서 자연스러운 것이다. 그리고 일반적으로 교사는 지도하는데 있어서 지나치게 지시하지 않는 것이 좋다. 하지만 이 말이 의미하는 것이 교사가 아이들을 아무런 도움 없이 허우적거리도록 내버려두어야 한다는 것은 아니다. 교사는 어려움을 느끼는 아이들을 위해 긴장하고 있어야 한다. 이런 아이들에게 다음과 같은 제안을 한다. "정육면체 6개를 가져와서 시작해 보세요. 자, 정육면체 6개를 2 묶음으로 나누어 보세요. 이 묶음에는 몇 개가 있죠? 이것들을 셀 때 정육면체를 만져도 괜찮아요. 음. 그래서 여기 4개가 되네요. 다른 묶음에는 몇 개가 있나요? 거기에는 2개가 있네요. 이제 4 더하기 2는 6과 같다는 덧셈식을 쓸 수 있을 거예요." 이런 학생들이 점점 더 혼자 힘으로 할 수 있는 전략들을 개발할 때까지 자주 이런 학생들을 만나준다. 자신의 능력으로 자신에게 주어진 과제를 해 낼 수 있다는 자신감은 이러한 아이들에게 매우 중요하다. 이것을 통해서 아이들은 도전적인 학습내용도 해 내는데 필요한 인내심을 발달시킨다.

이 활동을 하는 동안 아이들이 서로의 아이디어들을 이용할 수 있게 하는 것은 또한 아이들에게 생길 수 있는 감정을 조절할 수 있도록 도와준다. 누군가가 "자신의 수식을 훔쳐가서" 화가 난 한 아이는 흥미로운 아이디어를 생각해 낸 것에 대해 인정받을 수 있다. 그러나 수학적 아이디어에 주인은 없다는 것을 알려주어야 한다. "우리는 모두 함께 여기에 있어요. 우리 모두는 이 아이디어를 배워야 하는 것이에요. 만약 누군가가 여러분과 같은 아이디어를 가지고 있다면 그것은 그 사람도 같은 아이디어를 가지고 있거나, 여러분이 그 사람이 새로운 어떤 것을 배우도록 도와주었다는 것을 뜻해요. 서로 좋은 아이디어를 제공하는 것은 우리가 이 활동을 하는 이유 중의 하나에요."

칠판에 수식 적기

하루에 10분 정도는 학생들이 자신의 수식을 모둠에서 공유하도록 한다. 이렇게 함으로써 교사는 여러 가지를 성취할 수 있다.

- 교사는 학생들에게 자신들이 생각한 것을 언어로 표현하는 기회를 제공하여 학생들이 자신의 문제해결 전략을 설명하는 것을 배우게 한다.
- 교사는 학생들에게 서로 서로로부터 배울 기회를 제공한다. 한 사람이 다른 사람의 사고방식을 항상 따르는 것은 불가능하다. 그러나 어떤 아이가 제기한 아이디어의 도움을 받아서 종종 다른 아이들은 새로운 사고방식을 발달시킨다.
- 교사는 어떤 아이가 제시한 아이디어를 교사 자신이 확장시키는 기회를 갖는다. 그렇게 함으로써 학생들이 중요한 수학적인 연결을 구성하도록 도와준다.

하지만 아이들이 자신들이 구성한 수식을 공유하고 이를 교사가 칠판에 적을 수 있도록 하기에 앞서서, 학급친구들에게 **존중하면서** 동의하지 않는 것의 개념에 대해 논의한다. "친구의 수식에 동의하지 않는다면, 여러분은 어떻게 말해야 하는지에 대해서 말할 수 있는 사람 있어요? 여러분의 친구들을 기분 나쁘게 하지 않으면서 여러분의 아이디어를 공유할 수 있는 방법이 있을까요? 여러분이 해야 할 말뿐만 아니라 어떤 어조로 말해야 할지 생각해 보세요."하고 질문한다. 몇 명의 아이에게 아이디어를 말해보도록 하는데, 그것은 사실적인 언어와 친절한 목소리 톤을 사용하는 그런 아이디어를 뒷받침하는 것이어야 한다. "만약 여러분이 친절한 방식으로 아이디어를 제시한다면, 여러분은 친구가 배울 기회를 주게 될 거예요. 그리고 그것이 이 활동의 전체적인 목적이에요."라고 말하면서 이 토론을 마무리한다.

칠판에 수식을 적으면서, 자주 멈추어서 "여러분의 방정식이 참인지 증명할 수 있나요?" 또는 "이 수식이 참이라는 것에 동의하나요? 왜 그렇게 생각하나요? 다른 방법으로 생각할 수 있는 사람 있나요?"와 같은 질문들을 한다.

예를 들어, 한 아이는 이와 같은 수식을 제시할 수 있다.

$$5+5+5+5+1=21$$

교사는 "이 수식이 성립한다는 것을 어떻게 확신했어요?"라고 묻는다. 이 아이는 "음, 5, 10, 15, 20 이렇게 셌어요. 그리고 1개가 더 있으니까 21이에요."라고 답한다. 이 아이가 말하는 동안 교사는 이 수들을 수식의 적절한 부분에 적는다. 그러고 나서, 교사는 "이 수식을 다른 방법으로 설명할 수 있는 사람 있어요?"라고 말한다. 한 학생이 "5 더하기 5는 10이에요. 그리고 5 더하기 5는 또 10이에요. 10 더하기 10은 20이니까, 20이에요. 그러고 나서 1이 더 있으니까 21이에요."라고 말 할 것이다. 이 아이가 말하는 동안 수식을 적거나 또는 원래의 수식의 적당한 부분 아래에 선을 그려 5씩 조합해서 10을 만든 방법을 보여준다.

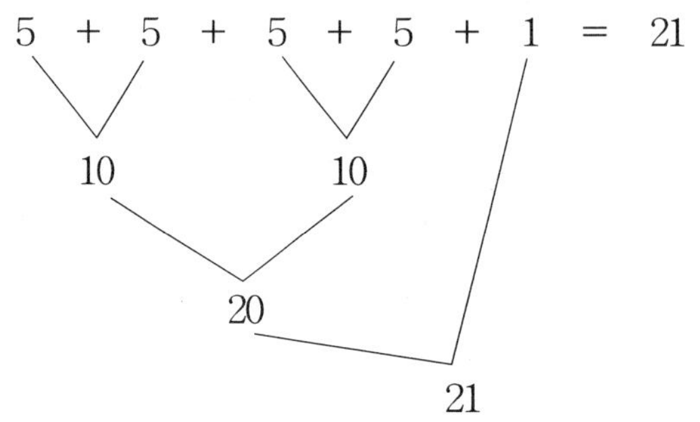

그러고 나서 이렇게 질문한다. "이 수식을 이용해서 다른 수식을 만들 수 있을까요?" 이 질문을 통해서 다음과 같은 수식들을 이끌어 낼 수 있다.

$$10+10+1=21$$
$$5+5+5+6=21$$
$$8+2+8+2+1=21$$

이 마지막 식은 $8+2+10+1=21$이 될 수 있다. 그리고 이 식은 $8+2+11=21$이 될 수 있다.

아무도 아이디어를 내지 않는다면, 교사가 이 수식을 칠판에 적은 다음 원래의 수식과의 관련성을 알아낸 사람이 있는지 물어본다.

이 시점에서 "기다리는 시간"이 결정적인 역할을 한다. 가장 빨리 끝낸 학생뿐만 아니라, 다수의 아이들이 이 아이디어들을 반성해 볼 수 있는 시간을 가졌는지 확인한다. 교사는 다른 학생들이 그들 자신의 결정을 내리는데 충분한 시간을 가질 때 까지 일찍 생각을 정리한 학생들에게 자신들이 한 생각을 머릿속에 간직하고 있어야 한다는 것을 상기시켜 줄 필요가 있다. 여러 명이 손을 들 때까지 기다렸다가 대답을 할 지원자를 요청한다. 수업을 하는 동안 내내, 학생들이 수를 분해하고, 수들 사이의 관계를 알아차리고, 여러 가지 연산을 의미 있게 사용하는 새로운 방법을 알아내도록 도울 수 있는 기회를 찾아야 한다.

만약 한 아이가 잘못된 수식을 말하면, 그 아이는 일반적으로 이 수식에 대해서 이야기 하는 동안 자신의 실수를 발견하게 될 것이다. 만약 한 학생이 혼란스러워하거나 좌절해 있다면, 혼자서 그것에 대해 생각해볼 기회를 준다. "생각이 나면 다시 발표해보도록 해요. 이것도 실수를 통해 배울 수 있는 기회 중의 하나예요."라고 말해 준다.

수식들에 대한 학생들의 사고를 확장시키기

오늘의 수 활동은 TERC 시리즈에 있는 Investigations in Number, Data, and Space[13]에 있는 일과 활동과 비슷하다. TERC의 2학년 교육과정의 개발자들은 자신들이 개발한 교육과정을 실천에 옮기는 교사들은 아이들이 개념을 이해하기 위해서 학생들에게 가이드라인을 따르도록 해야 한다고 제안한다. 예를 들면, 교사는 이렇게 말할 수 있다.

> "덧셈만 사용하세요."
> "뺄셈만 사용하세요."
> "덧셈과 뺄셈을 둘 다 사용하세요."
> "[7+3+8+2+1=21]에서는 10의 조합을 이용하세요."
> "[4+4+3+3+5+5+2=26]에서는 같은 두 수의 합을 이용하세요."
> "[5+10+25=40]에서는 5의 배수를 이용하세요."
> "[125+15=140 또는 139+1=140]에서는 두 수만 더한 것을 사용하세요."
> (두 자리 수 덧셈을 배울 때인 학기말에 이 가이드라인을 소개한다.)

학생들은 이런 제한을 두는 것에 투덜거리고 불평할지도 모르지만, 이들은 이런 제한을 통해 새로운 것을 이해하게 될 것이다. 다만, 규칙을 따르지 않아도 되는 날이 충분이 많다는 것을 학생들에게 분명히 해 둔다.

13) NSF(미국과학재단)에서 재정적인 지원을 받아 개발된 초등수학프로그램 중의 하나로 NCTM(1989)의 "규준"이 반영되어 있다. 우리나라에 잘 알려진 MIC(Mathemaics in Context)는 중등수학프로그램 중의 하나이다.

모든 사람을 포함시키기

일단 교사가 오늘의 수 일과 활동을 자리 잡게 하고 점점 더 많은 아이들이 수식을 만들기 시작하면, 교사는 발표를 한 모든 학생들의 이름을 확인하기 시작할 것이라고 설명한다. 교사는 공정하게 그리고 모든 학생들을 참여시키고 싶다고 설명한다. 교사는 몇몇 아이들이 전혀 수식을 말하지 않고 그래서 이 학생들의 이름에 체크표시가 없다는 것을 발견할 수도 있다. 교사가 모든 학생들이 참여하기를 바란다는 것을 반복해서 말한다. 참여하지 않은 학생들에게도 교사가 곧 그들에게 수식을 물어볼 것이라고 알려준다. 다음날에 그 학생들이 자신의 공책에 수식을 만들었는지 확인한다. 그리고 그들이 탐구한 수식에 대하여 이야기 할 것을 권한다.

교사가 분별력을 유지하기

학생들이 자신의 공책에 수식을 기록함으로써, 이들은 이 활동의 메커니즘에 책임을 갖게 된다. 그러나 이 전략은 위험이 따른다. 당해 학년의 과정을 따르는 동안, 아이들은 새로운 아이디어를 생각해 내면서 실수를 하게 될 것이다. 이러한 실수가 그들의 공책에 기록이 된다. 교사는 매일 아이들 사이를 궤간순시하기 때문에, 교사는 이러한 수많은 오류를 알아차리게 될 것이다. 그러나 교사 스스로 그러한 실수는 괜찮으며 교사는 아이들 각각의 공책을 매일 고쳐줄 시간이 없다는 것을 명심해야 한다.

또한, 교사는 스스로 이러한 일과 활동이 아이들이 수에 대한 이해를 발전시키는데 재미있는 방법임을 명심해야 한다. 이 일과 활동은 실수가 얼마나 되는지 확인하는 시험 상황이 아니다. 아이들이 공책에 적은 것이 갖는 의미는 아이들이 새로운 아이디어를 시도하고 있으며 자신들이 구한 수식들에 대해 학급토론을 하는 동안 서로의 의견을 들으면서 학습하고 있다는 것이다. 만약 교사가 교정되지 않은 실수를 보고 마음이 편하지 않다면, 아이들에게 메모용지에 자신들의 아이디어를 적도록 하고 하교할 무렵에 쓰레기통에 이것을 버리도록 한다. 중요한 것은 종이에 무엇을 적었느냐 하는 것이 아니라 학생들의 머릿속에서 무엇이 일어나고 있느냐 하는 것이다.

월별 달력

매달 초에, 교사는 학생들에게 자기 집으로 가져갈 수 있는 달력을 만들 기회를 준다. 이 달력은 A4 크기의 종이에 계절별 그림과 달력 칸으로 이루어져 있다. (학급에서 매일 날짜를 지워나갈 수 있도록 달력을 직접 만들려면 부록에 있는 A4 크기의 확대본을 이용한다.) 아이는 한 달을 구성하는 날짜, 특별한 학교 행사, 그리고 학급 친구들의 생일로 빈칸을 채운다. 완성된 것은 A3 크기의 도화지에 붙인다. 이 활동을 위해 교사가 모델 달력을 만들고 칠판에 아래와 같은 핵심 정보를 적어서 준비를 한다.

2003년 9월

9월은 월요일부터 시작한다.
9월은 30일이다.
2일 – 학교 첫날
14일 – 크네샤의 생일
18일 – 학교 방문의 밤
19일 – 이반의 생일

왜 교사가 9월은 월요일부터 시작하고 30일이 있다고 했는지에 대해 의논하면서, 교사가 만든 목록의 정보를 검토한다. 어떻게 해당되는 날짜 칸에 특별한 행사를 표시하는지를 가리키면서 교사의 달력 모델을 보여준다. 학생들이 달력의 칸을 먼저 채우고 나서 아무 것도 없는 종이 한 장에 그림을 그리도록 한다. 늦가을의 나무, 학교 건물 등과 같이 그림을 그릴 수 있는 주제를 브레인스토밍 한다. 달력의 두 부분이 모두 완성되면, 학생들은 도화지의 넓은 부분에 그림을 풀로 붙인다. 학생들은 집에서 자신의 가족들과 관련된 그 달의 정보 예를 들어, 형제나 부모님의 생일과 같은 것을 추가할 수 있다.

이 과제를 하는 동안 학생들은 구조적으로 사고하게 되고 교사의 지시사항들을 따라야 한다는 것을 배우게 된다. 과제를 쉽게 완성할 수 있는 학생과 수들을 순서대로 바른 위치에 놓는데 문제가 있는 학생들을 주목한다. 교사는 학생들이 구조화 능력에 대한 중요한 정보를 얻게 될 것이다(그림 2-4 참고).

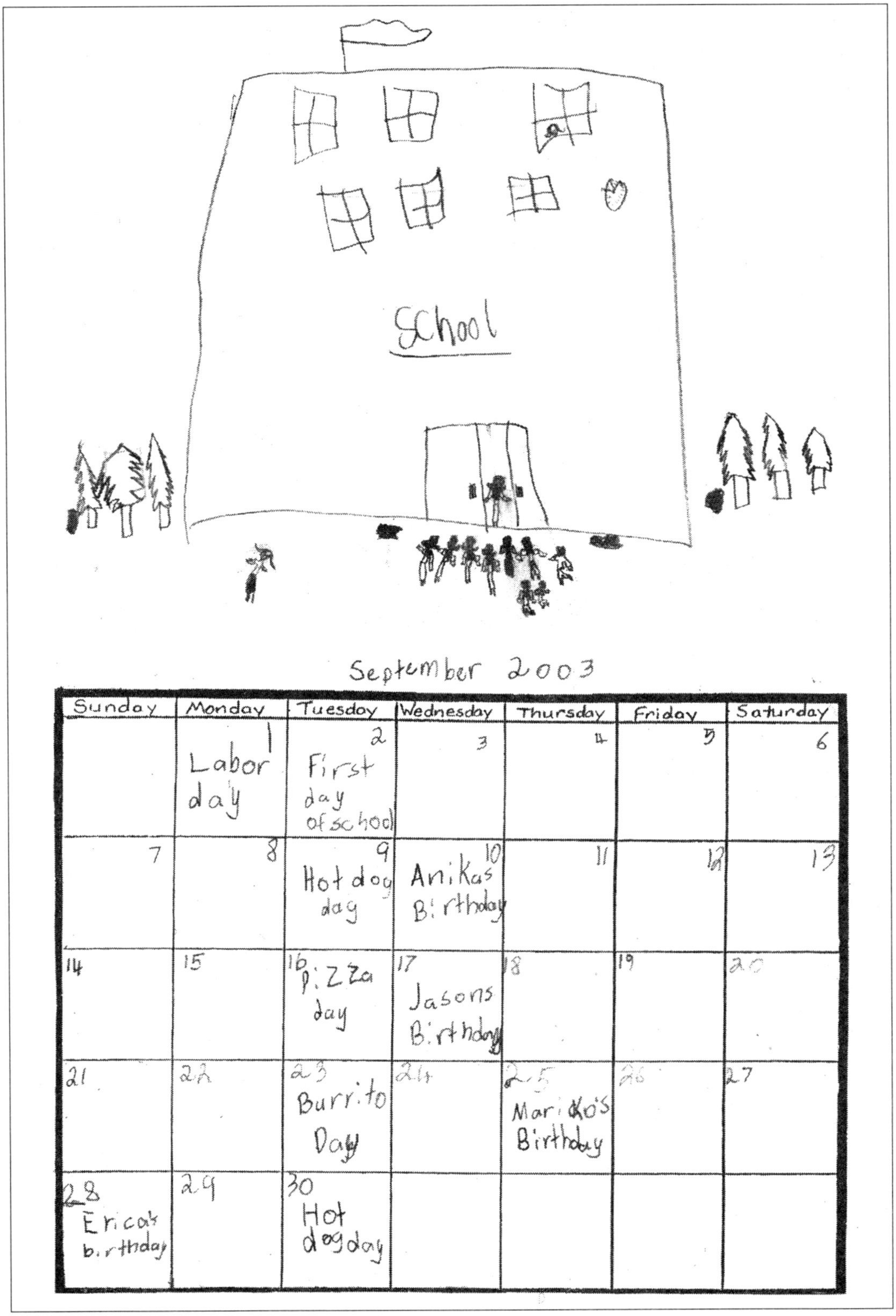
School
September 2003
Sunday
Monday
Tuesday
Wednesday
Thursday
Friday
Saturday
1 Labor day
2 First day of school
9 Hot dog day
10 Anikas Birthday
16 Pizza day
17 Jasons Birthday
23 Burrito Day
25 Mariko's Birthday
28 Erica's birthday
30 Hot dog day

그림 2–4
한 아이의 달력

타임캡슐

선택된 물건과 학교 프로젝트를 넣어 학생 개개인의 "타임캡슐" 만들기는 아이들이 시간이 지남에 따라 학급이 함께 역사를 만들게 될 것이라는 것을 알도록 해준다. 학생들이 서로 서로 자신들의 키를 재는 것을 도와주어야 하고, 각 자의 활동에 대해 긍정적으로 토론하는 방법들을 알아내야 하고, 한 쪽으로 치워 두어야 할 품목을 선택하고 후에 사용할 품목을 생각해야 하기 때문에, 이 활동은 학기 초에 공동체 의식을 증진시킨다. 이후에 이런 활동이 다시 나온 나년, 학생들이 개별적으로 얼마나 달라졌는지를 측정해 볼 수 있다. 9월과 6월의 활동을 비교함으로써, 아이들은 스스로 사고력이 깊어지고, 최선을 다하고 자신의 성장을 관찰하는 것을 좋아하는 반성적인 학습자가 되어 간다.

타임캡슐을 만들기 위해, 교사는 갤런[14] 크기의 비닐봉지나 각 아이들의 이름을 붙인 파일철을 준비한다. 이 비닐봉지 또는 파일철 안에 학생들은 자신의 활동 결과물을 일 년 동안 모은다. 타임캡슐의 개념을 설명하고 아이들이 각각 학년 말에 자신의 캡슐을 열 것임을 알게 한다.

타임캡슐 안에는 무엇이 들어갈까? 교사와 학생들이 추가적인 아이디어를 생각해내도 좋겠지만, 아래에 몇 가지 제안을 해 두었다. 학생들의 현재의 기능 수준을 설명할 수 있는 활동들을 고른다. 교사가 선택한 활동들이 학생들에게 자신감을 길러 주고 학생들 사이에 사려 깊은 생각을 하면서 활동해야 한다는 학급분위기를 조성할 수 있는 기회를 제공해야 한다는 점을 명심해야 한다.

초상화 그리기

이 활동은 이 장에 있는 "학급 규칙" 부분에서 언급되었다. 아이들과 자신들의 초상화에 대해 깊이 있게 사고하는 활동에 관해 이야기를 나눌 뿐만 아니라, 그 과제의 몇 가지 미적인 요소에 대해 간단하게 논의할 수 있다. 거울을 이용해서 아이들이 자기 얼굴의 형태 – 둥근형, 계란형 등 – 를 알아볼 수 있게 한다. 아이들이 자신의 얼굴과 비슷한 형태를 그리면서 시작하도록 제안한다. 아이들이 어디에 눈이 있는지 느끼고, 눈과 관련지어 그 외에 얼굴 부분들은 어디에 있는지 확인하도록 한다. 귀는 눈에 비해 어떤지에 대해 이야기 한다. 그리고 눈썹, 속눈썹과 같은 자세한 것을 살펴본다. 각각의 아이가 몸 전체의 초상화를 그릴 것인지 또는 얼굴만 그릴 것인지 결정하도록 한다. 초상화는 그림이 아니므로 완벽하게 똑같을 수는 없다는 것

14) 액체의 양을 측정하는 단위로 영국, 캐나다 등의 국가에서는 약 4.5리터를 미국에서는 약 3.8리터를 의미한다.

을 강조한다. 아이들이 각자 초상화에 대해서 할 수 있는 적절한 의견들에 대해서 논의를 한 후, 아이들이 자신의 활동물을 칠판에 붙여서 학급구성원들과 함께 공유하도록 한다. "선생님은 에일리가 자신의 머리 색깔을 실감나게 보이도록 여러 가지 다른 색깔을 사용했다는 것을 알아냈어요." 그리고 "에릭의 초상화에 있는 에릭의 얼굴 모양은 실제 얼굴과 비슷해요."와 같은 말로 시범을 보인다. "마기가 제일 잘했어요."[15]와 같은 의견은 다른 학생들이 자신의 작품은 마기것만큼 훌륭하지 못하다고 느끼게 할 수도 있다는 점에 대해 이야기를 나눈다.

신체 측정

아이들이 짝을 지어 서로를 측정하게 한다. 교사가 바닥에 누운 후 (또는 한 아이를 시켜서) 한 아이가 교사의 키만큼의 끈을 자르게 해서 이 과제를 시범 보인다. 아이들은 간단히 비닐봉지에 자신의 키만큼의 끈들을 모을 수 있다. 자신들의 키를 측정하기 위해, 아이들은 그 끈과 길이와 같은 연결정육면체 기차(train)를 만드는데 필요한 연결정육면체의 수를 정할 수 있다.

손바닥 프린트

아이들은 자신의 손의 본을 뜨거나 석고를 떠서 손바닥 프린트를 만들 수 있다. 아이들은 또한 프린트를 만들기 위해 템페라 물감을 사용할 수도 있다. 아이들은 그 이미지를 덮는데 콩이나 타일, 정육면체가 몇 개 필요한지를 알아봄으로써 손바닥 프린트의 크기를 잴 수 있다.

쓰기 샘플

모두가 쓰기를 하기 위한 주제를 하나 선택한다. 또는 각 아이들이 올 해 처음으로 쓰기를 했던 것을 모으도록 한다. 주제는 **2학년에서 내가 원하는 것** 또는 학생들이 원하는 다른 아이디어들을 포함할 수 있다. 쓰기를 싫어하는 아이들에게는 글쓰기를 잘하는 사람으로 성장하기 위해서는 일 년 내내 쓰기를 해야 한다는 것을 명심하게 한다. 아이들에게 이 첫 번째 샘플은 지금으로써는 그들이 최선을 다하기만 하면 된다고 말해준다.

---

15) 이 표현에서 주목해야 할 것은 다음과 같다. "제일"이란 단어가 가지는 의미이다. 저자도 진술하고 있듯이, 다른 학생들이 한 작품은 "제일"이 아니라는 의미이다. 그리고 교사가 이런 표현을 즐겨 사용할 경우, 학습자들은 자신이 할 수 있는 수준에서의 창의적 진전이 아닌 교사가 의도하는 수준의 작품을 만들려고 하다가 실패하는 경험을 축적하게 된다. 또한, 이 표현에서 주목해야 할 것은 칭찬의 내용이 생략되어 있다는 점이다. 칭찬이 나쁘다는 것이 아니라 교사가 수업 중에 칭찬을 한다면, 그 칭찬은 학습자가 한 행위 또는 학습자가 낸 아이디어, 또는 학습자의 태도 등 구체성을 띄어야 그 효과를 기대할 수 있다.

수게임 메뉴 활동: 이 달에 남은 시간에 하는 활동

수게임은 기계적으로 연습하는 것이 아니라 반복적으로 수를 사용함으로써 아이들이 한 자리 수의 덧셈과 뺄셈에 익숙해지도록 도와주며, 학습을 위해 연관된 맥락을 제공해준다. 게임은 또한 아이들이 단순이 수학을 참고하는 것이 아니라 수학을 이용해야 한다는 점을 다시 생각하도록 해준다. 그리고 아이들이 메뉴 활동에서 선택하도록 가르치면서, 교사는 아이들이 스스로 학습하는 것과 협력적으로 활동하는 것에 책임감을 갖도록 격려한다. 아이들은 결정을 하는 방법과 자료를 다루는 방법을 배운다. 그 요령을 배우고 나면, 학생들은 이 메뉴 활동을 스스로 할 수 있게 될 것이다. 그리고 이후에 보다 복잡하고 독립적인 활동을 맡을 준비를 하게 될 것이다.

예비지식을 설명하기

경쟁이 있는 게임을 하기 전에, "승자"와 "패자"가 되는 것이 어떤 느낌인지에 대해 논의한다. 학생들이 두 가지 역할에서 적절한 행동이 무엇인지에 대해 제안해보도록 한다. 교사 또는 아이들 중 한 명이 이런 종류의 제안을 해서 대화를 해야 함을 명심한다.

- "패자"는 이것이 단지 게임이며 패배를 빠르게 받아드려야 다시 게임을 할 시간－그래서 승자가 될 시간－이 더 많아진다는 것을 의미함을 스스로 생각해야 한다.
- "승자"는 패자를 비웃지 않는 것의 중요함에 대해서 생각할 필요가 있다. "여러분이 이기면, 아마도 기분이 무척 좋을 거예요. 여러분은 '와, 내가 게임에 이겨서 정말 기뻐.' 하고 속으로 말할 수 있어요. 하지만 그것을 큰 소리로 자랑하지는 마세요. 공정하다는 것과 친절한 것은 자신의 파트너가 기가 죽도록 하지 않으면서 기쁨을 느끼는 방법을 찾는 것을 의미해요."와 같이 말해 준다.
- 게임을 하는 것은 재미있지만, 수학에 초점을 두어야 한다. 수 게임을 하는 실제 이유는 더 훌륭한 수학자가 되기 위한 것이다.

교사는 또한 게임을 할 때 누가 먼저 할 것인지(또는 어떤 게임을 할 지)를 빠르고 공정하게 결정하는 방법에 대해 일찍 논의하는 것이 좋다. 교사가 이런 주제를 제시할 때, 학생들은 다음과 같은 제안을 할 것이다. "짝에게 선택하도록 하는 것이 예의에요.", "가위, 바위, 보를 해서 정할 수 있어요.", "경기자들에게 수 카드를 선택하게 하고 누구의 수 카드가 10에 가까운지로 순서를 정해요." 학급구성원들이 이 문제에 너무 매달리지 않도록 하고, 아이들에게 학생은 가장 재미있게 게임을 하고 그로부터 무엇을 배울 수 있어야 한다는 것을 명심하게 한다. 어떤 문제가 발생하기 전에 이런 종류의 논의를 하는 것은 학생들이 이후에 비생산적인 행동을 하지 않도록 도와줄 것이다.

메뉴 활동 일정표

교사는 수게임 메뉴 활동을 소개할 때 다음과 같이 계획할 수 있다.

- 1일째 : 한 학생과 함께 게임 중 하나를 하는 방법을 시범을 보인다. 그러고 나서 모든 사람들이 짝과 함께 이 게임을 한다.
- 2일째 : 두 번째 게임을 시범을 보인다. 그리고 모두가 이 새로운 게임을 하도록 한다.
- 3일째 : 학생들이 게임 1이나 게임 2를 선택하게 한다. 1시간이 끝나기 몇 분 전에, 학생들이 정리를 하고 자신들이 한 게임에 대한 토론을 하게 한다.
- 4일째 : 3번째 게임을 가르쳐주고, 모두가 이 게임을 하게 한다.
- 5일째 : 학생들이 지금까지 한 3가지 게임 중 하나를 고르도록 한다. 그 시간이 끝날 무렵, 이 3가지 게임 중 하나 또는 더 많은 게임에 대해 토론한다.
- 그 이후 : 학생들이 이전에 소개한 게임에 대해 흥미를 잃어갈 때 새로운 게임들을 계속해서 소개해 준다. 교사가 수업을 계획 할 때, 45분의 수학시간1)중에 약 30분 정도는 게임을 하고 약 15분 정도는 새로운 게임을 소개하거나 이전의 게임에서 나온 전략을 논의해야 한다는 것을 명심한다.

교사는 9월에 이 메뉴 활동을 하는데 2주나 3주를 계속해서 쭉 보내는 것도 좋다. 또는 지금은 메뉴 활동에 시간을 적게 들이고, 나중에 교사가 새로운 게임들을 가르칠 때 학년 내내 정기적으로 이 메뉴 활동을 다시 할 수도 있다. 충분한 시간을 주어서 학생들이 메뉴 활동 중 하나를 선택하고, 짝과 활동하고, 자료들을 정리・정돈하고 다른 활동으로 전환하도록 한다. 그리고 교사가 자리를 비워서 아이들이 다른 교사와 함께 이 게임들을 해야 할 때 메뉴 활동의 자료들을 쉽게 이용할 수 있도록 하는 것을 잊지 말아야 한다.

새 게임 소개하기

게임을 소개할 때, 교사는 학생들이 생각하면서 활동할 수 있도록 예비지식을 설명하고, 대부분의 학습은 그 경험으로부터 얻도록 한다. 여기에 **덧셈과 뺄셈** 게임을 시범 보이는 방법의 예가 나와 있다. 그런데, 2명의 2학년 남학생들이 이 게임을 수정하였다. 이들은 이것을 확률 단원(4장에서 설명되어 있다.)의 한 부분으로 발전시켰다. 아래의 규칙은 그들이 직접 적은 것으로 문장은 수정을 보았다. 아래의 내용은 이들의 수정판이다.

덧셈과 뺄셈 게임

아론과 콜비의 수정판

준비물: 주사위 2개와 종이 1장

교수 · 학습 지침

▹ 예를 들어, 주사위를 굴려 6과 5가 나오면, 6과 5의 차인 1만큼 점수를 얻습니다. 그리고 6+5=11이기 때문에 11을 점수로 얻습니다. 그래서 점수는 12가 됩니다.
▹ 또는 또 다른 예로, 3과 2가 나오면, 3과 2의 차인 1만큼 점수를 얻습니다. 그리고 3+2=5이니까 5를 점수로 얻습니다. 그래서 점수는 6이 됩니다.
▹ 여러분은 각각 교대로 8번을 할 수 있습니다.
▹ 그리고 경기자 1이 먼저 합니다.
▹ 1+1과 같이 같은 두 수의 합이 나왔다면, 1과 1의 차는 0이기 때문에 2점만 얻게 됩니다.
▹ 이 게임은 각 경기자가 8번을 하면 끝이 납니다.
▹ 서로의 최종 점수를 구하기 위해서는 계산기를 사용할 수 있습니다.

덧셈과 뺄셈

준비물

- 주사위 2개
- 종이 1장

교수 · 학습 지침

1. 학생들이 러그에 앉아 원을 만들어 모이게 한다.

2. 선생님과 게임을 하면서 게임 방법을 시범 보일 자원자를 찾는다. (또는 한 명을 나오도록 한다.) 시범을 보일 때는, 이 게임에서 교사가 주사위 2개를 굴려서 점수를 얻는다고 설명한다. 교사는 먼저 두 주사위 수를 더해서 합을 구하여 점수를 얻는다. 또한 두 수의 차를 알아낸다. 각 회의 합과 차를 더해서 총 점수가 얼마인지 정한다.

3. 한 사람이 주사위를 굴리고 학급 전체에게 몇이 나왔는지 말한다. 이 사람이 6과 5를 굴렸다고 가정해 보자. "6과 5를 더하는 방법을 설명해보고 싶은 사람 있으면 손들어보세요."라고 말한다. 한 명을 선택해서 답과 그 답을 구한 방법을 설명해 보도록 한다. 적어도 다른 한 학생에게 더 자신의 답과 전략을 공유하도록 한다. 교사는 "저는 5 더하기 5가 10이라는 것을 알아요. 6은 5보다 1이 크기 때문에 1을 더 더했어요." 또는 "저는 6에서 시작해서 5를 더 셌더니 11이 되었어요."와 같은 아이디어를 얻게 될 것이다. 이러한 아이디어를 언어로 표현함으로써, 아이들은 자신의 전략을 서로 공유하는 것에 편안해진다. 만약 이런 제안이 나오지 않는다면, 교사가 누군가에게 답을 구한 방법을 설명하라는 것이 무엇을 의미하는지 보여주기 위해, 교사가 직접 아이들에게 말한다.

4. "이제 두 수의 차에 대해 설명해야 해요. 누구 아이디어 있는 사람 있나요?"하고 물어봄으로써 계속해서 시범을 보인다. 교사는 발표자의 남녀학생의 수가 비슷하게 하고, 가장 처음 호명 받는 학생이 남학생인지 여학생인지도 그 빈도를 비슷하도록 해야 한다는 것을 명심해야 한다. 교사가 몇 명의 자원자들에게 그들이 답을 구한 방법을 설명하도록 한 후, 일단 게임이 시작되고 나면 이 아이들이 자신들의 점수를 기록할 방법을 칠판이나 OHP를 활용해서 보여 준다. 예시는 이와 같을 것이다.

	줄리	피에트르
1회	6+5=11 6−5= 1	4+3=7 4−3=1
총 점수	11+1=12	7+1=8

5. 두 사람이 주사위를 굴려서 자신의 점수를 정하면 한 회가 끝난다는 것을 설명한다. 점수를 구하는 전략에 대해 논의하고 기록해야 할 것을 시범보이면서, 한두 번 더 시범을 보인다. 게임을 마치려면 8회를 해야 한다고 알려주고, 그러고 나서 게임하는 방법에 대한 질문 있는 사람이 있는지 물어본다.

6. 다음으로, 점수 기록지를 참고하면서 기록하는 방법을 재검토한다. 그러고 나서 모든 사람이 깊이 생각하면서 활동해야 한다는 것을 부드럽게 상기시키면서 게임을 시작하도록 한다.

후속 논의 실행하기

학급구성원들이 **덧셈과 뺄셈** 활동 – 또는 그 밖의 게임 – 을 3, 4번 한 뒤에, 이 게임이 갖고 있는 수학적 내용에 대하여 이야기 하는 시간을 갖는다. 예를 들어, **덧셈과 뺄셈** 활동에 대해서 교사는 이렇게 질문할 수 있다.

"어떤 수들로 합과 차를 구했을 때 가장 점수가 컸어요?"

"어떤 수들로 합과 차를 구했을 때 가장 점수가 적었나요?"

"수의 조합은 다르지만 점수가 같은 적이 있나요?" (가능한 조합들을 모두 살펴보면, 주사위를 굴려 6이 나오면, 다른 하나의 수가 무엇이건 간에 12점이 된다. "이 말은 다른 수들에 대해서도 적용되나요?"하고 물어본다.)

"수의 조합과 나온 점수를 보면 어떤 패턴을 알 수 있나요?" 여기에서 볼 수 있는 흥미로운 패턴이 있다. 예를 들어, 주사위를 굴려 주사위 하나에서 5가 나오면, 예외 없이 점수는 항상 10이 된다. 여기에 그 패턴이 나타나있다.

주사위 1	주사위 2	덧셈	뺄셈	총점
5	1	6	4	10
5	2	7	3	10
5	3	8	2	10
5	4	9	9	10
5	5	0	10	10
5	6	1	11	12

학생들의 관심과 현재의 이들의 수학적 이해 정도에 기초해서 학생들과 함께 이 패턴들을 탐구할 수 있는 방법을 결정한다.

논의할 질문

어떤 게임을 사용하던지 관계없이 교사가 열띤 토론을 이끌어 내도록 하는데 도움을 줄 수 있는 몇 가지 질문이 있다.

"여러분과 여러분의 짝꿍은 어떻게 차를 알아내었나요?"

"여러분의 짝꿍은 (또는 여러분은) 이 활동이 학습자로서 여러분에게 재미있고 생산적이도록 하기 위해서 어떻게 하고 있나요?"

"이것은 확률 게임일까요, 기능을 익히는 게임일까요, 아니면 둘 다일까요?"

"여러분이 그 게임을 여러 번 한 뒤에, 여러분의 전략을 바꾸었나요? 그랬다면 왜 그랬나요?"

"그 수들을 어떻게 더했나요(뺐나요)?"

"이 게임으로부터 무엇을 배우고 있나요?"

추가적인 숫자 게임

여기 교사의 메뉴 활동에 추가할 수 있는 다른 게임이 있다. 항상 그렇듯이, 자유롭게 여러분이 가르치고 싶은 다른 것들을 추가한다. (부록에 복사해서 사용할 수 있는 것을 참고하시오.)

13 만들기

준비물

- 그림 카드(face card)를 뺀 카드 1벌.

교수 · 학습 지침

1. 카드를 섞고 나서 한 사람당 카드를 7장씩 나누어준다.
2. 나머지 카드는 뒤집어 쌓아둔다. 이것이 중앙묶이다.
3. 경기자 1: 자신의 카드 중 1장을 골라서 손에 들고, 그림면이 보이도록 해서 중앙묶 옆에 놓는다. 카드의 값을 크게 말한다.
4. 경기자 2: 자신의 카드 중 한 장을 첫 번째 카드 옆에 놓고, 이 카드의 수를 첫 번째 카드의 수에 더한다. 합한 값은 13이거나 13보다 작아야 한다. 만약 이 경기자가 13을 넘어서지 않는 카드를 내려놓을 수 없으면, 이 경기자는 13이하의 수를 만들 수 있는 카드가 나올 때 까지 중앙묶으로부터 카드를 가져와야 한다. 13 또는 그 이하의 합을 만들었을 때 그 합을 큰 소리로 말한다.
5. 한 경기자가 합이 정확히 13을 얻을 때까지 게임을 계속한다. 그 경기자는 (합이 13이 되는) 두 장의 카드를 한쪽에 두고 새 카드로 시작한다.
6. 자신의 카드를 먼저 모두 없애는 사람이 승리한다.

주의 : 이 게임은 오랫동안 계속할 수 있다. 왜냐하면 학생들이 중앙뭉에서 게임을 하기에 충분히 작은 수가 있는 카드를 가져와야 하기 때문이다. 경기자가 작은 값의 카드를 가지고 있으면, 중앙뭉으로부터 카드를 자주 가져오지 않아도 된다. 이 전략은 어른들에게는 금방 이해가 되겠지만, 수많은 2학년 학생들에게는 쉽게 이해되지 않는다. 오히려 이 전략을 "가르치기"보다는, 학생들에게 어떤 카드를 가지고 싶은지 물어보는 교실 토론을 한다. 일부의 아이들이 진정으로 큰 수를 갖는 것이 좋은 아이디어라고 느끼더라도 놀라지 말아야 한다. 2학년 학생들은 더 큰 수가 더 좋다는 개념이 설득력 있게 들리기 때문이다.

홀수 혹은 짝수

준비물

- 얼굴 카드를 뺀 카드 1벌.

교수 · 학습 지침

2인 1모둠으로 카드 1벌을 가지고 함께 활동을 한다. 게임의 목표는 카드 더미를 한 번 다 사용하여 카드를 모두 없애는 것이다.

1. 카드를 섞어서 중앙뭉을 만든 후 위의 카드 2장을 가져온다. 카드의 그림면이 보이도록 이 두 장의 카드를 옆으로 나란히 살짝 겹치게 놓는다. 이 두 장의 카드 옆에 중앙뭉을 놓아둔다.
2. 그림면이 보이도록 놓은 두 장의 카드의 합이 **짝수**이면 이 두 카드를 경기에서 제외시키고, 카드 두 장을 더 뒤집는다. (아래 왼쪽의 그림 참고) 합이 **홀수**이면 (아래 가운데의 그림 참고) 세 번째 카드를 뒤집어서 맨 위의 카드를 살짝 겹치게 놓는다. (아래 오른쪽의 그림 참고)

3. 맨 위에 있는 카드 두 장의 합이 이제 짝수이면, 위에 있는 두 카드만 경기에서 제외시킨다. 합이 홀수이면 또 다른 카드를 이미 그림면이 보이도록 놓아 둔 카드들과 한 번 더 살짝 겹치게 놓는다.
4. 항상 맨 위의 카드 두 장의 합이 짝수가 되는지 찾으면서, 중앙뭉에 있는 카드들을 모두 사용할 때까지 계속해서 이 방식으로 카드들을 뒤집는다.
5. 승자가 누구인지 본다. 경기자이거나 카드뭉이다!

주의 : 이 게임은 덧셈을 연습할 수 있는 많은 기회를 제공한다. 그 게임은 또한 홀수와 짝수의 성질을 탐구할 기회이기도 하다. 예를 들어, 두 짝수를 더하면 홀수가 되는가 아니면 짝수가 되는가? 두 홀수를 더하면 어떻게 되는가? 홀수 한 개와 짝수 한 개를 더하면 어떤가? 이 게임을 할 때 두 카드의 합이 홀수 또는 짝수 중 어느 것이 더 많이 있을 것 같은가? 이 게임이 홀수 합을 가져간다면 어떻게 되겠는가? 만약 경기자가 홀수 합만 가져갈 수 있다면, 승리하기는 더 어려울 것인가?

피라미드 10

준비물

- 얼굴 카드를 뺀 카드 1벌

교수 · 학습 지침

2인 1모둠으로 카드 1벌을 가지고 게임을 한다. 이 게임의 목적은 카드 더미를 한번 다 사용하는 동안 전체 피라미드를 제거하는 것이다.

1. 카드를 섞어서 피라미드 모양으로 카드 21장을 아래 보이는 것과 같이 배열한다.

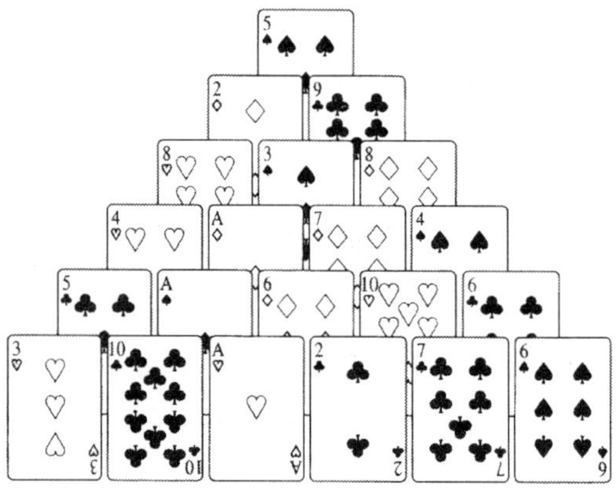

2. 남은 카드를 덮어 놓는다.

3. **자유 카드**의 정의: 자유 카드란 그 위에 겹치는 카드가 없는 것을 말한다. 게임이 시작하면 이 피라미드의 맨 아래 줄에 있는 카드 6장만 자유 카드의 자격을 부여받는다.

4. 이 마지막 줄에서 모든 10(10인 수)과 더해서 10이 되는 두 카드는 빼서 따로 놓는다. 이 카드들은 더 이상 게임에서 사용하지 않는다.

5. 만약 게임을 하다가 10 또는 더해서 10이 되는 두 카드가 자유카드가 된다면, 그 카드들도 게임에서 사용하지 않도록 빼서 따로 놓아둔다. 뺄 카드가 없을 때까지 계속해서 이 과정을 한다.

6. 중앙몫에서 카드 한 장을 뒤집는다. 만약 그 수가 10이거나 피라미드에 있는 자유 카드와 합해서 10이 된다면 그 카드들을 뺀다. 만약 뒤집은 카드를 사용할 수 없다면, 이 카드를 피라미드의 아래에 놓는다. 이 카드는 나중에 사용할 수 있다.

7. 중앙몫에서 또 다른 카드 하나를 뒤집는다. 6번의 지시를 똑같이 따른다. 만약 이때 중앙몫에서 가져온 새 카드와 피라미드에 있는 자유 카드 하나와 합해서 10을 만들 수 있다면 이 두 카드를 따로 빼서 놓음으로써 새로운 자유 카드가 생길 수 있다. 이때, 앞에서 피라미드 아랫줄에 놓았던 카드와 이 자유 카드로 10을 만들 수도 있다. 주의: 경기자가 경기를 진행해감에 따라서 피라미드 아래에 놓은 카드들이 쌓여 갈 수 있지만, 경기자는 처음 중앙몫에서 위 카드만 사용할 수 있다.

8. 이 게임은 중앙몫에 있는 모든 카드를 뒤집었는데 더 이상 10 또는 10이 되는 두 카드를 제거할 수 없을 때, 또는 피라미드에 있는 카드를 모두 제거했을 때 끝난다.

주의: 아이들은 피라미드를 정확하게 만드는 데 도움을 필요로 할 수도 있다. 그래서 이 게임의 이 장면을 주의해서 시범 보인다. 이 게임의 규칙을 정하고 게임 방법을 시범 보인 다음에, "다음에는 어떤 수를 뒤집고 싶나요?"라고 묻는다. 이 질문은 아이들이 10의 조합에 집중하고 있는지에 초점을 두고 있다. (만약 자유 카드 8이 있다면, 2가 뒤집어 지기를 바랄 것이다.) 이런 종류의 질문은 또한 아이들을 이 게임이 지니고 있는 수학으로 이끌어 줄 것이다. 교사는 계속해서 "피라미드 10은 우리가 모든 10의 조합을 아는데 도움을 주는 재미있는 게임이에요. 그것이 수학시간 동안 우리가 그 게임을 하는 이유에요."와 같은 말을 덧붙여도 된다. 교사가 선택한 활동들에 대한 이유를 분명히 함으로써, 교사는 수학 학습을 강화시키고 재미있는 경험에 대한 목적 의식을 보탤 수 있다.

다음의 게임 또한 한 2학년 학생이 수정했다(Math by All Means: Probability, Grade 1–2[Tank 1996]을 참고).

1 부터 10

준비물

- 주사위 2개
- 얼굴 카드를 뺀 카드 1벌

교수 · 학습 지침

이 게임의 목적은 경기자가 가지고 있는 카드를 모두 없애는 것이다. 한 사람은 빨간색 카드를 모두 갖고, 다른 한 사람은 검은색 카드를 모두 갖는다.

1. 경기자 1: 주사위를 굴려서 두 수의 합을 구한다. 주사위의 합과 같은 카드의 모든 조합을 버린다. 예를 들어, 주사위를 굴려 5와 3이 나와서 합이 8이 되었다고 가정해 보자. 경기자 1은 여러 가지 방법으로 8을 만들 수 있다. 5+3, 4+4, 6+1+1과 같이 말이다. 그 합을 만드는 한 가지 방법을 선택하고 나서 그 카드들을 버린다.
2. 경기자 1: 경기자 1이 가진 카드로 첫 번째 합을 만들 수 없다면, 주사위를 다시 굴린다. 만약 이 새로 주사위를 굴려 나온 합을 만들 수 없다면, 다시 주사위를 굴린다. 만약 이 세 번째 합을 만들 수 없다면, 자동으로 지게 된다.
3. 경기자 1과 2: 교대로 주사위를 굴리고, 카드를 버린다.
4. 먼저 자신의 카드를 모두 버리는 사람이 승자가 된다.

제 3 장

10월 / 11월

자리값의 이해

학습 환경

학생들은 10월, 11월이 되면 점점 안정이 되고, 서로서로를 좀 더 알게 되고, 교사가 무엇을 기대하는지 이해하게 될 것이다. 이 달 수학 공부의 초점은 우리가 사용하는 수 체계에 관한 근본적인 가정을 이해하면서 학생들이 자신감을 얻도록 돕는 것, 그리고 기능을 습득하도록 돕는데 둘 것이다. 이번 달 교사는 학생들과 함께 공부를 하면서, 기계적 절차를 가르치려는 유혹에 저항해야 한다. 이에 대한 보상은 학생들이 정답을 찾을 수 있는 그들 자신만의 고유한 방법들을 창안해내기 시작하고 꼬마 수학자로서 점점 더 자신감을 가질 때 올 것이다.

이번 가을에 교사는 다음과 같은 것을 하게 될 것이다.

- 작은 수와 큰 수에 대한 수 감각을 계발하는데 필요한 주요 아이디어들을 소개한다.
- 학생들이 교사가 학생들의 생각에 얼마나 관심이 있으며 얼마나 신뢰하는지를 알도록 한다.
- 실수를 하는 것도 배움의 한 과정이라는 생각을 강화시켜 준다.
- 학생들 모두가 끈기를 갖도록 격려한다.
- 2학년 학생들에게 자신들의 문제해결 과정에 대해 이야기 하고 필기하도록 함으로써 이들이 수 개념에 관해 사고하는 방법을 주의 깊게 관찰한다.
- 각 학생이 어떻게 발달하는지에 대해 학생 개개인에 초점을 둔다.
- 수업 중 교사가 한 실수가 있으면 이것을 인정하고, 무엇이 잘못되었고 왜 그런 것인지 분석함으로써 실수로부터 배울 점을 찾는다.

수학

2학년 학생들은 이번 달에 제공되는 수학 활동을 통해서 계속적으로 한 자리 수의 기초셈을 이용할 수 있는 기회를 가질 것이다. 학생들은 좀 더 많은 수 게임을 할 것이며 한 자리 수들을 더 할 때 확실하면서도 효율적인 전략들을 충분히 생각해 낼 것이다.

가을의 대부분 동안 학생들은 두 자리 수에 대한 수 감각을 계발하면서 시간을 보낼 것이다. 2학년 학생들이 10진 기수법의 근본적인 구조에 대한 이해를 발달시킬 수 있는 기회를 갖기 훨씬 이전에, 2학년 교육과정은 2학년 초에 학생들에게 큰 수의 덧셈과 뺄셈을 요구하고 있다. 학생들이 거의 또는 전혀 이해하지 못한 기계적 절차들을 사용할 것을 학생들에게 요구하였을 때 학생들의 마음속에 생기는 수학적 혼란을 피하기 위해서, 가을 동안 학생들은 자리값에 대한 이해를 도울 수 있는 게임을 하고 활동을 하고 문제를 해결하면서 시간을 보낼 것이다. 학년 말에, 2학년 학생들은 작은 수들을 더하거나 뺄 때처럼 확실하고 효율적으로 큰 수들을 더하거나 뺄 수 있는 강건한 수감각을 갖게 될 것이다.

10~11월 동안 학생들은 다음과 같은 것을 할 수 있는 기회를 제공하는 게임과 활동을 한다.

- 10과 10 내외의 수에 대해 알게 된다.
- 1+1에서 10+10까지의 **같은 두 수의 합**(double)을 알게 된다.
- 모든 한 자리 수의 기초셈에 대한 전략을 계발하기 시작한다.
- 두 개씩, 다섯 개씩, 그리고 열 개씩 세고 묶는다.
- 100이하의 답이 나오는 문장제를 푼다.

봄에 교사는 최우선적으로 수 개념, 그리고 덧셈, 뺄셈을 다시 한 번 강조할 것이다. 학생들은 가을에 중요한 개념들을 배울 수 있는 기회를 가질 것이고, 겨울 동안에는 '개념들을 잠재워 두었다가', 대부분의 학생들이 자신들의 인지적 성숙도가 크게 증가하는 봄이 되면 학생들은 이 개념들을 다시 접하게 될 것이다.

이 장에 소개되어 있는 활동들은 이들 수학적 아이디어들을 전달하는 방법들의 예시들이다. 교사가 수업을 이끌어 가는 방법을 설명하기 위해서, 일부 수업에 대해서는 자세하게 설명하여 두었다. 이들 수업으로부터 배운 것을 활용해서 학생들이 다른 유사한 활동으로부터 가장 중요한 수학을 배울 수 있는 방법을 결정한다. 교사는 이 책에서 제공하는 수업 활동에다가 교사 스스로 추가 활동들을 이어서 수업을 진행 할 수 있다. (이때, 이 책의 참고문헌 장 중 전문 자료를 참고하기 바란다.). 이런 방법으로 주어진 활동을 확장시켜 감으로써, 교사는 학생들과 교수 상황에 도움이 되는 완전한 교육과정을 만들어 낼 수 있다.

오늘의 수와 달력 만들기

매일 일과 활동인 '오늘의 수' 활동을 계속해서 한다. 그러나 교사가 수학 수업시간에 아래와 같은 개념을 다루면서, 다음의 아이디어들을 소개한다.

- 식에 5+5, 6+4, 1+2+3+4와 같은 10의 조합을 이용한다. (교사가 이러한 규칙을 설명하기 전에, 학생들이 모둠에서 이러한 조합을 만들어 내도록 격려한다.)
- 식에서 같은 두 수의 합(double)을 이용한다.
- 덧셈과 뺄셈을 함께 이용한다.
- 5(또는 2나 10)의 배수를 이용한다. (만약 규칙이 5의 배수 이용하기라면, 5의 배수가 의미하는 것을 학생들에게 상기시키기 위해서 5씩 세는 시간을 갖는다.)

학생들을 모아 놓고 식을 공유하게 할 때, 기초셈족(fact family), 교환법칙, 결합법칙에 대해 토론한다. 예를 들어 어떤 학생이 40－10＝30 이라는 식을 제시한다면, 30＋10＝40이라는 것을 통해 그 식을 "증명"하겠다는 사람이 있는지 살펴본다. 만약 하겠다는 학생이 없다면, 교사가 이 아이디어를 소개한다. 이와 비슷하게 교환법칙을 설명할 수 있는 식이 나왔다면, 어떠한 덧셈에서라도 더해지는 수의 순서는 중요하지 않다는 것을 지적한다. 예를 들어, 한 학생이 10＋2＋8＝20 이라고 제안하면, 다른 학생은 8＋2＋10＝20 이라고 할 수 있다.

10월과 11월 각 달의 초기에는 중요한 학급 행사를 위한 시간을 따로 확보하고, 집에 가져갈 달력을 만들 시간을 마련하여 만든 달력을 집으로 가져가도록 한다.

10에 대해 알기

우리의 수 체계는 10씩 묶는 것을 기본으로 하고 있다. 그래서 학생들이 이 수 10에 익숙해지는 것은 필수적이다. 학생들은 수를 쉽게 모으고 가르기를 할 수 있어야 한다. 다음의 활동들은 학생들이 그러한 기능을 습득하는데 도움을 줄 수 있다.

두 수의 합을 구하는 수 게임

피라미드 10

2장에서 설명한 '피라미드 10' 게임을 이용해서 학생들이 10까지의 수들의 조합을 연습하도록 한다. 학생들이 이 게임 뿐만 아니라 10의 조합에 관한 다른 게임을 자주 하도록 격려한다.

10 낚시

Economopoulos(1997)이 지은 『*Coins, Coupons, and Combinations*』에 소개되어 있는 고전 게임인 '낚시'을 한 게임 한다. '10 낚시'에서는 그림카드(킹, 퀸, 잭)와 10을 제외한 카드 중에서, 한 경기자가 카드 더미의 카드를 5장씩 가져와 게임을 한다. 경기자는 순서를 번갈아 가며, 두 장을 더해서 10이 되면 한 쪽에 내려놓는다. 카드 더미에 있는 모든 카드가 없어질 때까지 경기를 하고, 10을 만들어 내려놓은 10의 합을 계산한다.

게임을 하는 방법은 경기자 1이 먼저 자신의 손에 있는 두 장의 카드를 이용하여 10을 만들어 내려놓는다. 경기자 1은 그가 10을 만든 두 장의 카드를 대신해서 두 장의 새로운 카드를 카드 더미에서 뽑아 갖는다. 새로 뽑은 카드를 이용하여 다시 두 장의 카드로 10을 만들어 내려놓을 수 있다. 경기자 1이 10이 되는 모든 조합의 카드를 만들고 난 후(또는 더 이상 10의 조합을 만들 수 없을 때) 경기자 1은 상대방에게 특정 카드를 요구하는 '낚시 탐험'을 갈 수 있다.

만약 낚시 탐험으로 10을 만들 수 있는 새로운 카드를 얻었다면, 그는 그 짝이 되는 카드를 내려놓고 카드 더미에서 한 장의 카드를 가져올 수 있다. 새로 가져온 카드로 10을 만들 수 있다면, 경기자 1은 경기자 2에게 기회를 넘기기 전에 그 두 장의 카드를 내려놓을 수 있다.

만약 낚시 탐험이 성공적이지 못했다면, 기회는 경기자 2에게 넘어간다.

이 게임은 매우 싱겁게 끝이 난다. 이 게임에서는 각 경기자가 얻을 수 있는 10이 되는 카드의 짝이 얼마나 되는지에 대해서 야단법석을 피울 필요가 없다. 대신에, 주안점은 수학적이라는 데 있다. 각 경기자는 새로운 게임을 선택하거나 같은 게임을 반복하기 전에, 각 경기자는 자신이 얻은 조합들을 적도록 한다.

10을 가르는 게임

아래의 4가지 활동은 학생들에게 10을 2개 이상의 수로 분리하는 것을 도와준다.

13 만들기

2장에서 소개된 '13 만들기' 게임을 수정하여 '10 만들기' 게임을 한다. 단순히, 13을 10으로 바꾼다. 이러한 변화를 통해서 학생들은 두 개 또는 그 이상의 가수를 이용해서 10을 구하는 활동을 하게 된다.

10에 관한 개인 공책 만들기

일단 교사가 학생들에게 한 식에서 두 개 이상의 가수를 이용하여 10을 만들 수 있음을 소개하고 나면, 학생들에게 3개의 수를 더해 10을 만들 수 있는 목록을 만들어 보도록 한다. 또 다른 날에는 4개의 수를 더해 10을 만들 수 있는 목록을 작성해 보도록 하고, 마지막에는 10개의 수를 더해 10을 만들 수 있는 식을 쓰는 데까지 한다. 각각의 학생들이 가장 작은 수의 가수들로부터 가장 많은 가수들의 순서로 목록을 재배열하면, 학생들은 10에 대한 감동적인 공책을 한 권 갖게 될 것이다. 이 활동을 학생들에게 제시할 때, 학생들이 자신들의 식을 해결할 때 셈도움물을 사용할 수 있도록 해 준다(그림 3-1과 3-2 참고).

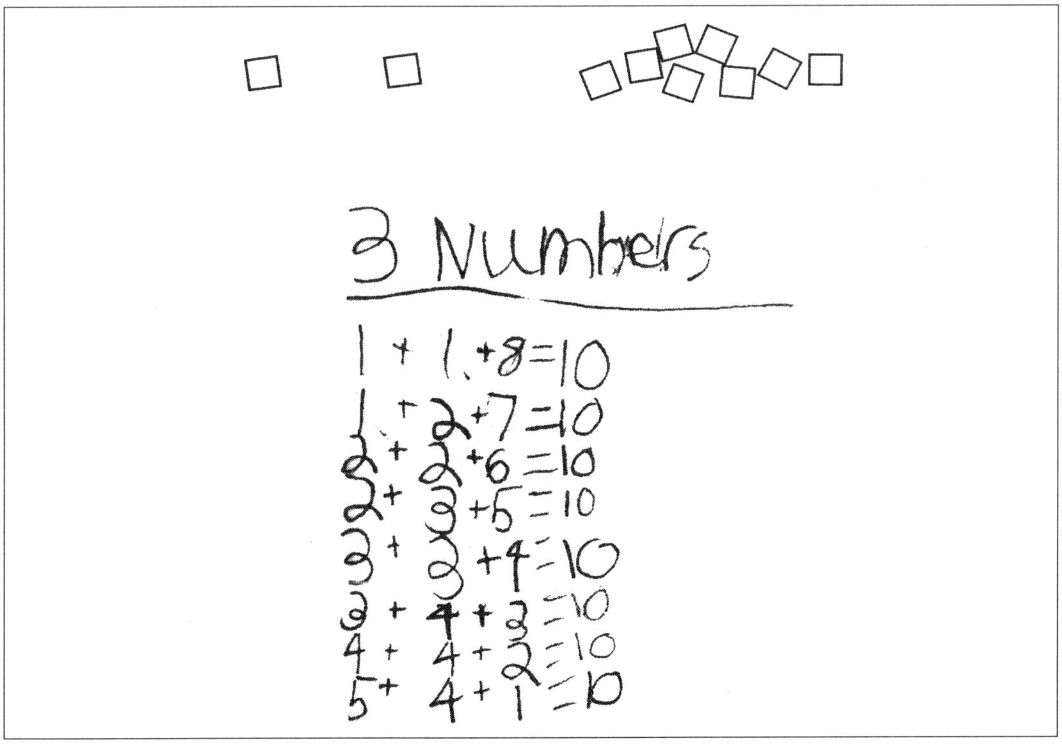

그림 3-1
코리는 10을 3부분으로 나누기 위해 연결 정육면체를 사용했다. 그러고 나서 숫자로 자신이 조합한 것을 기록했다.

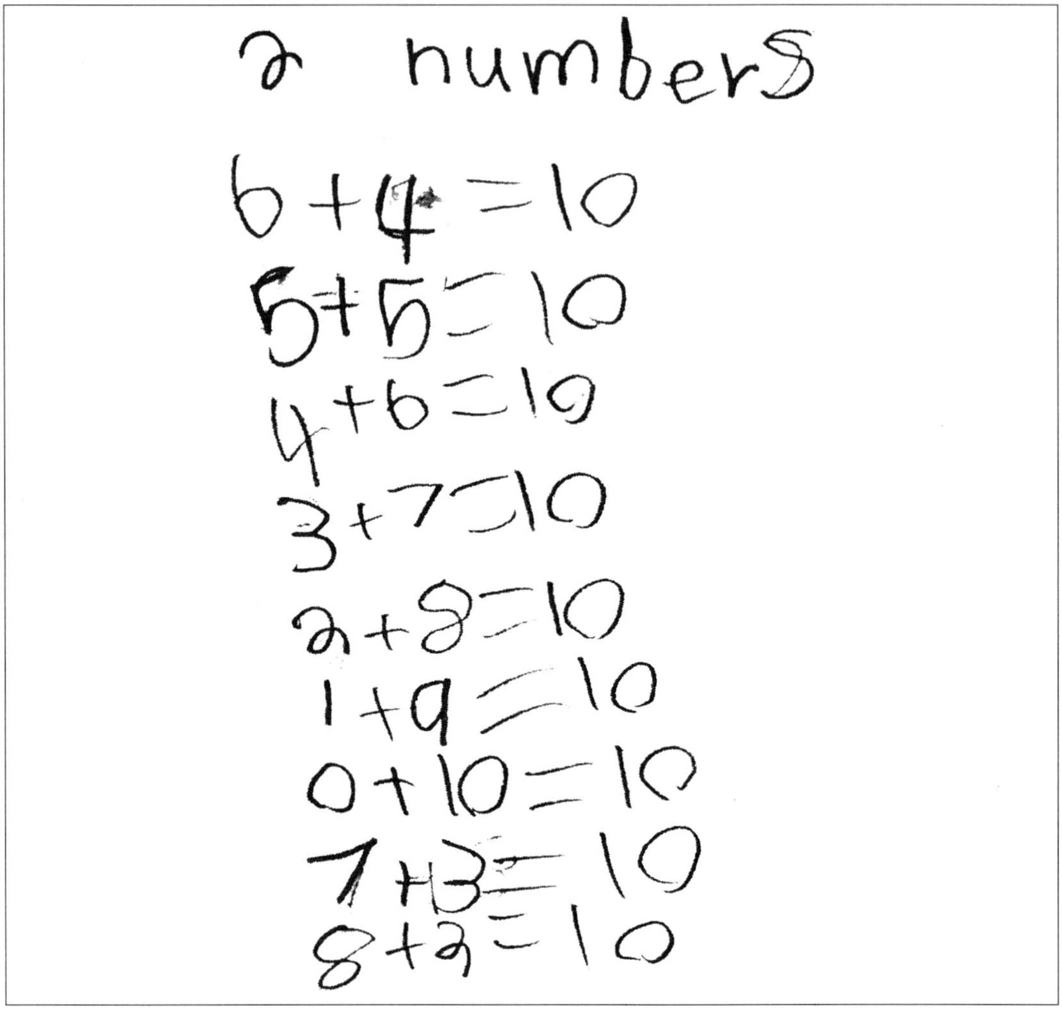

그림 3-2
앨런은 두 수를 이용해서 10을 만드는 방법을 거의 다 찾아냈다.

기억 게임(Memory)

오래된 게임인 '기억 게임'을 변형하여 학생들에게 수를 연습할 수 있는 기회를 제공 할 수 있다. 교사와 학생들이 함께 이 게임에 대한 이름을 지어본다. 같은 카드 2~3개를 찾는 대신, 합이 10이 되는 카드를 찾아야 한다. 다음과 같은 방법으로 활동을 한다.

1. 그림카드(킹, 퀸, 잭)와 10을 카드 더미에서 뺀다.
2. 뒷면이 보이도록 5장씩 4줄로 배열한다.
3. 나머지 카드 더미는 뒷면이 보이도록 한 쪽으로 치운다.
4. 경기자들은 한 사람씩 돌아가며 합이 10이 되는지 살피며 카드를 뒤집는다. 합이 10미만인 경우 계속해서 카드를 뒤집을 수 있다. 만약 한 경기자가 3을 뒤집고, 그 다음 4를 뒤집은 경우 아직 합이 7이기 때문에 다른 카드를 뒤집을 수 있다. 뒤집은 카드의 합이

10이 넘은 경우 기회는 다음 사람에게 넘어간다.

5. 경기자가 정확히 합이 10이 되도록 카드를 뒤집은 경우 그 카드들을 따로 모아둔다. 다른 10이 되는 카드 세트와 섞이지 않도록 한다. 카드 더미로부터 카드를 가져와 10을 만드는데 사용된 카드 자리를 채우고, 다음 사람에게 기회를 넘긴다.
6. 더 이상 합이 10인 조합을 만들 수 없을 때, 각 경기자는 그가 만든 10조합 카드 세트를 기록한다.

저녁식사에 초대된 10명 (10 for Dinner)

Jo Ellen Bogart가 쓴 수학동화인 『*10 for Dinner*』는 10을 작은 수로 분리하는 방법을 단계적으로 보여주는 완벽한 책이다. 이 수학동화는 학생들에게 10이라는 수학 개념을 친숙한 형태로 표현할 수 있는 기회를 제공해 준다. 학생들은 10의 조합을 주제로 그림을 그린다. 『*10 for Dinner*』에서 10명의 학생이 마르고의 생일 파티에 초대된다. 이 수학동화를 활용하는 방법은 다음과 같다.

1. 학생들이 이 수학동화 자체를 즐거워하도록 책을 읽어 준다.
2. 두 번을 읽고 난 후, 각각의 새로운 상황에 쓸 수 있는 식을 말한다. 예를 들면, "마르고의 손님들이 원하는 여러 가지 게임을 반영하도록 우리가 수를 이용할 수 있는 방법은 무엇인가요? 14쪽과 15쪽에서, 우리는 그것을 배웠어요. [그리고 교사는 이것을 칠판에 판서하는 것이 좋다.]

> 한 손님은 '줄넘기'를 말했고,
> 4명의 손님은 '치기'를 말했고,
> 4명의 손님은 '술래잡기'를 말했고,
> 그러나 한 명의 손님은 '공기'를 하자고 말했어요.
> 우리는 한 사람, 네 사람, 네 사람, 한 사람을 식[1+4+4+1]을 이용해서 서로 다른 선택에 관해서 이야기할 수 있어요.

3. 책에 묘사되어 있는 10이 되는 모든 경우를 알아본 후에, 『*10 for Dinner*』를 모델로 학급 문집을 만들 것을 제안한다. 10명을 포함하는 합당한 상황을 탐구하면서 시작한다. 예를 들면, 10명의 사람들이 영화를 보려고 줄을 서 있는 상황을 생각할 수 있다. 그들을 어떻게 분류할까? 아마도 입고 있는 옷으로 할 수도 있을 것이다. 그들은 어떤 옷을 입고 있을까? (가능한 경우로 3명은 운동복을 입고 있고, 2명은 짧은 옷, 5명은 청바지를 입고

있는 경우가 있다.) 또는 나이로 분류할 수도 있을 것이다. (어른 4명, 청소년 2명, 아이 2명) 또는, 아이들 10명이 공원에서 놀고 있는 상황을 생각할 수 있다. 아이들이 가지고 노는 기구로 묶음 지을 수 있을 것이다. 하지만 학생들은 다른 방법으로 분류할 수도 있다. 학생들이 공책에 적기 전에 가능한 방법에 대해 생각할 수 있도록 열린 대화를 가진다. 교사는 학생들로 하여금 교사가 학생들의 생각을 존중하고 있다는 메시지를 보낼 수도 있다.

4. 학생들이 혼자서 활동을 할 준비가 되었다는 생각이 들 때, 학생들에게 10명의 사람들을 어떻게 배치 할지, 그리고 어떻게 분류할지 생각할 수 있는 시간을 준다. 자신의 생각을 발표할 수 있는 자원자를 받아 아이디어들을 공유하도록 하고, 열심히 응대하도록 한다.

▶ **그림 3-3** 에드윈은 교실의 모습을 선택하고 1+2+3+4=10을 보여주었다.

5. 학생들에게 글과 그림을 그릴 수 있는 종이를 나누어 준다. 사람 10명을 그리고, 10명을 어떻게 나누고 어떻게 분류하여 10을 만들었는지 생각을 쓰도록 한다. 완성된 종이를 모아 책을 만들고, 모둠별 이야기 시간에 이야기를 공유하도록 하고, 개별 독서 시간에 개인적으로 읽을 수 있도록 한다(그림 3-3, 3-4, 3-5 참조).

그림 3-4
코리는 자신이 가장 좋아하는 장소 중 한 곳인 학교 도서관을 그렸다.

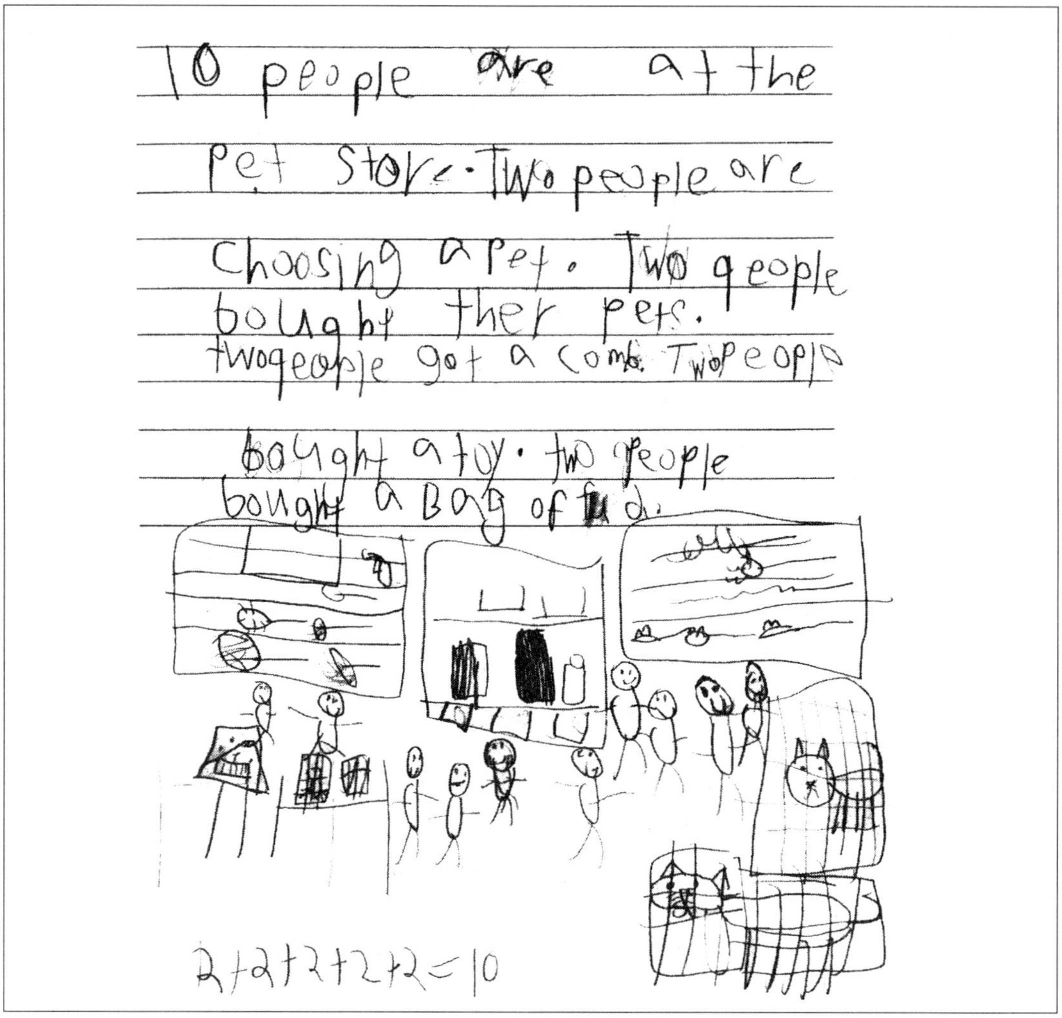

그림 3-4
셀비는 10을 2씩 나누었다.

같은 두 수의 합(Doubles)

대부분의 학생들은 같은 두 수의 합(1+1, 2+2, 3+3, ⋯ , 10+10)을 쉽게 기억한다.[16] 특히 학생들이 실생활 속 수학을 접할 수 있는 기회를 가질 때 그러하다. 일단 학생들이 같은 두 수의 합을 알고 나면, 이들은 그와 비슷한 값에 대해서도 생각할 수 있다. 예를 들면, 학생이 6+6=12를 알고 있다면 6+7=13 이라는 사실은 쉽게 알 수 있다. 결국, 이런 생각을 바탕으로 해 보면, 우리는 수들 사이의 관계를 토대로 모든 기초셈을 터득하는데 도움을 줄 수 있는 전략들을 계발할 수 있다. 기억의 중요성은 감소하는 대신에 사고와 논리가 더 중요해진다.

다음은 같은 두 수의 합을 재미있게 배울 수 있는 몇 가지 방법들이다.

16) 이에 대해서는 "수학학습 심리학(구광조, 오병승, 전평국, 교우사)"의 4장을 참고하기 바란다.

실생활 속의 같은 두 수의 합

학급구성원들과 함께 실생활 속에서 같은 두 수의 합이 되는 것들의 목록을 만든다. 아래에 나타난 것부터 시작하고, 학생들이 더 많은 아이디어들을 내도록 격려한다.

1 + 1 = 한 짝의 신발
2 + 2 = 자동차의 바퀴(두 개는 앞바퀴, 두 개는 뒷바퀴)
3 + 3 = 음료수가 한 쪽에 3개씩 6개가 있는 팩
4 + 4 = 엄지를 접었을 때 양 손에 있는 손가락의 수
5 + 5 = 두 발에 있는 발가락의 수
6 + 6 = 한 줄에 6개씩 있는 계란 한 다스
7 + 7 = 2월의 처음 두 주, 또는 발렌타인 데이
8 + 8 = 두 줄로 있는 16개의 크레용 한 팩
9 + 9 = 운동장에 있는 두 야구팀, 한 팀은 공격, 한 팀은 수비

학생들은 학교나 집에서 그들이 매일 보는 장면들로부터 같은 두 수의 합을 배울 수 있고, 이것들을 목록으로 정리할 수 있다. (그림 3-6과 부록 참조)

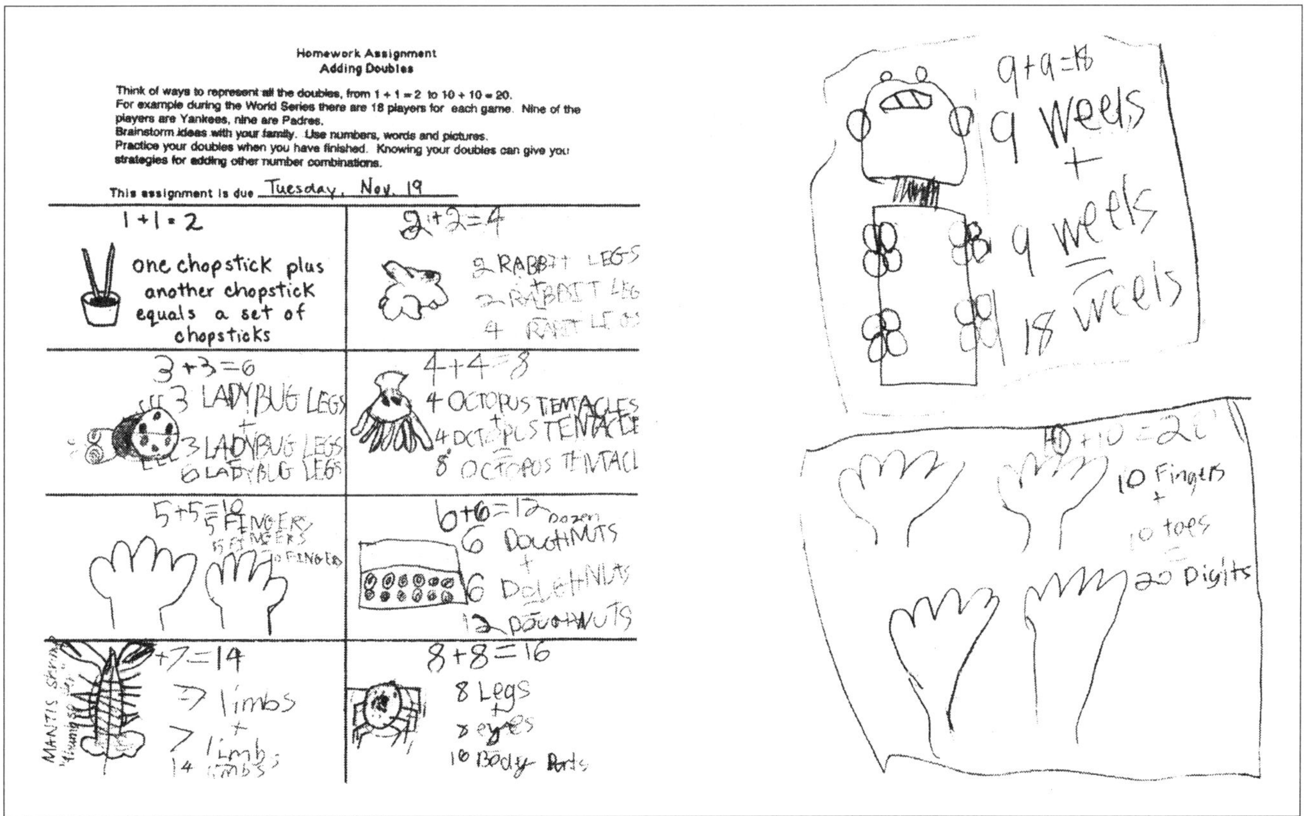

▲ **그림 3-6** 코리는 1부터 9까지 수의 같은 두 수의 합을 나타내는 모든 방법을 찾았다.

괴물의 신체 일부

Laura Leuck가 쓰고 Mark Buehner가 삽화를 그린 『*My Monster Mama Love Me So*』와 같은 책을 읽으면서 이 활동을 소개한다. 이 책에서는 한 발에 두 개의 발가락을 가지고 있거나 몸의 한 쪽에 팔이 3개인 괴물이 특이하지 않다. 학생들은 같은 두 수의 합을 나타내기 위해 얼마나 많은 발가락(또는 팔, 촉수, 손가락)을 그려야 하는지 정할 수 있다. 학생들에게 묘사된 괴물에서 같은 두 수의 합을 어떻게 표현했는지를 식으로 써야 한다는 사실을 주지시킨다. 교사는 1+1에서부터 10+10까지에만 초점을 맞추도록 숫자를 제한할 수 있다. 각 학생들이 한 페이지씩 만든 것을 모아서 학급문집을 만들거나 한 학생이 여러 가지로 같은 두 수의 합을 묘사하여 자신만의 책을 만들 수도 있다(그림 3-7, 그림 3-8 참고).

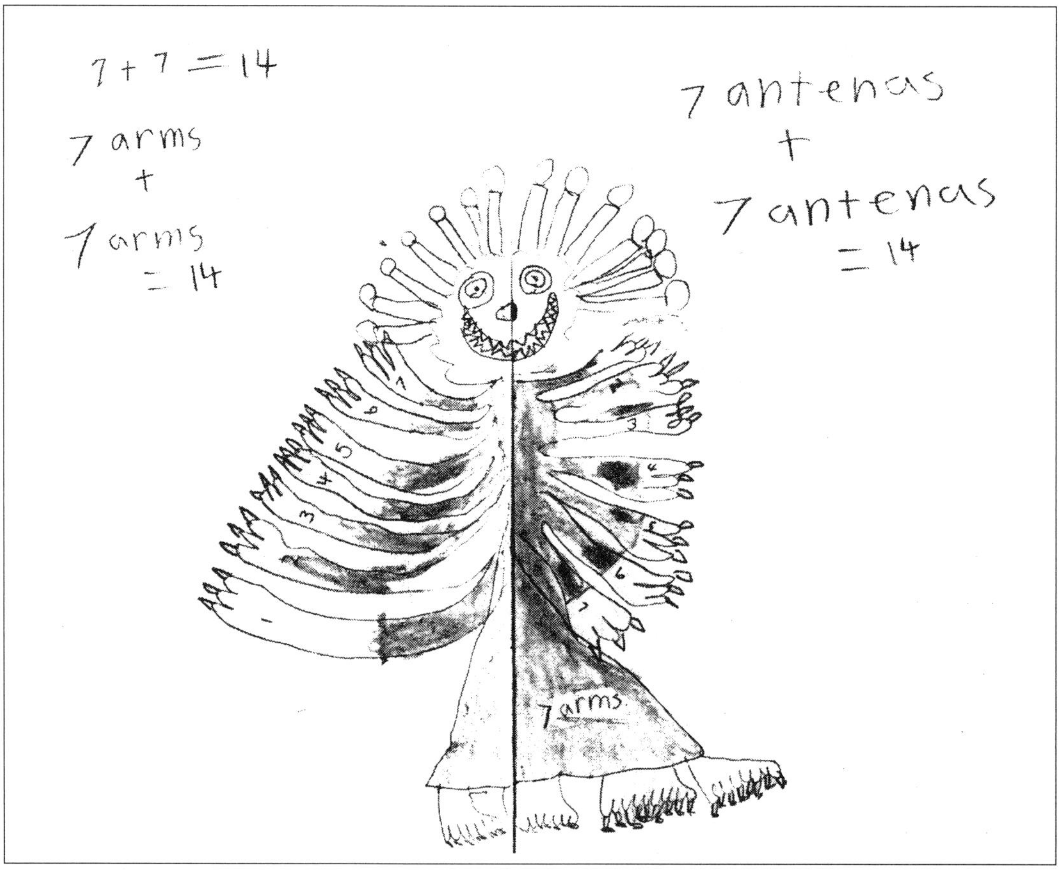

그림 3-7
옥사나의 같은 두 수의 합 괴물은 화려했다.

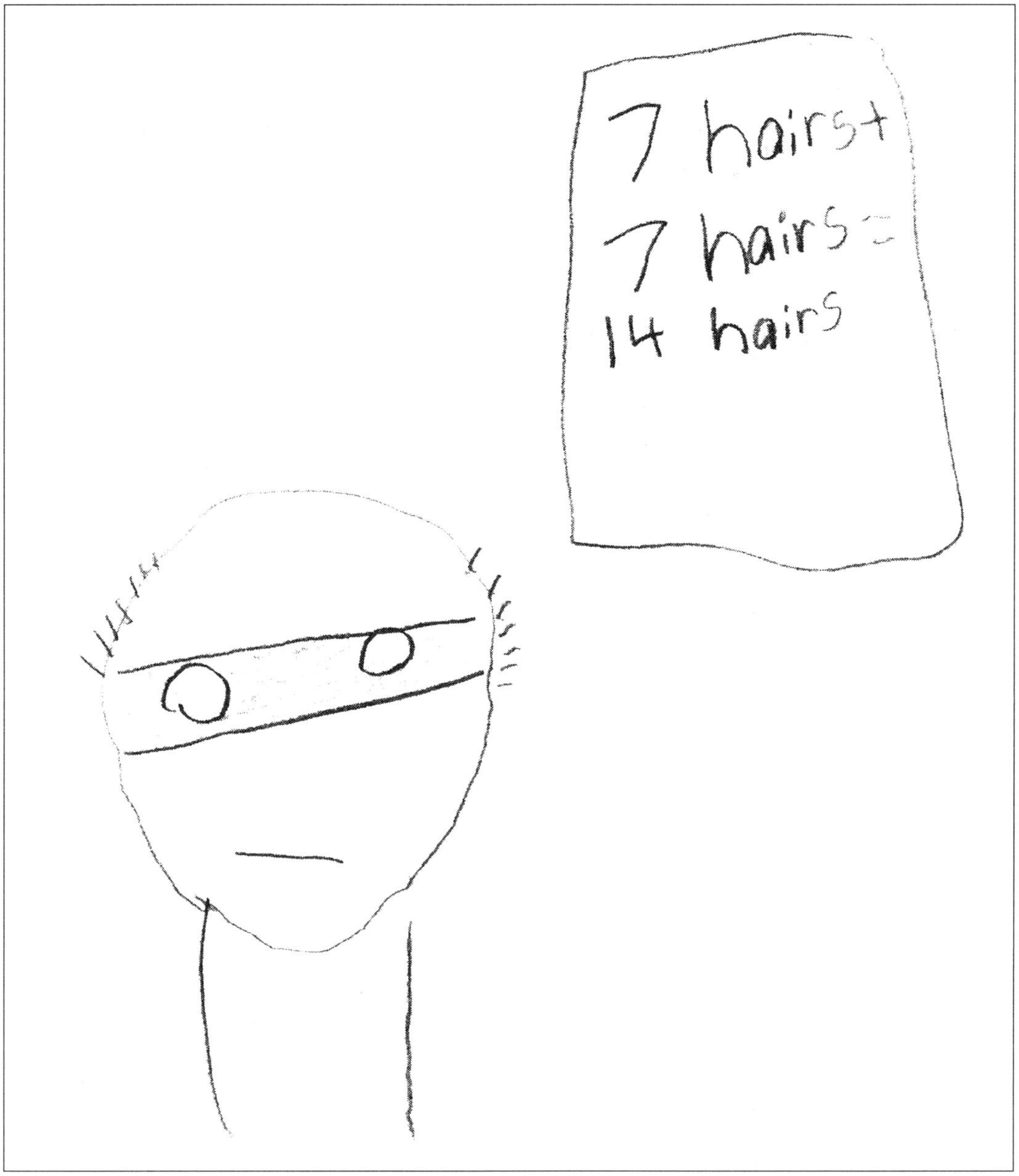

그림 3-8
제이슨의 14를 표현하는 같은 두 수의 합 괴물은 장식이 거의 없었다.

Two of Everything

Lily Toy Hong이 쓴 『*Two of Everything*』은 어떤 물건을 넣던지 두 배가 되는 요술 단지에 관한 이야기이다. 학생들로 하여금 이 상황을 이용한 문제를 쓰도록 한다. 예를 들면, "만약 5개의 호박을 넣는다면 호박이 몇 개가 될까?" 학생들은 활동지의 앞장에 문제를 쓰고, 뒷면에 그림과 식을 쓰고 답을 구해보는 활동을 할 수 있다. 학생들의 활동지를 모아 「*Two of Everything*」이라는 학급문집을 만들 수 있다(그림 3-9, 그림 3-10 참고).

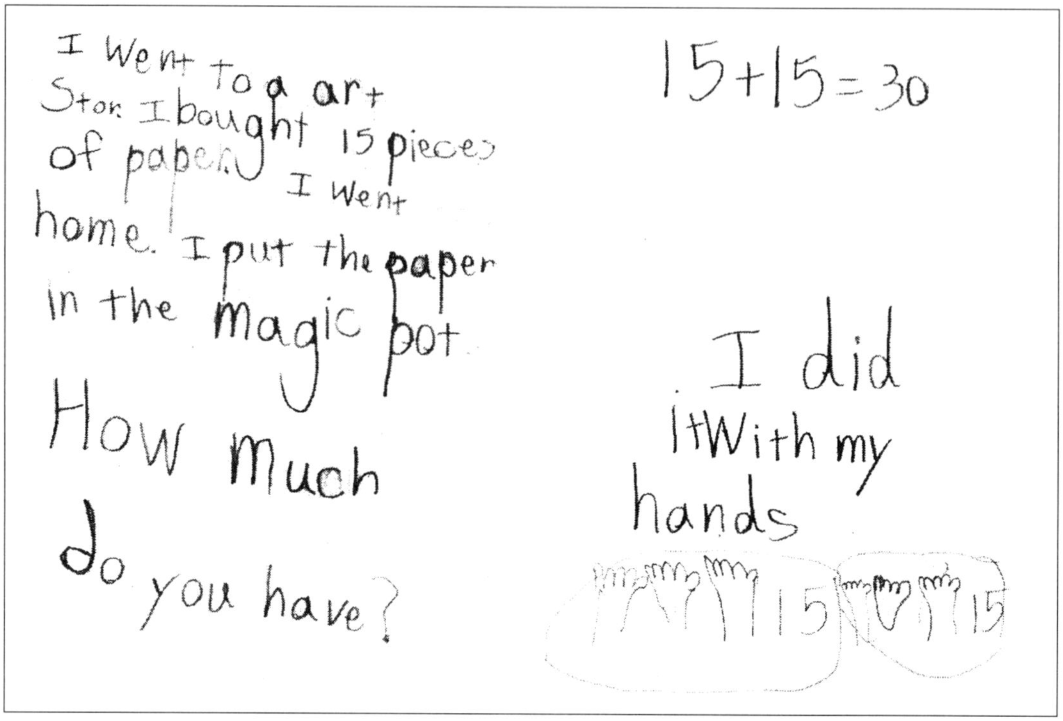

▶ **그림 3-9** 다니엘은 자신의 이야기문제를 쓰고 자신의 손가락을 사용해서 15+15를 해결한 방법을 보여주었다.

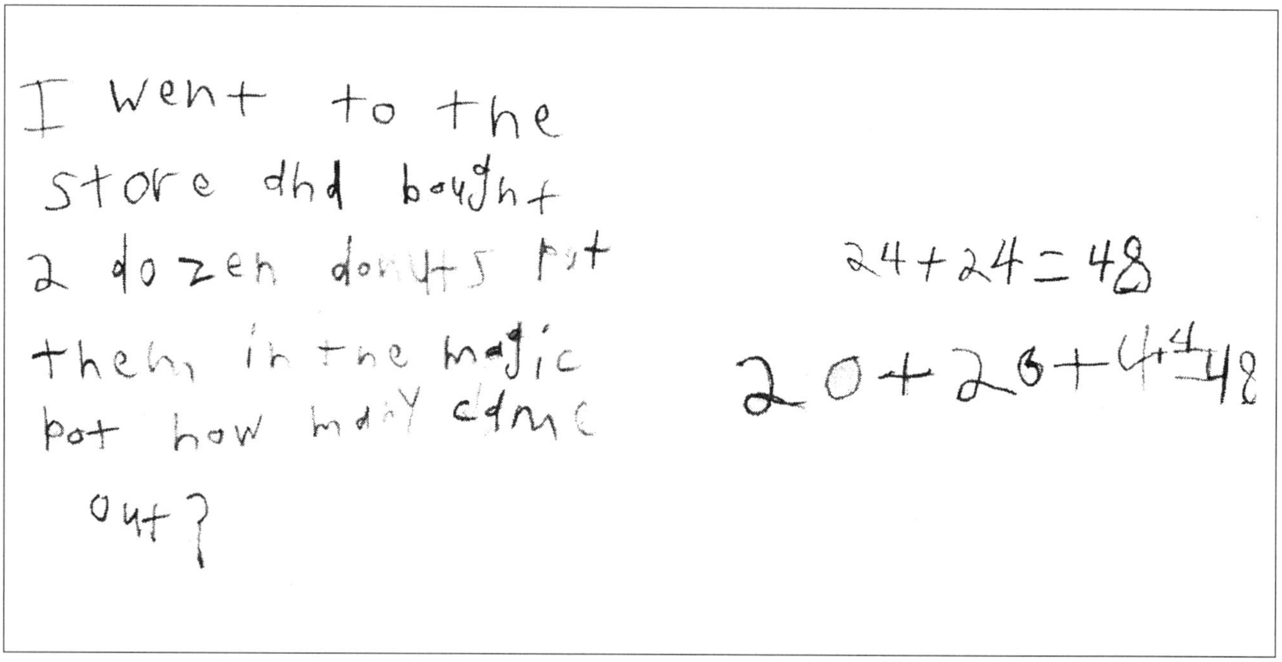

▲ **그림 3-10** 벤자민은 수를 분리하는 것에 대해서 자신이 이해하고 있는 중요한 기초셈을 활용해서 자신의 문제를 해결했다.

덧셈 구구 전략

학생들이 0+0에서부터 10+10까지 121개의 덧셈 구구를 빠르게 기억하고 쉽게 사용할 수 있는 전략을 형성하고 나면 이들의 수학적 역량은 필연적으로 향상된다. 따라서 교사는 학생들이 이러한 기본적인 덧셈 구구를 자유자재로 이용하고, 그것을 잊어버리지 않기를 바란다. 시간을 정해 놓고 보는 시험은 교사가 너무나 많은 학생들이 이해를 못하고 있음을 목격할 때까지는 학생들의 역량을 키워주는 것처럼 보인다. 하지만 그렇지 않다. 인간은 누구나 공격을 받는다고 느끼면 평정심을 유지하기 어렵다. 따라서 교사가 학생들이 덧셈 구구를 알기를 얼마나 바라는가와 상관없이, 학생들의 마음속에 불안감을 일어나게 하고 무능력하다고 느끼게 되는 상황을 만들어서는 안 된다. 아래에 소개할 절차는 학생들이 좀 더 쉽게 덧셈 구구를 다루도록 도움을 주고자 만든 것이다(Tank 1996). 더욱이 이러한 학생들은 게임을 하기 위해 한 자리 수의 덧셈구구를 이용해 왔기 때문에 학생들이 가을 내내 연습한 것의 효과를 확인하는 기회를 제공한다.

1. 0+0부터 10+10까지의 덧셈구구를 전시하여 활동을 준비한다. 그림 3-11과 같은 차트로 만들 수도 있고, 칠판에 쓰거나, 개별적인 수 구구를 부직포로 만들고 이를 붙일 수 있는 차트를 만든다. 부직포를 사용한다면, 코팅기계를 이용해 각 부직포의 크기를 일정하게 한다. 교사는 덧셈구구에 대해서 논의하면서 이것들을 강조할 수 있다.

2. 첫 번째 대화를 하는 동안, 학생들에게 부직포가 붙여 있는 차트를 보여준다. 학생들이 이 차트의 크기에 놀란다면, 학생들에게 이 차트에 서로 다른 몇 가지의 덧셈구구가 있는지 어림해 보도록 한다. 학생들의 어림을 듣고 난 후, 교사는 학생들에게 121개의 덧셈구구가 있음을 알려주고, 마지막에는 학생들이 덧셈구구가 전부 몇 개인지 알아낼 수 있는 전략을 알게 될 것이라고 말해준다.

3. 학생들이 덧셈구구의 총수로부터의 충격을 이겨내도록 도와주기 위해, 학생들이 덧셈구구 중 많은 것을 이미 알고 있다는 사실을 확인하게 한다. "여러분이 생각하기에 유치원생들도 알고 있을 덧셈구구가 있나요?"라고 묻는다. 학생들은 처음의 세 가로줄과 세로줄 속에 있는 0+0, 6+1, 2+2와 같은 덧셈구구를 지적할 것이다. (사실, 유치원생들은 어떤 수에 0을 더하는 것을 모를 수도 있다. 하지만 대부분의 2학년 학생들은 알고 있다. 교사가 여기서 진짜로 주의 깊게 봐야 할 것은 대부분의 2학년 학생들이 알고 있는 수 조합들이다. 유치원생에 관해서 말을 함으로써, 학생들은 경쟁심을 덜 느끼게 된다. 대신에 학생들은 알기 쉬운 조합들에 초점을 맞추게 될 것이다.

4. 0이나 1, 2를 더하는데 있어 2학년 학생들은 이어세기(counting on) 전략을 사용한다. 학생들과 이 전략에 대해 이야기 하는 시간을 갖는다. 다음과 같이 말한다. "6+2를 이해하기 위해서, 6에서 2를 더 세는 것은 쉬워요. 6(잠시 쉬고) 7, 8이라고 말하기만 하면 돼요. 누가 7+2를 이어세기 전략을 사용하여 말해 볼 사람 있어요?" 교사는 왼쪽부터 가로로 세 줄, 그리고 아래로 3줄에 원을 그리거나 명암을 주어 덧셈구구 중 일부를 강조할 수 있다. 교사는 57개의 덧셈구구를 줄이고, 64개의 덧셈구구를 남겼다는 점을 주목해야 한다(그림 3－12 참조).

그림 3－11
0＋0부터 10＋10까지를 구조화된 방법으로 보여주는 차트

0+0	1+0	2+0	3+0	4+0	5+0	6+0	7+0	8+0	9+0	10+0
0+1	1+1	2+1	3+1	4+1	5+1	6+1	7+1	8+1	9+1	10+1
0+2	1+2	2+2	3+2	4+2	5+2	6+2	7+2	8+2	9+2	10+2
0+3	1+3	2+3	3+3	4+3	5+3	6+3	7+3	8+3	9+3	10+3
0+4	1+4	2+4	3+4	4+4	5+4	6+4	7+4	8+4	9+4	10+4
0+5	1+5	2+5	3+5	4+5	5+5	6+5	7+5	8+5	9+5	10+5
0+6	1+6	2+6	3+6	4+6	5+6	6+6	7+6	8+6	9+6	10+6
0+7	1+7	2+7	3+7	4+7	5+7	6+7	7+7	8+7	9+7	10+7
0+8	1+8	2+8	3+8	4+8	5+8	6+8	7+8	8+8	9+8	10+8
0+9	1+9	2+9	3+9	4+9	5+9	6+9	7+9	8+9	9+9	10+9
0+10	1+10	2+10	3+10	1+10	1+10	6+10	7+10	8+10	9+10	10+10

그림 3－12
학생들은 차트에 색칠을 해서 이미 알고 있는 것을 보여준다.

0+0	1+0	2+0	3+0	4+0	5+0	6+0	7+0	8+0	9+0	10+0
0+1	1+1	2+1	3+1	4+1	5+1	6+1	7+1	8+1	9+1	10+1
0+2	1+2	2+2	3+2	4+2	5+2	6+2	7+2	8+2	9+2	10+2
0+3	1+3	2+3	3+3	4+3	5+3	6+3	7+3	8+3	9+3	10+3
0+4	1+4	2+4	3+4	4+4	5+4	6+4	7+4	8+4	9+4	10+4
0+5	1+5	2+5	3+5	4+5	5+5	6+5	7+5	8+5	9+5	10+5
0+6	1+6	2+6	3+6	4+6	5+6	6+6	7+6	8+6	9+6	10+6
0+7	1+7	2+7	3+7	4+7	5+7	6+7	7+7	8+7	9+7	10+7
0+8	1+8	2+8	3+8	4+8	5+8	6+8	7+8	8+8	9+8	10+8
0+9	1+9	2+9	3+9	4+9	5+9	6+9	7+9	8+9	9+9	10+9
0+10	1+10	2+10	3+10	1+10	1+10	6+10	7+10	8+10	9+10	10+10

5. 이후 수업에서는 나머지 64개의 덧셈구구를 탐구할 수 있는 전략들에 대해서 학습할 것이라고 설명하면서 오늘의 토론을 마무리한다.

6. 또 다른 날에, 같은 두 수의 합들을 살피고, 그것들이 차트에서 대각선을 이루고 있음을 알아낸다. (그림 3-13 참조) 만약 학생들이 같은 두 수의 합 중 어느 것도 기억하고 있지 못한다면, 학생들이 지금부터 이에 대해서 공부할 필요가 있다고 설명해 준다. 이때는 덧셈구구 하나를 주머니나 신발에 넣어서 집에 가져간다는 사실을 소개하기에 좋은 시간이다. 학생들이 작은 종이에 자신이 모르는 것을 적을 수 있는 시간을 준다. 학생들은 그러고 나서 각자 하나를 선택하여 주머니에 넣고, 이것을 쉽게 회상할 수 있을 때까지 공부한다.

7. 또 다른 날에, 같은 두 수의 합들의 양 옆(5+4, 6+5 등)을 살펴보도록 한다. (그림 3-14 참조) 이러한 조합들을 학습할 수 있는 전략들에 대해 이야기해 본다. 만약 일부 학생들이 아직도 수 세기 전략을 사용하더라도 놀라지 말아야 한다. 나머지는 6+6=12이므로 6+7=13임을 논리적으로 말할 것이다. 여기서 중요한 아이디어는 학생들이 이 조합들을 학습할 수 있는 전략들을 분명하게 말하는데 있다.
   나는 가끔 학생들에게 8+9라는 조합이 나올 때마다 8+8=16을 먼저 생각한다고 설명한다. 그러고 나서 나는 8+9=17로 빠르게 넘어간다. 학생들이 이런 종류의 전략들이 합리적이고, 그리고 각 학생은 자신들이 이 조합들에 능숙해지는데 도움을 줄 수 있는 전략을 이해할 필요가 있다는 점을 아는 것이 중요하다.

8. 또 다른 날에, 학생들에게 아직 논의 하지 않은 7+4와 같은 덧셈구구를 계산하기 위한 전략들을 적을 수 있는 시간을 준다. 학생들이 서로 자신들의 전략을 공유하도록 한다. 그들은 개개인에게 의미가 있는 전략을 개발하는데 중점을 둘 것이다.

0+0	1+0	2+0	3+0	4+0	5+0	6+0	7+0	8+0	9+0	10+0
0+1	1+1	2+1	3+1	4+1	5+1	6+1	7+1	8+1	9+1	10+1
0+2	1+2	2+2	3+2	4+2	5+2	6+2	7+2	8+2	9+2	10+2
0+3	1+3	2+3	3+3	4+3	5+3	6+3	7+3	8+3	9+3	10+3
0+4	1+4	2+4	3+4	4+4	5+4	6+4	7+4	8+4	9+4	10+4
0+5	1+5	2+5	3+5	4+5	5+5	6+5	7+5	8+5	9+5	10+5
0+6	1+6	2+6	3+6	4+6	5+6	6+6	7+6	8+6	9+6	10+6
0+7	1+7	2+7	3+7	4+7	5+7	6+7	7+7	8+7	9+7	10+7
0+8	1+8	2+8	3+8	4+8	5+8	6+8	7+8	8+8	9+8	10+8
0+9	1+9	2+9	3+9	4+9	5+9	6+9	7+9	8+9	9+9	10+9
0+10	1+10	2+10	3+10	1+10	1+10	6+10	7+10	8+10	9+10	10+10

◀ **그림 3-13**
차트를 이용해서 같은 두 수의 합을 보여주기

그림 3-14
차트를 이용해서 같은 두 수의 합의 양 옆의 수들을 보여주기

0+0	1+0	2+0	3+0	4+0	5+0	6+0	7+0	8+0	9+0	10+0
0+1	1+1	2+1	3+1	4+1	5+1	6+1	7+1	8+1	9+1	10+1
0+2	1+2	2+2	3+2	4+2	5+2	6+2	7+2	8+2	9+2	10+2
0+3	1+3	2+3	3+3	4+3	5+3	6+3	7+3	8+3	9+3	10+3
0+4	1+4	2+4	3+4	4+4	5+4	6+4	7+4	8+4	9+4	10+4
0+5	1+5	2+5	3+5	4+5	5+5	6+5	7+5	8+5	9+5	10+5
0+6	1+6	2+6	3+6	4+6	5+6	6+6	7+6	8+6	9+6	10+6
0+7	1+7	2+7	3+7	4+7	5+7	6+7	7+7	8+7	9+7	10+7
0+8	1+8	2+8	3+8	4+8	5+8	6+8	7+8	8+8	9+8	10+8
0+9	1+9	2+9	3+9	4+9	5+9	6+9	7+9	8+9	9+9	10+9
0+10	1+10	2+10	3+10	1+10	1+10	6+10	7+10	8+10	9+10	10+10

9. 마지막으로, 학생들의 관심을 10에 어떤 수를 더하는 전략에 집중하도록 한다. 그러면서, 다른 덧셈구구 블록들을 제거한다. 일부 학생은 +10에 대한 아이디어에 근거한 6+10=16을 활용해서 6+9=15를 알아낼 수도 있다. 이런 관계를 이해하는 것을 통해서 학생들은 아직 공부하지 않은 덧셈구구를 이해할 수 있게 된다.

교사가 이와 같은 과정을 거칠 때 현실적이어야 한다. 교사가 덧셈구구와 관련된 여러 가지 전략들에 대해서 논의하는 시간을 가졌다고 해서, 모든 2학년 학생들이 학기말까지도 모든 덧셈구구를 학습할 수 있을 만큼 충분히 성숙해지는 것은 아니다. 중요한 것은 학생들이 수 조합들을 계속적으로 사용하는 경험을 겪으면서 시간이 지날수록 이것들에 능숙해지게 하는 것이다. 조그만 회계 회사의 회계사인 내 남편은 자신이 2학년이었을 때 수학을 할 때마다 손가락으로 세는 것을 보이지 않도록 벙어리장갑을 끼게 해 주었던 선생님의 이야기를 해 주었다. 그는 벙어리장갑이 그에게 많은 도움을 주었다고 한다. 장갑을 끼고 있는 동안에 그는 선생님에게 들키지 않고 수세기를 할 때 손가락을 움직일 수 있었다고 설명한다. 교사들은 내 남편이 결국에는 모든 덧셈구구를 공부했다는 사실을 알게 될 것이다. 단지 그는 능력을 갖출 수 있는 시간-그리고 손가락-이 필요했던 것이다. 그림 3-15는 덧셈구구에 맞는 전략들을 체계적으로 보여주는데 도움이 된다.

1. 0, 1, 2, 3 더하기:
같은 두 수의 합 전략

0	0	0	0	0	0	0	0	0	0	0
+0	+1	+2	+3	+4	+5	+6	+7	+8	+9	+10
	1	2	3	4	5	6	7	8	9	10
	+0	+0	+0	+0	+0	+0	+0	+0	+0	+0
1	1	1	1	1	1	1	1	1	1	
+1	+2	+3	+4	+5	+6	+7	+8	+9	+10	
	2	3	4	5	6	7	8	9	10	
	+1	+1	+1	+1	+1	+1	+1	+1	+1	
2	2	2	2	2	2	2	2	2		
+2	+3	+4	+5	+6	+7	+8	+9	+10		
	3	4	5	6	7	8	9	10		
	+2	+2	+2	+2	+2	+2	+2	+2		
3	3	3	3	3	3	3	3			
+3	+4	+5	+6	+7	+8	+9	+10			
	4	5	6	7	8	9	10			
	+3	+3	+3	+3	+3	+3	+3			

2. 한 수를 자기 자신에게 더하기:
같은 두 수의 합 전략

4	5	6	7	8	9
+4	+5	+6	+7	+8	+9

같은 두 수의 합의 양 옆의 수들을 더하기:
같은 두 수의 합 더하기 1 전략

4	5	5	6	6	7	7	8	8	9
+5	+4	+6	+5	+7	+6	+8	+7	+9	+8

3. 9 더하기:
9를 더하는 전략을 위한 패턴

9	4	9	5	9	6	9	7
+4	+9	+5	+9	+6	+9	+7	+9

4. 10 더하기:
10을 더하는 전략을 위한 패턴

10	4	10	5	10	6	10	7	10	8	10	9
+4	+10	+5	+10	+6	+10	+7	+10	+8	+10	+9	+10

5. 나머지 덧셈구구

4	6	4	7	4	8	5	7	5	8	6	8
+6	+4	+7	+4	+0	+4	+7	+5	+8	+5	+8	+6

▲ **그림 3−15** 덧셈구구 전략들을 체계적으로 보여주는 그림

숙제

학생들이 이들 조합들에 대한 전략을 발달시키도록 격려할 수 있는 한 가지 방법은 아래와 같은 과제를 집으로 보내서 부모님들이 자녀들의 노력에 대해서 알게끔 하는 것이다(부록 참조).

한 자리 수 덧셈

같은 두 수의 합을 알고 있는지 점검하고, 만약 모르면 이것을 연습합니다.

1+1　2+2　3+3　4+4　5+5　6+6　7+7　8+8　9+9　10+10

수업시간에 우리는 0+0부터 10+10까지의 덧셈구구 차트를 살펴보았습니다. 덧셈구구가 121개나 있었어요! 정말 많죠.

그 차트를 자세히 들여다보니, 모든 학급 친구들이 이미 알고 있는 덧셈구구가 많다는 것을 우리는 알 수 있었어요. 그래서 알고 있는 것에 X표를 했어요.

아래에 제시된 덧셈구구들은 여러분이 더 연습해야 하는 덧셈구구들이에요. 중요한 것은 여러분에게 이해가 되는 전략을 찾는 것이에요. 그래야 여러분이 답을 구해야 할 때 답을 빨리 찾을 수 있어요.

4+3	5+3	6+3	7+3	8+3	9+3
	5+4	6+4	7+4	8+4	9+4
		6+5	7+5	8+5	9+5
			7+6	8+6	9+6
				8+7	9+7
					9+8

매일 3개 이상의 덧셈구구를 선택하세요. 각 덧셈구구의 답을 얻을 수 있는 전략을 서로 다른 종이에 적어보세요.

부모님께 드리는 글: 아이들은 이 과제를 통해서 자신들의 수 감각(특히 수를 가르기 하는 능력과 수들이 어떻게 관련되어 있는지에 대한 지식)을 활용해서 한 자리 수 덧셈을 효율적으로 할 수 있는 전략을 발달시킬 수 있습니다. 같은 문제를 접하더라도 아이마다 다른 전략을 생각할 수 있습니다. 중요한 것은 각 아이가 자기 자신이 이해할 수 있는 전략을 생각해 내는 것입니다.

암기하는 것은 정답을 구하는 빠르고 정확한 방법 보다 덜 중요합니다. 예를 들어, 저는 8+9를 구하고 싶다면, "8+8=16이므로 8+9=17이다."라고 말합니다. 저는 눈을 감고도 이것을 할 수 있습니다. 수업에서 우리는 우리를 수학적으로 강하게 만들어 주는 여러 종류의 전략들에 대해 이야기합니다. 여러분의 자녀는 많은 아이디어들을 이끌어내야 합니다. 학부모님께서는 부모님이 알고 계신 전략들을 자녀들과 공유하고 싶어 할지도 모르겠습니다. 그러나 여러분의 자녀가 위의 문제들을 다른 방법으로 해결할 수도 있는데 그것도 괜찮다는 것을 명심하십시오. 우리는 우리 각각에게 맞는 방법을 구하고 이해해야 합니다.

두 자리 이상의 수

왜 자리값이 어린 학생들에게 두려움의 대상이 되는가를 인식하기 위해서, 52라는 수를 생각해 보자. 52라는 기호는 사람들에게 무엇으로 이해되는가? 여기에 몇 가지 가능성이 제시되어 있다.

- 학생들은 각 숫자의 **위치**가 중요하다는 사실을 알 필요가 있다. 예를 들면 25와 52는 다른 양을 나타낸다. 이것이 어른들에게는 쉽지만 아이에게는 쉽지 않기 때문에, 아이들은 어느 것이 더 큰 수인지 확실히 알지 못한다.
- 학생들은 5는 10의 자리에 써져 있고, 2는 일의 자리에 써져 있다는 것을 알아야 한다. 이와 같이 우리가 사용하고 있는 수 체계에서 10진법의 특징을 이해할 필요가 있다.
- 어린 학생들은 어떻게 10의 5배가 50이고 1의 2배는 2가 되는지에 대해 알아야 한다. 이러한 이해는 우리의 수 체계의 곱셈적 특징을 알게 해 준다.
- 또한 학생들은 50과 2를 더하여 52가 된다는 것을 알 필요가 있다. 이는 우리 수 체계의 덧셈적 특성을 알게 해 주고, 수를 분리했다가 다시 조합할 수 있다는 것을 알려준다.
- 52가 나타내는 양을 정확히 알기 위해서, 아이들은 수들 간에 서로 어떤 관계가 있는지를 알아야 한다. 예를 들면, 52는 60보다는 50에 가깝고, 100의 절반정도이며, 25의 약 두 배가 된다. 이와 같은 관계를 통해 52의 상대적인 크기를 알 수 있다.

정말 이해해야 할 것이 많다. 52를 어떤 수에 더할 경우에 그 개념은 훨씬 더 복잡해진다! 동등하게 중요한 것이 있다면, 교사의 목표는 학생들이 덧셈과 뺄셈을 자신있게 학습할 수 있도록 하는 것뿐만 아니라 수학에 대해 긍정적인 성향을 갖게 하는 방식으로 이들 아이디어를 지도하는 데 있다. 그렇게 해야지만 학생들은 앞으로 분수에서 대수까지 좀 더 어려운 수학 개념들을 이해하려고 노력할 것이다. 다행히도, 교사가 어린 아이들이 이해할 수 있는 게임이나 활동의 형태로 개념들을 제시한다면, 2학년 학생들은 기꺼이 그리고 열정적으로 수 체계를 학습하려고 한다.

수 세기와 묶음 짓기

아마도 학생들은 10씩 세기에 맞는 기계적 수열을 알고 있을 것이다. 그러나 이들은 1씩 세기를 토대로 하는 "1 더 큰 수"에 익숙해져 있기 때문에, 이들은 이 수열이 표현하는 양은 거의 이해하지 못할 수도 있다. 아래에 소개된 활동들은 학생들이 우리가 사용하는 수 체계의 구성 원리인 10씩 커지는 경우와 그리고 1씩 커지는 경우를 이해하도록 돕는 직접적인 경험을 제공한다.

한 줌

학생들에게 한 대상물을 여러 가지 방법으로(1씩, 2씩, 5씩, 10씩) 세어 보도록 한다(대상물의 수는 20보다는 크고 100보다는 작게 한다.). 어린 아이들은 수세기를 즐기기 때문에 학생들의 흥미를 돋우기 위해 애써서 이야기를 만들 필요는 없다. 교사는 정육면체[17)]가 들어 있는 주머니를 여러 개 준비할 수도 있고, 학생들에게 대상물을 한 줌 집도록 하고나서 몇 개를 집었는지 세어보도록 할 수 있다.

수업은 이 형식을 따른다. 여기에서 아래에 제시된 절차 중에서 몇 가지만 골라서 질문할 수 있고 전부를 질문할 수도 있다. 그것은 학생들이 교실토론시간에 얼마나 집중하느냐에 달려있다. 수업은 처방이 아니라 예술이고, 교사는 어떤 날에 학생들에게 무엇이 적합한지 판단해야만 한다. 아래는 수업의 절차이다.

1. 학생들을 원형으로 모이게 한다. 정육면체가 들어있는 통을 가까이에 놓는다. “선생님이 오른손과 왼손으로 집을 수 있는 만큼 집을 거예요. 선생님이 얼마나 집을 수 있는지 말할 수 있는 사람 있어요? 잠깐 동안 각자의 답에 대해 생각을 해보고, 여러분의 생각을 한 손의 둘째손가락을 이용해서 다른 손의 손바닥에 적어 보세요. 그런 방법으로 여러분이 좀 더 많은 정보를 얻게 되면 답을 바꿀 수 있도록 답을 가려놓을 거예요.”라고 말한다.
2. 학생들에게 잠시 생각할 시간을 주고, 자신의 어림값을 공유할 자원자들을 찾는다. 학생들이 답을 제시할 때, 이들에게 그 이유도 물어본다. 교사는 “그게 바로 제가 생각한 거예요”부터 “좋아요, 선생님이 각 손에 10개 정도를 쥘 수 있을 것이에요, 그리고 저는 10개에 10개를 더하면 20개라는 걸 알고 있어요.”까지 포함하는 제안들을 얻을 것이다.
3. 가능한 경우를 발표한 학생에게 고마움을 표시한다. 그리고 “만약 더 많은 정보가 있다면 좀 더 정확하게 어림을 할 수 있을 거예요. 선생님이 한 줌을 쥘 거예요. 그리고 우리는 선생님이 쥔 정육면체를 셀 것이고, 이것이 어림하는데 도움이 되는지 알아 볼 것이에요.”라고 말한다.

   한 손으로 한 줌을 쥔다. 그리고 정육면체를 하나씩 세고, 학생들은 교사를 따라 센다.

---

17) 정육면체는 수학학습용 교구로 한 변의 크기가 다양하다. 여기서는 한 변의 길이가 1cm크기가 적당하다.

교사가 14개의 정육면체를 집었다고 가정하자.

4. 이제 조금 다른 어림 질문을 한다. "선생님이 다른 한 손에 쥔 것을 이것과 합한다면, 20개가 넘을까요? 아니면 20개보다 적을까요?"라고 묻는다. 이러한 방법으로 질문을 하는 것은 학생들이 수의 상대적인 크기에 관한 생각을 할 수 있도록 도움을 준다(수들을 서로 서로 비교하는 방법). 학생들에게 정확한 수보다는 어림값을 사용할 수 있도록 한다. 이를 통해서 학생들은 수에 대한 이번 학년의 중요 목표인 '유연한 생각'을 키울 수 있다.
5. 학생들에게 이 새 질문에 대해 손바닥에 자신의 답을 기록할 수 있는 시간을 준다. 그리고 학생들이 이 질문에 답한 방법에 대한 자신들의 생각을 공유할 자원자를 요청한다. 다시 한 번 교사는 정확한 수를 요구하는 것이 아니라는 것을 상기시키고, 교사는 학생들의 생각에 관심이 있다는 것을 알려준다.
6. 이제 정육면체의 수를 센다. 처음에 한 줌 쥔 정육면체들을 세고, 두 손에 쥐 정육면체의 총 수를 구하기 위해서 이어세기를 한다. "선생님이 두 손에 쥔 정육면체의 수를 다 세어보니, 27개가 있었어요. 20개 보다 많은가요? 적은가요?"라고 말한다. 자신들의 생각을 공유할 자원자를 요청한다. 학생들이 남은 시간동안에 무엇을 할지에 대해 이야기 해본다.

교사가 이후의 수업을 이끌어 갈 수 있는 방법을 아래에 소개한다.

1. "만약 우리가 다른 방법으로 이 정육면체를 센다면, 예를 들어 두 개씩 센다면, 몇 개가 있다고 생각하나요? 손바닥에 답을 적어 보세요." 이 질문은 어른들에게 또는 2학년 아이들 중 일부에게는 당연한 질문이다. 그러나 이 질문은 모든 2학년 학생들에게 당연하지 않다. 특히 총수가 커졌을 때는 더 그러하다. 교사는 학생들에게 이 질문에 대해 답하도록 할 수도 있고, 또는 지나가는 질문으로 해서 학생들의 마음속으로 혼잣말로 대답해 볼 수 있도록 계획한다.
2. 학생들이 교사와 함께 큰 소리로 따라 세어보도록 하고, 이번에는 정육면체를 2개씩 옆으로 밀면서 수를 세 본다.
3. 학생들에게 짝과 함께 활동할 것이라고 설명한다. 학생들은 짝과 함께 하기 때문에, 학생들은 4번 집든 정육면체의 수를 세게 될 것이다. 학생들에게 4번 집은 정육면체의 총수가 20개보다 많을지 적을지를 어림해보도록 한다. 그리고 적어도 두 가지 다른 방법으로 정육면체의 총수를 세어야한다고 설명한다.

칠판에 다음과 같이 적는다.

> **한 줌**
>
> 우리는 20보다 (많을 / 적을) 것이라고 예상합니다.
> 우리는 2개씩 세었을 때, 정육면체는 ________개입니다.
> 우리는 5개씩 세었을 때, 정육면체는 ________개입니다.
> 정육면체의 총수는 20보다 (많 / 적) 습니다.

4. 활동지를 나누어 주고, 학생들은 칠판에 적어 놓은 형식을 이용해서 자신들이 발견한 것을 기록할 수 있음을 설명해 준다. 학생들은 칠판에 적어 둔 것과 같은 정확한 자구를 사용할 필요는 없지만, 이름과 날짜를 포함해서 위에 제시한 정보를 모두 포함해야 한다.
5. 학생들은 시간이 끝나기 전에 첫 번째 한 줌 활동지를 완성하면 이 활동을 반복할 수 있다고 설명해 준다. "선생님은 여러분이 두 번째 세어 본 것이 첫 번째 세어 본 것과 같은지 궁금해요."라고 사색에 잠긴 듯한 표정으로 말한다. 학생들에게 수업 중에는 수업과 관련된 말만 해야 한다는 점을 상기시키면서, 학생들에게 주어진 활동을 마무리하라고 말한다. 이 말을 통해서 학생들에게 교사가 학생들이 활동을 마무리하고 그 결과를 보기를 진심으로 기대하고 있다는 점을 전달한다.
6. 학생들에게 자신의 자리로 돌아가서 활동을 시작하게 한다. 교실을 순회하며 학생들이 어떻게 활동을 하는지 관심 있게 본다. 잠시 동안 전체적인 교실을 관찰하고, 활동을 어려워하는 학생이 있는지 주의 한다. 그 학생들에게 먼저 다가간다. 평소 목소리로 "너하고 짝이 가장 먼저 해야 할 것은 무엇이지?"라고 물어본다. 교사가 이와 같이 관심을 표현함으로써, 학생들은 교사가 자신들에게 제시된 수학 활동을 할 것을 기대하고 있다는 사실을 인식하게 된다. 교사가 옆에 있다는 사실은 모든 학생들이 활동을 시작할 필요가 있다는 것이다. 학생들이 활동을 하는 동안 교사는 계속해서 교실을 순회한다.

한 줌 활동을 잘 진행하고 나서 학생들이 얻은 결과값을 기록하고 결과의 범위를 알아본다.

20 어림하기

어림과 수 세기를 좀 더 격려하기 위해 각 학생들이 한 손에 쥘 수 있을 만큼 쥐도록 해 한다. 2학년 학생에게는 20정도의 수가 적당하다. 콩, 마카로니, 단추 등을 통이나 주머니 안에 넣어 두어서 학생들이 손으로 편안하게 쥘 수 있도록 한다. 다음은 활동을 하는 방법을 안내해 두었다.

1. "선생님은 리마 콩[18)]을 집었을 때, 집은 리마 콩의 수가 되도록이면 20개가 되도록 집을 거예요."라고 말하며 집기와 예상하기를 시범 보인다.
2. 학생들에게 집은 리마 콩을 세는 것을 도와달라고 하고, 빠르게 2개씩 세도록 한다. 학급 구성원들과 함께 큰 소리로 센다.
3. 16개의 콩을 집었다고 가정해 보자. 학생들에게 20과 얼마나 차이가 있는지 물어본다. 그리고 학생들에게 20과의 차이가 4라는 것을 어떻게 설명할 수 있는지 물어본다.
4. 교사가 두 번째 리마 콩을 집을 것이고 이번에도 16개를 집어서 그 양에 대한 감각을 익히려고 한다고 학생들에게 설명해 준다. 두 번째로 리마 콩을 쥐고 나서, 다시 한 번 학생들과 함께 콩의 개수를 세고 20과의 차이가 얼마인지 알아본다.
5. 이제 학생들이 각자 20개의 콩을 집어볼 것이라고 설명한다. 그리고 학생들이 첫 번째 시도와 두 번째 시도한 결과를 기록하는 방법을 알려주기 위해 다음과 같이 칠판에 적는 방법을 안내하여 준다.

20 어림하기

준비물 :

	몇 개를 집었습니까?	차이는 얼마입니까?
첫 번째		
두 번째		

6. 다음과 같이 말하며 학생들이 활동을 시작하도록 한다. "첫 번째 시도에서 어떻게 되었는지에 주목하세요. 첫 번째 시도에서 얻은 정보가 두 번째 시도에서 20개를 집는데 도움이 될 거예요." (그림 3-16, 그림 3-17 참조)

18) 열대지방에서 나는 콩의 한 종류로서, 단 맛이 나고 맛이 좋아서 주로 서양 사람들이 즐겨 먹는다.

그림 3-16
옥사나는 첫 번째 시도에서 아주 많이 쥐었고, 두 번째 시도에는 거의 20에 가깝게 쥐었다.

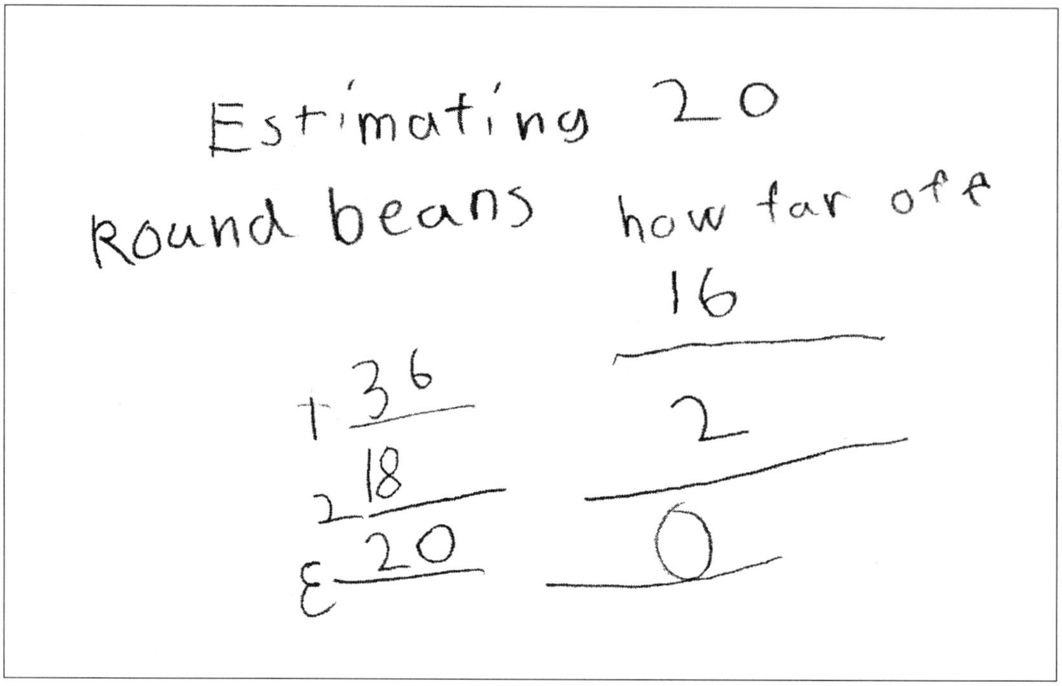

그림 3-17
에드워드는 두 번째에 20에 더 가까워졌으나 세 번째에는 20보다 훨씬 많이 쥐었다.

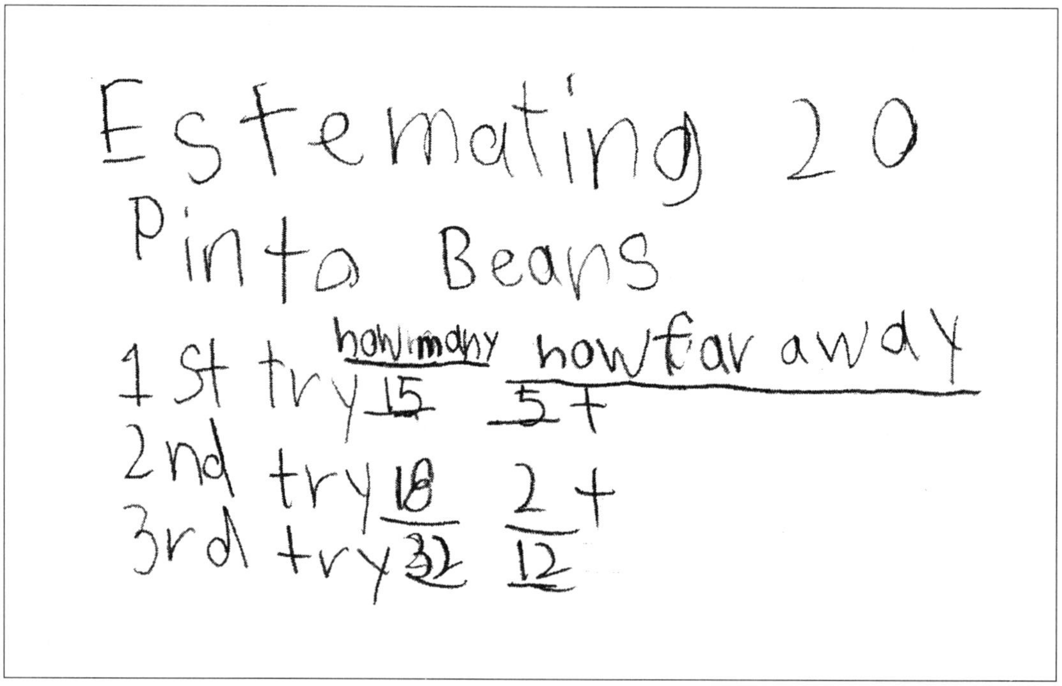

콩 주머니 수학

이 게임은 『*Number Power: Grade 1*』(Robertson et al. 1993)에서 찾을 수 있다. 수 개념을 모델링하는 구체물은 어린 아이들에게 중요한 도구이다. 교사는 비닐봉지와 리마 콩을 이용하여 자리값 개념을 이해하도록 하는, 싸면서도 유용한 교구를 만들 수 있다. 2인 1모둠으로 활동을 하도록 한다.

준비물

- 2인 1 모둠 당 비닐봉지 4개
- 2인 1 모둠 당 리마 콩 50개

교수 · 학습 지침

1. 4개의 비닐봉지에 5, 10, 15, 20이라고 라벨지를 붙인다.
2. 각각의 봉지에 써진 개수만큼 콩을 넣는다. (아래 그림 참조).

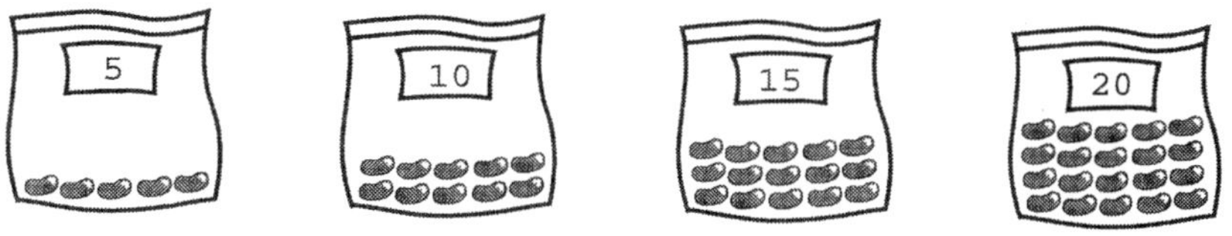

3. 이 봉지들을 이용해서 식을 만든다. 예를 들면, 5와 20이 써진 봉지를 들고 모두 몇 개의 콩이 있는지를 말할 자원자를 요청한다. 칠판에 5+20=25라고 덧셈식을 판서한다.
4. 3개의 봉지를 든다. 콩이 모두 몇 개있는지 그리고 칠판에 대응하는 덧셈식을 적는 방법에 대해 이야기를 나눈다.
5. 학생들로 하여금 자신의 비닐봉지 2개, 3개, 4개를 이용하여 가능한 많은 종류의 식을 만들어 보도록 한다.
6. 학생들이 활동할 때 관찰을 한다. 어떤 학생들이 콩이 모두 몇 개인지를 알아보기 위해 봉지 안을 들여다보며 콩을 하나씩 세는지 살펴본다. 어떤 학생들이 "여기에 10이 있고, 내가 5개를 더하면 15가 될 거야."라고 마음속으로 말하면서 큰 무더기들을 더하고 있는지 살펴본다. 학생들이 이 과제를 완성하기 위해서 사용하는 방법들을 간섭하지 않는다. 교사는 학생들이 자신에게 가장 적합한 수준의 방법을 찾을 것이라는 사실을 잊지 말아야 한다. 하나씩 세는 학생들

은 그와 같은 양감을 얻기 위해서 그렇게 하는 연습이 필요하다. 좀 더 효율적인 방법으로 합의 개수를 구하는 학생은 이해하는 방법을 연습하는 것이고, 교사에게 그들의 사고 과정에 관한 중요한 정보를 주고 있는 것이다.

7. 모든 학생들이 활동을 끝내면, 그들이 만든 식을 발표하도록 한다. 칠판에 식을 적고, 합에 따라 분류한다. 교사가 학생들의 발표를 들으면서, 다음과 같은 질문을 할 수 있다.

“15와 5의 합이 20이라는 것을 어떻게 알았나요?”
“20을 다른 방법으로 만든 사람은 없나요?”
“여러분이 만든 수 중 가장 큰 수는 얼마인가요?”
“그것보다 더 큰 수를 만든 사람은 없나요? 왜 그런가요? 왜 안 될까요?”
“어떤 수들을 만들 수 있었나요?”

화폐 교환

돈은 본질적으로 학생들에게 흥미로운 소재이며, 자리값을 이해할 수 있도록 도와준다. 12에서 1은 10을 나타낸다는 것과 같이, 1 다임은 10 페니를 의미한다. 이러한 생각은 다임이 페니와 다른 형태이기 때문에 더 쉽게 이해된다. 그러나 1에서 10까지의 숨어 있는 관계는 돈과 기호 표현 둘 다에 존재한다.

아래에 설명된 활동은 자세히 설명되어 있지 않다. 그래서 교사는 이를 안내하기 전에 교사가 학생들에게 이 게임을 통해 가르치고 싶은 주안점을 마음속으로 생각해 두어야 한다. 이 게임으로부터 학습할 수 있는 수와 관련된 지식 그리고 학생들에게 가능성들에 대해 생각할 것을 요청하는 질문들에 특별히 주의를 기울여야 한다. 학생들이 이 활동을 하는 것을 지켜봄으로써 얻을 수 있는 것이 무엇일지 생각해 본다. 교사가 관심 있어 하는 것을 학생들이 어떻게 알 수 있도록 할지 고려하고, 그들이 문제를 해결하는 방법을 존중해 준다.

준비물

- 2인 1 모둠 당 주사위 1쌍
- 2인 1 모둠 당 비닐봉지 1개
- 한 봉지에 페니 30개, 니켈 10개, 다임 10개, 쿼터[19] 1개
- 봉지 안에 들어 있는 내용물을 표시할 수 있는 이름표

교수 · 학습 지침

1. 학생들에게 페니, 니켈, 다임, 쿼터의 상대적인 가치에 대해 이야기 할 수 있는 기회를 준다.
2. 1쿼터 만들기(Race For a Quarter) 게임을 할 것이라고 말해 준다. 이 게임은 학생들에게 각 동전의 가치에 대해 좀 더 알게 해 주고 어떤 것의 한 개는 한 군(群)을 나타낸다는 개념을 강화시킨다.
3. 주사위와 비닐봉지를 모은다. 각 봉지에 페니 30개, 니켈 10개, 다임 10개, 쿼터 1개를 넣는다. 내용물을 적은 이름표를 붙인다. 정리 시간에도 그와 같은 방법으로 정리하도록 하고 이를 통해서 수 세기를 연습 할 수 있는 기회를 준다.
4. 짝끼리 순서를 돌아가며 주사위를 굴리고, 합을 찾고, 합과 같은 동전을 봉지에서 꺼낸다. 만약 주사위의 눈의 합이 7이 나온 경우라면, 학생은 7 페니를 꺼낼 수도 있고, 1 니켈과 2 페니를 꺼낼 수도 있다. 먼저 꺼낸 동전의 합이 1쿼터와 바꾸기에 충분한 사람이 이긴다.

주의사항 : 교사가 이 게임을 소개할 때, 이들 서로 다른 가능성에 대해 토론하되, 학생들은 어떤 동전을 사용할 것인지 결정할 수 있지만, 동전이 주사위의 눈의 합과 일치한다는 것을 자신의 짝으로부터 동의를 받아야 한다. 경기자는 자신의 차례인 경우에는 언제든지 동전을 교환할 수 있다. 이 게임은 경쟁이 필요한 게임이다. 그래서 교사는 지난 9월에 수 게임을 소개하면서 논의했던 '이기고 지는 문제'를 떠 올려 보게 할 수도 있다.

학생들이 1쿼터 만들기(Race For a Quarter)에 익숙해지면, 이 게임을 1달러 만들기(Race For a Dollar)게임으로 발전시킬 수도 있다. 같은 규칙이 적용되지만 목표는 1달러를 만드는 것이 된다.

19) 페니는 1¢ 동전의 이름, 니켈은 5¢ 동전의 이름, 다임은 10¢ 동전의 이름, 쿼터는 25¢ 동전의 이름이다.

두 자리 수의 문장제 문제해결하기

문장제 풀기를 통해서 학생들은 게임을 할 때 그리고 수 개념의 이해를 발달시킬 목적으로 개발된 활동들을 할 때 자신들이 학습한 것을 적용할 수 있다. 비록 2학년 학생들이 이해하고 있는 자리값에 대한 개념이 유약하고 불완전하다고 할지라도, 대부분의 2학년 학생들은 그들이 알고 있는 수 세기를 실생활 문제에 적용하기 시작한다. 1년 중 이 시기에, 소수의 학생들은 수들의 묶기에 대해서 자신들이 알고 있는 것을 문장제 문제에 대한 좀 더 효과적인 해결 방법을 찾아내는데 응용할 수 있다. 기억해야 할 중요한 것은 학생들은 문장제를 풀어 보는 **기회**를 통하여 문장제를 풀 수 있는 **능력**과 이해할 수 있는 능력을 키우는데 있다.

만약 학생들에게 두 자리 수 덧셈과 뺄셈을 할 기회를 준다면, 그들은 **자신만의** 절차를 개발한다. 시간이 지나면서 학생들은 자신만의 절차를 점차 효율적으로 만들어 갈 것이다. 학생들의 방법은 미국에서 학생들에게 가르쳐지고 있는 표준화 된 받아올림(carrying)－받아내림(borrowing) 알고리즘 보다 수학적으로 더 훌륭한 방법일지도 모른다.[20)]

두 자리 수 문장제를 해결하는 전략

학생들에게 문장제를 소개하기 전에, 다음 문제에 대한 몇 가지 가능한 해결방법을 반성해 보도록 한다.

> 담임선생님과 옆반 선생님은 의논해서 강당의 하단에 2학년 퀼트를 만들기로 결정하였습니다. 각 반에는 학생이 29명씩 있습니다. 한 학생에게 블록 1개씩 나누어 준다면 모두 몇 개의 블록이 필요합니까?

다음에 대해서 교사는 자문자답한다.

- 이 문제를 풀기 위해 무엇을 했습니까?
- 줄을 맞춰서 숫자를 쓰고, 표준화된 받아올림 알고리즘을 이용했습니까?
- 29＋29에 가까운 30＋30＝60을 계산하고, 2를 빼서(29는 30보다 1이 작기 때문에) 58이라는 답을 구했습니까?
- 20＋20＝40과 9＋9＝18을 계산하고, 40에 18을 더해 58이 나왔습니까?
- 빠르게 정확한 답을 알아낼 수 있는 다른 계산 방법을 사용했습니까?

---

20) Burns를 비롯한 일부 구성주의자들은 이런 생각으로 인해서 전통적인 알고리즘을 학교에서 지도해서는 안 된다고 주장한다. 이들은 학습자들이 덧셈, 뺄셈, 곱셈, 나눗셈 등과 같은 개념을 학습하는 과정에서 개인적 절차를 구성할 수 있고 점진적으로 표준화된 알고리즘마저도 구성할 수 있을 것이라고 주장한다. 그럴 가능성은 학습자 중심 수학 수업을 1년간 받은 1학년 학생들의 학업성취도(김진호, 2007, 한국초등수학교육학회지, 11(2), 23-42)에서도 찾아 볼 수 있다.

1년 중에 이 시기에, 일부 2학년 학생들은 여러 개의 이들 수만 사용하는 계산법 – 이들 모두 주어진 문제를 해결하는데 효과적인 방법들이다 – 을 알고 있을지도 모른다. 어떤 학생들은 더 큰 수들을 더하고 빼는데 유용한 표준 알고리즘에 이미 익숙해져 있을 수도 있다. 만약 학생들이 자신이 배운 절차들을 설명할 수 있고, 즉 "1을 받아올림하는 것"이 아니라 10을 10의 자리로 옮기는 것이라는 이해를 하고 있다면, 그러면 학생들은 이 방법을 이용해서 더 큰 수들로 된 문제들을 해결 할 수 있을 것이다. 그러나 교사의 역할은 문제를 풀기위한 기계적인 절차를 지도하는데 **있지 않다**는 것을 알아야 한다. 왜 그러한가? 대부분의 학생들은 절차의 바탕이 되는 수학적 내용을 이해하기 충분할 정도로 자리값 개념을 이해하고 있지 못하기 때문이다.

보통 가을이 되면 2학년 학생들은 답을 구하는데 도움이 되는 구체물을 활용한 모델을 만들어낸다. 일부 학생들은 정육면체들을 29개의 두 묶음으로 진열하고 나서 이 정육면체들을 하나씩 셀 것이다. 다른 학생들은 그림을 그리거나 체크 표시를 해서 두 양을 나타날 것이다. 머릿속으로 시각화 하는 능력에 자신감이 붙은 학생들은 두 번째 29필드만을 정육면체나 그림으로 나타낼 것이다. 이렇게 그림을 그린 아이들은 "우리 반은 29개의 블록이 필요하고, 29개가 더 필요하니깐 30, 31, 32 …… 58"이라고 답을 구할 것이다.

이러한 학생들은 주어진 문제를 이해하기 위한 그들 자신의 고유한 방법을 찾아내고 있다. 그렇게 하면서, 이들은 자신들의 수학적 사고가 현재 어디에 위치하고 있는지 **그리고** 자신들의 수에 대한 이해를 형성해 가고 있음을 보여주고 있다. 모델을 구성하는 것은 주어진 문제의 구조를 드러낸다. 세기는 큰 수에 대한 감각을 형성해 준다. 모든 학생들을 위한 목표는 이들이 결국 효과적인 계산 방법을 착안해 내는데 능숙해지는 것이다. 문제를 이해하는 것은 이 목표를 달성하는데 있어서 중요한 단계이다.

교사와 학생들은 아래의 것을 허용하는 과정에 참여해야 한다.

- **교사**는 현재 학생들이 수와 자리값에 대해 이해하고 있는 것을 평가해야 한다.
- **학생들**은 자리값에 대해 그들 자신의 고유한 수학적 이해를 탐구하고 형성해야 한다.

교사의 역할은 다음과 같다.

- 학생들에게 시각화할 수 있는 기회를 제공하고, 이해할 수 있는 문제를 제시해야 한다.
- 학생들이 편안함을 느끼고 그들의 생각을 탐구하는데 몰두할 수 있는 환경을 만들어야 한다.
- 학생들이 그들의 사고를 되돌아 볼 수 있는 질문해야 한다.
- 학생들로 하여금 그들의 해결법에 대해 토의하고 써 봄으로써 자신들의 사고를 분류할

수 있는 기회를 제공해야 한다.

- 교사는 다양한 방법으로 문제를 해결한 학생을 칭찬하는데 주력해야 한다. 교사는 어떻게 학생들이 수학적으로 생각하는지 좀 더 깊은 이해를 얻게 될 것이다.
- 학생들을 판단하는 분위기가 아닌 편안한 분위기에서 평가를 한다. 교사는 현재에서 부분적인 이해를 수용해야 한다는 것을 잊지 말아야 한다. 왜냐하면 학생들은 여러 번에 걸쳐 많은 기회를 갖게 됨으로써 이해의 폭을 넓혀 갈 것이기 때문이다.

두 자리수의 덧셈 문장제 소개하기

학생들이 해결해야 할 문장제 문제들을 고안할 때, 너무 자세하고 길게 만들지는 않도록 한다. 교사는 (수학) 동화의 한 부분을 이용해서 만들어 내는 문제 또는 땅콩이나 사탕을 사기 위해 식품점을 가는 상황을 포함하는 문제를 만들어 낼 수 있는데, 이런 문제들이 수학 프로그램에 불꽃을 당겨줄 수 있다. 그러나 대부분의 날에, 훨씬 간단한 문제들을 다루어야 한다.

예를 들면, 16페니에 10페니를 더하는 것과 같은 간단한 문제를 준비한다. 이 이야기에서 돈에 관한 내용은 특별하게 중요하지 않다. 교사는 쉽게 자신의 학급에서 공부하고 있는 것들을(동물원 또는 웅덩이 생물 등) 섞은 이야기를 이용할 수 있다. 중요한 것은 문제 속의 수들이 그 맥락에서 이해 가능해야 한다는 점이다. 학생들에게 친숙하고 매력적인 맥락을 선택하고, 합이 50보다 작고 다시 그룹(regrouping)을 지어야 하는 수를 선택해야 한다.

1. 큰 종이나 칠판에 문제를 적고, 문제를 가려 놓고 필요할 때 보여준다.
2. 학생들을 원형으로 모이게 한 후, 학생들에게 여러 묶음들을 합치는 것을 포함하는 이야기를 해 줄 것이라고 설명한다. 교사가 이야기를 들려 줄 때, 학생들에게 눈을 감고, 이 이야기의 행위를 마음속에 그려보라고 제안한다. 교사가 아동들이 덧셈 문제에 대한 답을 이야기 하는 것이 아니라 이 이야기 속에서 발생한 것을 회상하는 시간을 가질 것임을 강조한다. 이러한 방식의 도입을 통해서, 학생들은 덧셈의 개념에 초점을 맞추고 자신들의 마음속에 주어진 문제의 주요사항들을 조직하게 된다.
3. 다음과 같은 이야기를 들려준다.

어느 날, 선생님은 지금까지 동전함에 모은 모든 페니들을 세었어요. 16개의 페니가 있었어요. 그 다음 날, 선생님은 동전 주머니에서 10개의 페니를 더 발견했어요. 선생님은 동전함에 이 페니들을 넣었어요. 그러면, 선생님의 동전함에는 몇 개의 페니가 있을까요?

4. "이 이야기를 다시 한 번 이야기 해 볼 사람 있어요? 선생님은 선생님이 한 이야기를 여러분이 여러분의 말로 이야기 하는 것을 듣고 싶어 한다는 것을 기억하세요."라고 묻는다. 2~3명의 학생들이 이 이야기를 다시 말 할 수 있도록 한다. 아주 약간만 바꾼 이야기가 나올 수도 있지만 그것도 괜찮다. 이것은 학생들을 이 이야기와 사용되는 언어들로 표현된 수학적 관계들에 빠져들게 한다. 아이들이 서로서로가 하는 이야기에 경청하게 만들어주기 때문에, 이것은 또한 조용하면서도 사려깊은 교실 문화를 형성해 준다.

5. 학생들에게 각 학생은 백지를 받을 것이고 각자 주어진 문제를 해결한 방법을 보여야 한다고 설명해 준다. 교사가 학생들의 **사고과정**에 관심이 있나는 섯을 상소하는 설녕을 한다. "선생님은 여러분의 사고과정에 관심이 많기 때문에, 여러분이 답을 얻은 방법을 보여주길 바래요. 사실, 선생님에게는 여러분의 사고과정이 여러분의 답만큼이나 중요하거든요."라고 말한다.

6. 과제를 완성하는 절차를 설명한다. "백지위에 여러분의 이름과 날짜를 쓰고, 선생님이 쓴 제목을 백지 위에 따라 적으세요." 교사가 적절한 제목을 적어 둔 칠판을 가리켜 준다. "그러고 나서, 글, 그림, 수, 또는 다른 기호들을 사용해서 주어진 문제를 해결하세요."라고 말한다. 교사가 이런 방법들을 제안하면서 칠판 위에 이들을 판서해 준다. "여러분은 정육면체 또는 다른 교구들을 이용해서 주어진 문제를 해결해 가는 과정에 도움을 받을 수 있어요. 만약 그렇게 한다면, 여러분이 이용한 방법에 대해 그림을 그리거나 글로 적어야 해요."라고 설명한다.

칠판에는 다음과 같이 적혀 있을 것이다.

페니 문제

다음의 방법을 이용해서 주어진 문제를 해결하시오.

글
그림
수
그 밖의 기호

정육면체나 다른 셈도움물을 이용해서 주어진 문제를 해결하는데 도움을 받는 것은 좋아요. 처음에 무엇을 했고, 그러고 나서 다음으로 한 것은 무엇이고, 계속해서 무엇을 하였는지 씁니다.

7. 교사가 "그림 이용하기" 또는 "정육면체 이용하기"라고 말할 때 의미하는 바를 설명하고 학생들에게 출발지점을 설명하기 위해서, 아동들이 주어진 문제를 해결하려고 계획 중인 방법을 이야기 할 자원자를 요청한다. 학생들이 잘 모르면 다음과 같이 말한다. "이 문제를 풀기 위해 어떤 그림을 그릴 수 있을까요?" 그리고 "정육면체를 이용하면 이 문제를 푸는데 도움이 될까요?" 교사가 얼마나 많은 주의를 줄 것인지는 학생들이 얼마나 많은 문제를 해결 해 본 경험이 있느냐에 달려 있다. 주어진 문제를 해결하는데 적합한 처방을 구하기보다는 아이디어들이 충분히 유동하도록 후속질문들을 계속한다.

8. 칠판에 적어 둔 문제를 보여 주어서 이것을 참고하도록 한다.

9. 학생들이 활동을 시작할 때, 잠시 뒤로 물러나 도움이 필요한 학생이 있는지 교실 전체를 살핀다. 도움을 필요로 하는 학생에게 먼저 간다. 만약 많은 학생들이 문제에 집중하지 못한다면, 전체 학급을 대상으로 진지하게 고민하고, 학습에 관련된 이야기만을 할 것을 상기시킨다. 그리고 교실을 순회하며, 학생들의 토의를 격려하고, 문제에 몰두하도록 격려한다.

   문제해결하기를 시작하면서 어려워하는 학생들에게 다음과 같이 말한다. 교사는 "이 문제를 풀기 위해 무엇을 먼저 해야 하지?"라고 말해 주는 것이 좋다. 이 간단한 질문과 교사가 곁에 있음으로써 학생들은 이 문제에 몰두 할 수 있게 될 것이다. 학생들이 출발지점을 찾았다는 확신이 들 때까지 곁에서 머물려준다.

   이 문제에 몰두하고 있는 학생들에게는 그들의 해결 방법을 관찰한다. 방해가 되지 않는다면, 학생들에게 "이 그림은 무엇을 나타내는 것이에요? 원을 몇 개 그려야 할지 어떻게 정했어요?"와 같이 학생들의 사고과정에 교사가 관심을 가지고 있음을 표현해 줄 수 있는 질문들이라면 어떤 질문이라도 해도 좋다.

10. 학생들이 끝마쳤다고 느낄 때 쯤, 학생들은 활동한 것을 교사에게 가져올 것이다. 만약 학생들이 이 문제를 푼 방법을 명확하게 보이지 못했다면(그리고 이 시점에서 많은 학생들이 그러할 것이다.), 선생님은 더 많은 것을 알고 싶다고 설명해 준다. "처음에 무엇을 했어요? 그리고 나서 무엇을 했어요? 이제 돌아가서 여러분의 종이 위에 이것을 보여주는 방법을 찾아보세요. 여러분이 정육면체를 가지고 한 것에 대한 그림을 그려도 된다는 것을 명심해요. 글이나 수를 사용하는 것도 도움이 될 것이에요."와 같은 말을 해 준다. 학생들은 좀 더 자세히 써 보라는 말에 불평을 할 수도 있다. 그러나 학생들이 이 문제를 푼 **방법**을 설명할 수 있어야 학생들의 활동이 끝난다는 것을 교사는 강조해야 한다. 학생들이 이러한 과정을 거치면서, 이들의 작업은 발전할 것이고, 설명이 제2의 천성이 될 것이다.

    일찍 활동을 끝낸 학생들은 전에 배운 게임을 할 수 있다.

전략 공유하기

많은 책에서 수학시간의 마지막 15분 정도는 문제풀이 전략에 관하여 토의 시간을 갖도록 권하고 있다. 독자들은 이 방법을 따르는 것이 좋을 수도 있고, 학생들이 새로운 마음으로 시작하는 다음 날까지 기다려 주는 것이 좋을 수도 있다. 이 토의의 목적은 학생들에게 자신들의 전략에 대해서 이야기 해 봄으로써 자신들의 이해를 공고히 할 수 있는 기회를 제공하고, 아이들이 같은 문제를 여러 가지 방법으로 해결 할 수 있음을 알 수 있는 공개토론을 만들어내는데 있다. 교사는 아이들이 이 문제를 해결하고 있는 동안 궤간순시를 하고 아이들이 마칠 때 까지 많은 아이들의 풀이과정에 대해서 노의할 것이기 때문에, 교사는 학생들이 무엇을 공유할 준비가 되었는지에 대한 상당히 좋은 아이디어를 가질 것이다.

자원자를 지정할 때, 그림을 그리거나 페니를 하나씩 모두 세는 방법으로 해결한 학생부터 발표를 시작한다. 학생이 종이에 쓴 것을 칠판에 옮겨 적도록 노력한다. 샤론이 "저는 동전함에 있는 것으로 16개의 페니를 그렸어요."라고 말하면서 16개의 원을 빠르게 그린다. 샤론이 계속해서 "저는 동전 주머니에 있는 것으로 10개의 페니를 그렸어요."라고 하면 10개의 원이 있는 또 다른 묶음을 그린다. 샤론이 "그 다음에 이것들을 모두 세었어요."라고 설명하면, 학생들과 함께 원 위에 순서대로 숫자를 쓰면서 26개의 페니를 모두 센다(아래 그림).

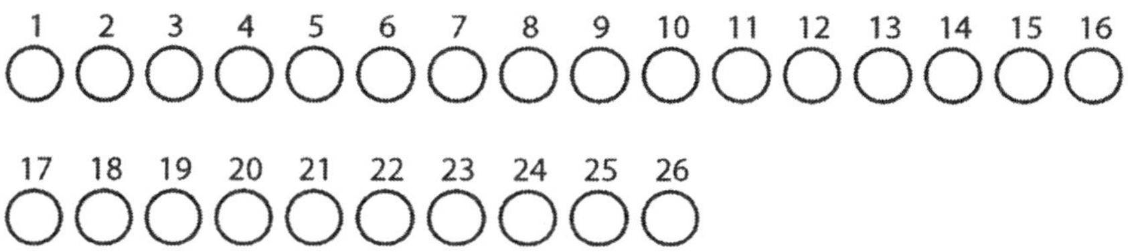

만약 어떤 학생이 이어세기(counting on)의 방법으로 문제를 해결했다면, 그 학생을 지목한다. 마빈이 속으로 16에서 시작하여 10개의 원을 더 그리는 동안(또는 손가락으로 10을 세는 동안), 칠판에 다음과 같이 그림을 그린다. 교사의 그림은 다음과 같을 것이다.

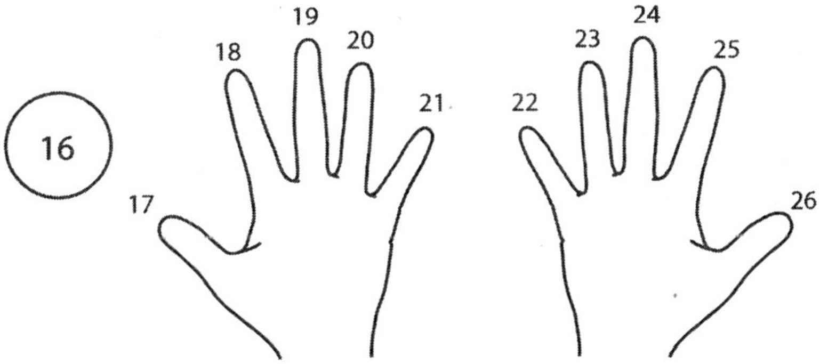

마지막으로, 16을 가르기해서 10을 더하는 모든 방법을 기록한다. 예를 들면, 클라리사가 이 해결법을 "16은 10과 6의 합과 같아요. 10 더하기 10은 20과 같고요. 그래서 저는 16 더하기 10은 26이라고 생각해요"라고 말했다면 그림은 다음과 같을 것이다.

```
16    +    10
 /\
10  6

10 + 10 = 20

20 + 6 = 26
```

한 아이가 이런 종류의 해결방법을 구할 때, 열광하지 않을 수 없다. 하지만 여러 가지 풀이 방법 중에 한 가지 풀이 방법에 더 많은 가치를 부여해서는 안 된다. 대신에 모든 학생들의 노력을 똑같이 존중한다. 시간이 지남에 따라, 점점 더 많은 학생들이 이 좀 더 효과적인 방법들을 사용할 수 있을 것이다. 그러나 학생들이 이런 방법을 추론할 수 있을 만큼 수학적으로 성숙할 때까지 학생들은 지속적으로 혼란을 느끼고, 자신들의 방법들이 가치가 적다면 그 방법의 사용을 억제할 것이다. 학생들의 고된 노력이 타당한 것으로 보인다면, 학생들은 훨씬 더 끈덕지게 될 것이라고 교사 자신을 설득하기 바란다.[21]

이 해결 방법 공유 시간 동안, 일부 학생들은 다른 학생들이 자신들의 해결 방법을 설명하는 동안 조용히 앉아 있는 것이 어렵다는 것을 알게 될 것이다. 학급 친구들의 말을 듣고 이들로부터 배운다는 것은 공정하고 예의범절을 지키는 것을 포함한다는 점을 이들에게 상기시켜준다. 각 해결 방법이 발표되고 난 후에, 더 많은 학생들을 참여시키기 위해서 이 방법과 유사한 방법으로 한 사람이 있는지 묻는다. 이 시간이 지나치게 길어지지 않도록 수업의 속도를 유지해야 한다.

---

21) 교사, 특히 구성주의를 반영한 수업을 실천에 옮기고자 하는 열망을 가진 교사는 아동이 새로운 지식을 이해하는 과정을 이해할 필요가 있다. 아동이 새로운 지식을 이해하는 것은 단속적인 행위가 아니라 과정적인 행위이다. 이 과정에서 필연적으로 나타나는 현상 중의 하나가 오류, 오개념, 실수(이에 대한 자세한 내용은 김수환 · 박영희 · 이경화 · 한대희 공역, 어떻게 이해하지, 2004 참고) 등이다. 교사는 이런 것들을 적극적으로 수업 중에 활용할 수 있어야 한다. 여러 아동이 제 각각의 아이디어를 냈을 때, 이 중 어느 하나 즉 전통적인 교사중심의 수업을 이끄는 교사들이 흔히 사용하는 "차시별 학습목표"에 근접한 한 아이디어에 보다 큰 가치를 부여하는 교수 · 학습 행위를 교사가 한다면 다음과 같은 의문을 갖게 된다.
"이 이전까지 아이들에게 각자의 방식대로 한 이유는 무엇인가? 각 아이들은 자신들이 낸 아이디어가 존중받고 있다는 감정을 가질 수 있을까?"

두 자리 수의 뺄셈 문제

교사는 어느 하루 뺄셈(한 양을 두 부분으로 분리하는 뺄셈 : 구잔)을 포함하는 한 문제를 제안한다.

> 선생님은 26센트를 가지고 있었어요. 그런데 가게에 가서 사탕 몇 개를 사고 12센트를 썼습니다. 선생님에게는 몇 센트가 남았을까요?

학생들에게 이 문제를 마음속으로 상상해 보고 이 문제에 대한 자신들의 이야기를 공유할 것을 요청해서 앞서와 같은 절차를 거치도록 한다. 그러고 나서, 학생들을 자신들의 자리로 돌아가서 이 문제를 풀기 위한 자기 자신만의 전략들을 고안하라고 한다.

"나는 26개의 페니를 26개의 정육면체로 나타냈어요. 그리고 12개의 정육면체를 치웠어요. 남은 것을 세어보니 14개였어요." (아래 참조)

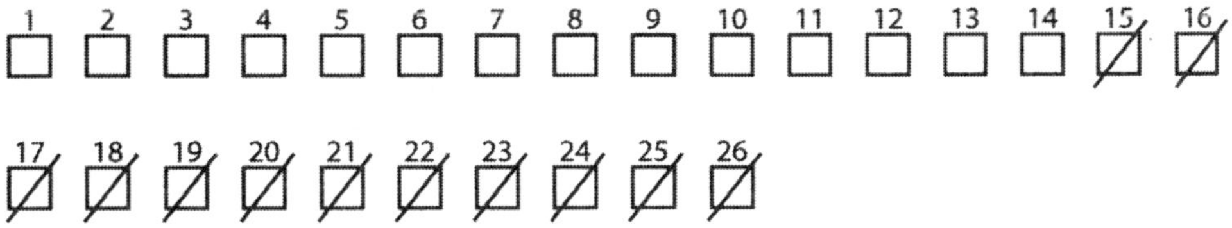

"저는 거꾸로세기로 세었어요. 저는 26에서 시작해서, 25, 24, 23, …… . 왜냐하면 저는 거꾸로세기를 하면서 셀때마다 그 수 위에 한 수를 적었기 때문에, 제가 거꾸로 12번 세었음을 확신해요." (아래 참조)

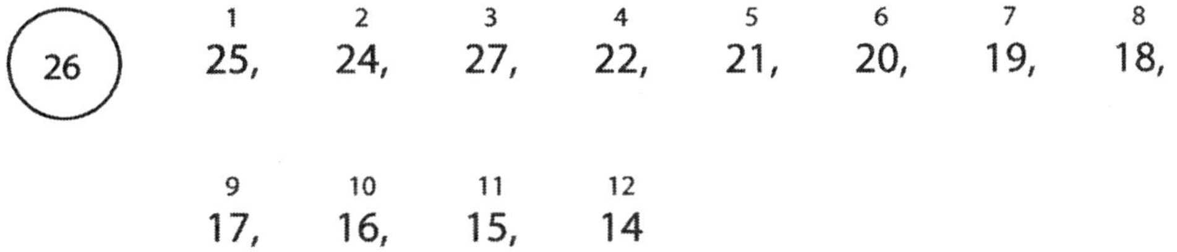

"26 − 10은 16이고요, 16에서 2를 빼면 14에요. [26 − 10 = 16; 16 − 2 = 14]. 저는 12가 10하고 2라는 것을 알아요. 저는 먼저 10을 뺐어요, 왜냐하면 그게 더 쉽기 때문이에요."

다른 아이들은 교사가 세어 올라가기(counting up) 방법으로 수를 세는 것에 놀랄 수도 있다. "선생님은 12에서 시작해서 26까지 세었어요. 손가락으로 몇을 더해 주었는지 계산했지요." (아래 참조)

(12) 13, 14, 15, 16, 17, 18, 19, 20, 21, 22, 23,
1 2 3 4 5 6 7 8 9 10 11

24, 25, 26,
12 13 14

뺄셈과 덧셈은 역연산의 관계에 있고, 일부 아이들은 서로 다른 두 양의 차를 구할 때, 덧셈을 이용하는 것을 더 편안하게 느낀다. 나도 이 방법을 적용해서 두 양의 차를 종종 구한다. 나는 손가락세기를 사용하지 않으면서 두 수 사이의 공간을 세는 방법으로 나의 방법을 논리적으로 설명한다.

이야기 문제 메뉴

학생들에게 이야기문제를 좀 더 연습시키기 위해, 덧셈과 뺄셈을 포함하는 문제를 적어도 10가지 이상 만든다. 학생들이 자신만의 속도로 문제를 해결 할 수 있도록 메뉴 활동 형태로 이것들을 제시 한다. 모든 학생들이 모든 문제를 해결할 것이라고 기대하지 않는다.[22] 아이들이 운동장에서 놀거나, 점심을 먹기 위해 줄을 서있거나, 동물원에 가는 상황과 같이 간단한 상황을 이용한다. 학교에서 공부하고 있는 최근의 주제와 관련된 인물이나 물건들을 포함시키는 것도 좋다. 20이나 30정도의 수를 이용하고, 이미 아는 학생들에게는 더 큰 수를 이용한다. 그러나 작은 수를 가지고 좀 더 많은 활동을 해야 할 학생들에게는 작은 수가 적당하다.

메뉴 활동에 다양성을 더해 주기 위해서, 학생들이 예전부터 친숙해 하고 있는 게임을 이용하는 것도 좋다. 또한, 어떤 문제에 대해 학생들과 토의하는 시간을 갖도록 한다. "메뉴에 있는 문제 3번에 대한 해결 전략을 화요일에 토의할 거예요. 화요일에 그 문제에 대해 토의할 수 있도록 여러분이 확실히 풀어 와야 해요."라고 하루나 이틀 전에 알려주어야 한다. 모든 문제를 해결한 학생들은 자신만의 문제를 만들 수 있다. 교사는 그 문제들을 다른 학생들이 풀 수 있도록 복사한다.

수 퍼즐

이 활동은 학생들이 1－100 수배열표의 수 배열에 대해 알 수 있도록 도와준다. 학생들은 퍼즐을 해결함으로써, 그리고 후에 친구들이 만든 퍼즐을 이용함으로써 이러한 기능을 연습하게 된다.

---

22) 일반적으로 대부분의 학급구성원의 인지적, 정의적 특성은 매우 다양하다. 교사가 이 다양함을 무시하고 모든 학습자가 똑같은 학습결과를 가져와야 한다는 신념을 갖고 수업에 임한다면, 이런 수업에서 모든 학습자가 혜택을 볼 수 없다. 대신에, 학습자 저마다의 현재의 수준에서 발달할 수 있으면 학습은 성공한 것이다.

준비물

- 수 퍼즐을 위한 10×10 모눈종이(아래그림 그리고 부록(238쪽) 참조). 이것을 두꺼운 종이에 붙여서 한 명당 하나씩 나누어 준다.
- 퍼즐 조각을 보관할 수 있는 충분한 크기의 봉투, 한 명당 1개씩.

교수 · 학습 지침

- 첫째 날 : 각 학생은 빈칸에 1－100까지 수를 채운다. 수를 모두 채운 후, 가장자리는 잘라버리고 나서 7개의 조각으로 나눈다. 학생들에게 선을 따라 자르고, 사각형 보다는 다른 모양으로 자르도록 한다. 학생들은 7개 조각의 뒷면에 각자의 이름을 적는다. 조각을 봉투에 넣기 전에, 다시 한 번 조각들을 맞추어 보고, 봉투의 잘 보이는 곳에 자신의 이름을 쓴다.
- 둘째 날 및 그 후 : 학생들은 다른 학생들이 만든 수 퍼즐에 도전한다. 조각들의 모양과 수를 단서로 조각들의 모양을 맞춘다. 퍼즐을 성공적으로 맞춘 후, 학생은 봉투의 뒷면에 자신의 이름을 쓴다.

1	2	3	4	5	6	7	8	9	10
11	12	13	14	15	16	17	18	19	20
21	22	23	24	25	26	27	28	29	30
31	32	33	34	35	36	37	38	39	40
41	42	43	44	45	46	47	48	49	50
51	52	53	54	55	56	57	58	59	60
61	62	63	64	65	66	67	68	69	70
71	72	73	74	75	76	77	78	79	80
81	82	83	84	85	86	87	88	89	90
91	92	93	94	95	96	97	98	99	100

자리값 이해에 대한 평가

모든 학생들의 자리값 개념을 평가할 시간이 없을지도 모른다. 하지만 적어도 학생 3명을 인터뷰해 보는 것을 적극 추천한다(Wickett and Burns 2002 참조). 교사가 생각하기에 수를 잘 다루는 학생을 한 명 선정하고, 보통 수준의 학생을 한 명, 어려움을 겪는 학생을 한 명씩 선정한다. 교사는 부드러우면서도 한 사람을 평가하지 않는 질문을 통하여, 가을 학기 동안 2학년 학생들이 우리의 수 체계를 어떻게 이해하고 있는지에 대해 많은 것을 알게 될 것이다. 만약 모든 학생을 평가할 시간이 있다면, 교사는 학생들의 사고 과정의 진전에 대해 부모님과 면담하는데 많은 도움을 받을 수 있는 값진 정보를 많이 얻을 수 있을 것이다(그림 3-18, 그림 3-19, 그림 3-20 참조).

다음은 추천하는 평가방법이다.

첫 번째 활동 : 10씩 묶기

1. 학생에게 24개의 정육면체를 주고 10씩 묶어 보도록 한다.
2. "10개 묶음은 몇 개인가요? 그리고 낱개는 몇 개인가요?", "정육면체는 모두 몇 개인가요?", "모두 몇 개인지 써 보세요?"라고 질문한다.

대부분의 2학년 학생들은 10씩 묶음 짓기를 할 수 있고, 묶음 짓기를 이용하여 모두 몇 개인지를 알 수 있다. 학생이 얼마나 자신감이 있는지 관찰하고, 그들이 1부터 세려고 하는지 관찰한다.

두 번째 활동 : 수가 의미하는 것에 대해서 생각하기

1. "이제 정육면체 16개만 필요해요. 책상 위에 정육면체를 16개만 꺼내 놓으세요."라고 말한다. 정육면체 8개를 치우기 전에 이 학생이 1부터 시작해서 16까지 세는지 살펴본다. 좀 더 잘 하는 학생은 10개 한 묶음을 가져오고 6개의 정육면체를 세어서 16개 정육면체 한 묶음을 만들 것이다. 또는 훌륭한 양감을 가지고 있는 학생은 다른 방법으로 16을 만들 수도 있다.
2. 학생에게 16을 써보도록 한다. "16에서 1이 무엇을 의미하고, 6이 무엇을 의미하는지 설명 할 수 있나요?"라고 말한다. 종종 가을 학기에는 2학년 학생들이 16에서의 1이 10을 의미한다는 것을 알지 못한다. 이런 학생들은 6은 1이 6개이고, 1은 한 개를 의미한다고 말한다. 다른 학생들은 1이 10을 의미한다는 것을 확실히 또는 약한 개념으로 알고 있을지도 모른다.

Place Value Assessment
Individual Interview

The relationship between numbers and groups of 10s and 1s

After the student has placed the 24 tiles into groups of ten, ask:
How many groups of ten? 2 How many groups of one? 4
Then ask: How many are there are altogether? 24
How did you figure that out?
10+10= 20 4 more makes 24

The significance of the position of digits in the number

Say: Please leave only 16 tiles on the table.
Note how the child accomplishes this task.
She made a big pile with all the tiles and then counted out 16 tiles, by ones.
Counting was hard for her – she actually left 17 on the table

Ask the child to write the 16 on a small, separate piece of paper.
Say: I noticed you used a 1 and a 6 to write 16. What does the 1 and the 6 represent in 16. You can show me with tiles and/or tell me.
"The six means six." (counting out six tiles.)
"The one means one." (pointing to one tile. A shrug of her shoulders when I asked about the other tiles.

Solving an addition problem

Say: If I gave you 25 more tiles, how would you figure out how many you had altogether?
Write + 25 after the 16 that the child has written on the child's paper.
(Change the problem to + 5, if a smaller problem seems more appropriate.)
Note how the child accomplished the task. Make sure the child knows that it's OK to write things down on his or her paper. (Attach the child's paper to this form).

I gave A. the problem 16+5.
She again counted out a group of 16 and then a group of 5. when she had her two groups set up, she recounted all of them, but had trouble with accuracy. Her total count was 22 – she actually had only 21 tiles.

Once that the child has established that there would be ~~41~~ 22 ← her idea tiles, ask: If you put all ~~41~~ of these tiles into groups of ten, how many groups of ten would you have?
Tens ______
Would there be any left over? ? She wasn't sure so I suggested she put them in groups of 10. She did this accurately, this time counting by 2's. She was unconcerned that there was only one left over.

◀ **그림 3-18**
엘리시아는 큰 수에서 수의 위치에 따른 수의 크기를 이해하지 못했고 큰 수를 정확하게 세는데 문제가 있었다. 하지만, 16+5는 2가지 양이 결합된 것임을 의미한다는 것을 이해하고 있었다. 그녀는 모든 타일을 세어서 답을 구했다.

그림 3-19
리키는 16에서 1은 10의 묶음을 나타낸다는 것을 이해하는 것처럼 보였다. 그는 수를 정확하게 세었고 타일을 모두세기(counting all)하지 않고 이어세기를 할 수 있었다.

Place Value Assessment
Individual Interview

The relationship between numbers and groups of 10s and 1s
After the student has placed the 24 tiles into groups of ten, ask:
How many groups of ten? 2 How many groups of one? 4
Then ask: How many are there are altogether? 24
How did you figure that out?
10 and 10 are 20 and then 21, 22, 23, 24

The significance of the position of digits in the number
Say: Please leave only 16 tiles on the table.
Note how the child accomplishes this task.
He took 2 handfuls - counted them and figured out he had 12 tiles so far. He used his fingers to count up to 16 (13, 14, 15, 16). And then knew he needed to get 4 more to make 16.
Ask the child to write the 16 on a small, separate piece of paper.
Say: I noticed you used a 1 and a 6 to write 16. What does the 1 and the 6 represent in 16. You can show me with tiles and/or tell me.
the 1 means a ten (He made a group of 10)
the 6 means six (pointed to the six extras)

Solving an addition problem
Say: If I gave you 25 more tiles, how would you figure out how many you had altogether?
Write + 25 after the 16 that the child has written on the child's paper.
(Change the problem to + 5, if a smaller problem seems more appropriate.)
Note how the child accomplished the task . Make sure the child knows that it's OK to write things down on his or her paper. (Attach the child's paper to this form).
He tried counting with his fingers from 16. He got confused. So, he decided to get out 25 more cubes_ counted accurately.
He then said, "There's 16"- pointed to original 16.
He then used the 25 new cubes to count on "17, 18, 19... → 41."

Once that the child has established that there would be 41 tiles, ask: If you put all 41 of these tiles into groups of ten, how many groups of ten would you have?
Tens 4
Would there be any left over? 1

세 번째 활동 : 덧셈문제해결하기

1. "만약 선생님이 25개의 타일을 더하면, 선생님이 가지고 있는 타일은 몇 개인지 어떻게 알 수 있을까요?"라고 묻는다. 만약 이 학생이 25개의 타일을 더 가져와서 하나씩 센다고 반응하면, 교사는 이 문제를 단지 5개의 타일을 더 더하는 문제로 수의 범위를 줄여야 한다. 학생이 찾아내는 어떤 풀이과정이라도 수용해 주어야 한다. 교사가 해야 할 일은 학생이 하는 것에 주목하는 것이다. 일부 학생들은 16부터 이어세기를 할 것이고, 일부

학생들은 10씩 묶음을 이용할 수도 있을 것이다.

2. 이 학생이 답을 구하면, 정육면체를 가지고 답을 확인하도록 한다. (만약 이 학생이 25개의 정육면체를 모두 더했다면 41개의 정육면체가 있어야 한다.)

3. “만약 41개의 정육면체를 10씩 묶음 짓는다면, 10묶음이 몇 개 생기나요? 그리고 1개짜리는 몇 개인가요?”라고 묻는다. 일부 학생들은 이 문제를 어떻게 접근해야 할지 모를 수 있다. 일부 학생들은 자신 있어 할 수 있을 수도 있다. 모든 언어적, 비언어적 반응들을 주목함으로써, 교사는 2학년 학생들이 자리값에 대해 어떻게 생각하는지 좀 더 깊이 이해할 수 있을 것이다.

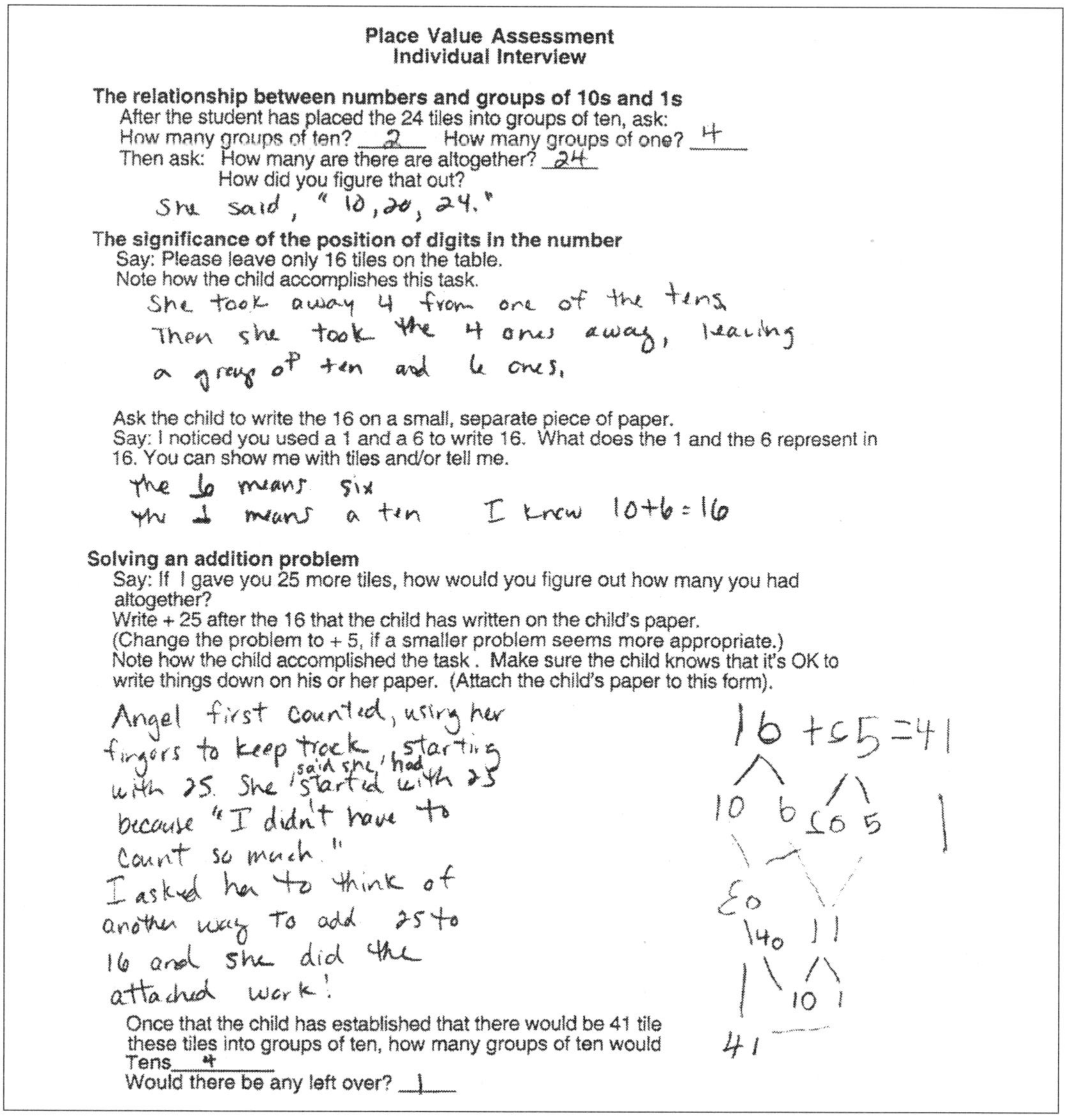

Place Value Assessment
Individual Interview

The relationship between numbers and groups of 10s and 1s

After the student has placed the 24 tiles into groups of ten, ask:
How many groups of ten? 2 How many groups of one? 4
Then ask: How many are there are altogether? 24
How did you figure that out?
She said, "10, 20, 24."

The significance of the position of digits in the number

Say: Please leave only 16 tiles on the table.
Note how the child accomplishes this task.
She took away 4 from one of the tens. Then she took the 4 ones away, leaving a group of ten and 6 ones.

Ask the child to write the 16 on a small, separate piece of paper.
Say: I noticed you used a 1 and a 6 to write 16. What does the 1 and the 6 represent in 16. You can show me with tiles and/or tell me.
The 6 means six
The 1 means a ten I knew 10+6=16

Solving an addition problem

Say: If I gave you 25 more tiles, how would you figure out how many you had altogether?
Write + 25 after the 16 that the child has written on the child's paper.
(Change the problem to + 5, if a smaller problem seems more appropriate.)
Note how the child accomplished the task. Make sure the child knows that it's OK to write things down on his or her paper. (Attach the child's paper to this form).

Angel first counted, using her fingers to keep track, starting with 25. She said she had started with 25 because "I didn't have to count so much." I asked her to think of another way to add 25 to 16 and she did the attached work!

Once that the child has established that there would be 41 tile these tiles into groups of ten, how many groups of ten would
Tens 4
Would there be any left over? 1

◀ **그림 3-20**
엔젤은 16에서 1은 10의 묶음을 나타낸다는 것을 이해했다. 그러나 그녀는 16+25를 해결하기 위해 또 다른 방법을 생각하고 싶어서 더 큰 수부터 세기로 했다.

부모님께 드리는 편지

교사들은 학생들이 수학을 학습하는 방법에 대해서 부모들이 이해하도록 도와주고 싶어 한다. 부록에 있는 편지는 여러분의 학교 환경에 맞도록 수정해서 사용할 수 있다. 어떤 교사는 가을에 편지를 보내는 것을 좋아할 것이다. 다른 교사는 학생들이 자리값에 대해 좀 더 이해를 하고, 자리값을 이용할 수 있는 봄이 될 때까지 기다릴지도 모른다. 아래의 편지는 나의 저서 『*Getting Your Math Message Out to Parents*』의 내용을 조금 바꾼 것이다. 이 편지는 교사가 어떻게 부모들과 의사소통해야 하는지에 대해 아이디어를 줄 것이다.

존경하는 학부모님께,

우리는 자리값의 이해를 증진시키는데 초점을 둔 단원을 절반 정도 공부했습니다. 이 편지는 여러분의 자녀가 더하기와 빼기를 어떻게 공부하고 있는지에 대해 면밀하게 보여드릴 것입니다.

여러분의 자녀들이 수학을 하는 방법은 부모님께서 학창시절에 공부하던 방법과는 조금 다릅니다. 우리 세대는 전형적인 알고리즘(문제를 풀기 위한 규칙이나 절차)을 이용하여 더하기와 빼기를 배웠습니다. 더하기 위해서, 우리는 "받아올림"을 배우고, 빼기를 위해서 "받아내림"을 배웠습니다. 우리는 수학적 맥락과 관련이 없는 문제들을 계산하며 한 페이지씩 배워갔습니다. 이러한 절차는 우리가 어려서 경험했던 절차를 기억나게 합니다.

이러한 방법들이 우리 세대와 친숙하기 때문에, 우리는 계산 능력을 평가하는데 있어서 이 방법들을 표준으로 생각하는 경향이 있습니다. 불행하게도, 학생들은 종종 문제 속에 수의 의미와 연결시키지 못하고 알고리즘을 공부하기도 합니다. 그리고 이러한 방법으로 수학을 배운 많은 어른들은 간단한 실생활 문제를 이해하지 못합니다. 알고리즘은 컴퓨터가 계산하는 과정으로 일련의 절차를 만들어 놓은 것입니다. 그것은 유용한 도구이지만 알고리즘은 자리값에 대한 개념을 소홀히 다루게 합니다. 알고리즘은 시작이 아닌 종착점인 것입니다.

표준으로 사용되는 받아올림과 받아내림 절차에 내재되어 있는 결정적 단점은 그것이 수가 나타내는 양에 초점을 맞춘 것이 아니라 단순히 하나의 숫자에만 초점을 맞춘다는 것입니다. 절차를 잊어버린 학생들은 심지어 자신이 실수를 하고 있다는 것을 모른 채 정말 눈에 띄는 실수를 하는 것을 스스로 발견합니다. 그리고 왜 그 답을 얻었는지 이해하지 못합니다. 다음은 아이들이 종종 저지르는 실수입니다.

$$\begin{array}{r} 58 \\ +\ \ 25 \\ \hline 713 \end{array} \qquad \begin{array}{r} 53 \\ -\ \ 16 \\ \hline 43 \end{array} \qquad \begin{array}{r} {\scriptstyle 4\ \ 9} \\ \not{5}\not{0} \\ -\ \ 37 \\ \hline 12 \end{array}$$

한 가지 반가운 소식은 문제를 계산하는 여러 가지 효율적인 방법이 있다는 것입니다. 사실, 2학년 학생들은 자신만의 절차를 만들어 낼 수 있습니다. 58과 25를 더하는 문제를 생각해 보면, 2학년 학생들은 다음과 같은 방법으로 해결하기도 합니다.

- 50과 20을 더하여 70을 얻는다.
- 8과 5를 더하여 13을 얻는다.
- 70과 13을 더하여 83을 얻는다.

이 방법은 "받아올림" 알고리즘만큼 효과적이고, 쉽게 기억할 수 있고, 쉽게 수행 할 수 있고, 짧은 시간에 수행 할 수 있습니다. 이 방법은 문제해결을 하는 사람이 수가 나타내는 것이 무엇인지 계속해서 집중 할 수 있기 때문에 수학적 관점에서 보면 표준적인 알고리즘보다 더 훌륭한 방법입니다. 그리고 어떤 문제에도 일반화 할 수 있습니다.

우리들 중에 대부분은 지금 미국에서 가르쳐 지고 있는 방법과 역사적으로 사용된 다른 알고리즘을 가지고 있는 문화에 대해 알지 못합니다. 다음의 예는 학술지 「*Teaching Children Mathematics*(1996)」의 한 호에 게재된 Randolph A. Phillip의 "Multicultural Mathematics and Alternative Algorithms"라는 논문의 내용 중 일부로 다른 나라의 성인들이 우리가 지도하고 있는 많은 2학년 학생들이 하고 있는 것과 같은 방법을 지도받고 있음을 볼 수 있습니다.

1970년대 초에 스위스에서 교육받은 한 노인과 캐나다에서 교육을 받은 한 남자 모두 자신이 공부한대로 왼쪽에서부터 빼는 방법을 설명하고 있습니다. 스위스 사람은 아래와 같이 두 문제를 해결하였습니다.

```
                   481
     59      +     926
  +  16      ---------
  -----           1300
     60            100
     15              7
  -----      ---------
     75           1407
```

위와 같은 방법은 미국의 학생들에게 자신만의 알고리즘을 만들어 보라고 하면 많이 등장하는 방법들 중의 하나입니다. 이 여러 자리 수 더하기를 하라고 하면 대부분의 학생들은 큰 자리 수부터 자연스럽게 더합니다. 이는 어른들에게도 마찬가지 입니다. 예를 들면, 만약 두 명의 친구가 공동으로 돈을 지불하기 위해 지갑에 있는 돈을 모두 꺼낼 때, 20달러짜리를 먼저 셉니까 아니면 1 달러짜리를 먼저 셉니까?

물론 위와 같은 과정으로 문제를 해결하는 것은 두 자리 수가 10과 1의 배수들로 구성되어져 있고, 수가 어떻게 분리되고 합쳐지는가에 대한 지식을 필요로 합니다. 학생들은 게임을 통해 이와 같은 개념을 배우고, 손쉽게 접할 수 있는 교구를 이용하여 수학적 모델을 만들고, 많은 문제를 접할 수 있는 기회를 갖습니다. 두 자리 수끼리 더하는 문제를 접할 때, 학생들은 정확한 답을 구하기 위해 자신이 이해한 절차와 함께 우리의 수 체계에 대해 공부했던 것을 이용합니다. 학생들은 그들 스스로 구성한 접근법에 대해 깊이 이해하고 있고 **그리고** 이러한 방법으로 문제를 해결 할 때 거의 실수를 하지 않습니다.

덧셈과 뺄셈의 두 경우 모두, 문제를 해결하는데 있어 절차를 단순히 말해 주는 것은 불가능한 일입니다. 두 양이 합쳐져 하나의 새로운 양이 된다는 것을 제대로 이해하는 것은 학생들 스스로 단련해야 하는 **정신적인** 관계성입니다. 덧셈과 뺄셈의 모든 문제들을 해결하는데 필요한 논리-수학적 지식은 많은 경험에서 우러나는 것으로 시간이 지나면서 발달합니다. 우리는 학생들이 자연스러운 단계로 발전하도록 기대하고 격려할 필요가 있습니다. 그러한 과정은 배움 만큼이나 혼란도 포함하는 과정입니다. 학생들은 이해가 발달할 것이기 때문에, 이들은 자신들의 사고를 형식화 하고 재형식화 할 기회를 가져야 합니다.

학생들은 덧셈과 뺄셈을 배울 때 전형적인 여러 단계를 거칩니다. 예를 들면, 일부 학생들은 위의 문제를 해결할 때 58에서부터 시작해서 25를 이어세기해서(59, 60, 61, 62, ……, 83) 이 문제를 해결합니다. 이러한 학생들은 58 + 25의 의미 중 한 가지 이해를 발전시킨 것입니다. 만약 정확하게 실행되었다면, 이 방법은 정답을 줄 것입니다. 그러나 1씩 세는 것은 불편하고, 수가 커짐에 따라 실수를 하게 됩니다. 다시 학생들은 큰 수를 이용한 문제를 해결하고 수를 더욱 편하게 다루기 위해 수를 묶음 짓기 시작합니다. 우리는 종종 학생들이 효과적인 뺄셈을 하기 전에 효과적인 덧셈법을 알아내는 것을 발견할 수 있습니다.

학생들이 저학년 때 이해한 절차는 다양한 문제에 적용할 수 있습니다. 1462 + 1745 + 278과 같은 문제를 접했을 때, 학생들은 오래된 받아올림 알고리즘을 이용할 필요가 없습니다. 그들은 다음과 같이 접근합니다.

- 1000 + 1000 = 2000, 400 + 700 + 200 = 1300, 모두 3300. (잊어버리지 않으려고 숫자를 메모한다.)
- 60 + 40 + 70 = 170, 이제 모두 3470. (잊어버리지 않으려고 그 숫자를 메모한다)
- 2 + 5 + 8 = 15, 모두 3485.

숫자를 수직으로 쓰는 것은 그렇게 중요하지 않다는 것에 주목해야 합니다. 위의 학생은 잊어버리지 않으려고 단지 숫자 3가지만 메모했습니다. 가장 중요한 것은, 문제를 해결하는 사람이 개별 숫자가 아니라 수가 나타내는 양에 초점을 두었기 때문에 그 답에 자신감을 가질 수 있다는 것입니다. 이와 같은 방법은 살면서 마주치게 될 어떤 문제를 시각적으로 해결하는데 효과적이고 정확한 방법입니다. 부모님들은 이 접근 방법이 얼마나 효과가 있는지를 알아보기 위해 스스로 어떤 가설 문제를 만들어 해결해 보시기 바랍니다.

과거에는 정말 많은 아이들이 잘못된 믿음이지만, 수학을 싫어하고 자신은 수학을 잘하지 못한다고 믿었습니다. 우리는 그 관념을 바꿔야 합니다. 수학은 모든 사람이 이해할 수 있는 것이며, 그래서 수학을 항상 분명하게 이해되는 그런 방법으로 가르쳐야 합니다.

만약 어린 아이가 수의 왕국에서 확실한 이해의 기초를 세울 기회를 찾는다면, 그들은 자신이 우리 세계의 중요한 부분을 마스터할 수 있다는 것을 발견하게 될 것입니다.

이 달에 유용한 자료들

- *Coins, Coupons, and Combinations: The Number System* (Economopoulos 1997)
- *Math by All Means: Probability, Grade 1 –2* (Tank 1996)
- *Teaching Arithmetic: Lesson for Introducing Place Value, Grade 2* (Wickett and Burns 2002)
- *Young Mathematicians at Work: Constructing Number Sense, Addition, and Subtraction* (Fosnot and Dolk 2001)

제 4 장

12월

범주형 자료의 수집

학습 환경

11월 마지막 목요일부터 있는 추수감사절과 학교의 여러 전체 행사로 인한 단기 방학들이 있어서 12월은 짧다. 이즈음 교사는 "나는 이번 달에 가을 초부터 해 온 수 영역을 마무리할 것이다. 나의 학생들은 제법 십진 수 체계를 이해하기 시작하고 있으며, 나는 학생들이 우리가 지금까지 학습한 그 개념들을 이해하는 데 시간을 더 갖도록 하고 싶다."고 판단하거나, "아이들이 들떠있다. 내 생각에 올해 아이들은 수에 대해 많은 것을 배웠다. 초 봄에 수 영역에 대한 공부를 다시 하고, 속도를 조절하는 것이 좋겠다. 가을의 풍성함에 어울리는 어떤 것을 찾아야겠다. 자료 수집이 지금 이 시점에서 우리에게 딱 맞을 것이다."고 판단할 것이다.[23)]

이 선택은 쉽지 않다. 내가 집에 가서 매일 저녁 녹초가 되는 이유는 다음 교수·학습을 위한 많은 결정들을 내려야 한다는 것이다. 이것은 매우 피곤한 일이다. 그러나 우리가 우리의 학생들의 요구에 정말로 맞추어진 수학 프로그램을 제공하기를 원한다면, 이 딜레마를 해결할 묘안은 없다. 이런 결정을 내릴 때, 모든 아이들에게 맞는 완벽한 2학년 교육과정은 없다는 점을 기억하기 바란다. 자신이 담당하고 있는 학생들이 하는 것을 매일 관찰한 것을 토대로 하면 교사가 좋은 결정을 내릴 수 있다고 자기 자신을 믿는 것이 좋다.

교사가 가을 초반부에 수 영역에 주로 초점을 두기로 계획을 했을지라도, 아래에 제시되어 있는 자료 수집 아이디어들을 위해 잠시 접어 두도록 한다. 교사는 이들 아이디어들이 포함된 활동 중 몇 가지는 지금 또는 이후에 과학 또는 사회와 같은 다른 교과 활동들과 통합하는 방법들을 찾는 것이 좋다.

23) 이 진술로부터 우리는 수학과 교육과정의 운영이란 측면에서 보면, 교사와 학생 사이의 수업 내용은 수학교과서에서 정해 준 대로 정해지는 것이 아니라는 점을 알 수 있다.

오늘의 수와 달력 만들기

매일 해야 할 일 중 **오늘의 수**를 계속한다. 교사는 요일은 "무제한으로 많다"—특별한 규칙을 부과하지 않아도 오늘은 계속된다.—는 것을 알고 있다. 그래서 아이들은 그들 자신만의 수 아이디어들을 탐구할 수 있다. 그러나, 교사가 학급구성원들이 공부하고 있는 어떤 개념에 대해 아이들의 주의를 집중시키는 것이 도움이 된다고 교사가 판단할 때, 주저없이 이 규칙을 도입해도 좋다. 예를 들어, 64번째 날의 예비활동의 부분으로서, 교사는 "육십 사에 대해서 알고 있는 것이 있어요?"라고 말할 수 있다. 교사는 다음과 같은 의견들을 찾을 수 있을 것이다.

- 이것은 짝수이다.
- 이것은 2의 배수이다.
- 이것은 10이 6번이고 1이 4개이다.

학생들이 이것들을 찾지 못한다면 위의 진술들 중 일부를 시범 보인다. "육십 사는 육십과 칠십 중 어느 것에 가까운가요?, 이것은 오십과 백 중 어느 것에 가까운가요?"와 같은 질문들을 계속해서 던진다. 이런 종류의 질문들을 던질 때, 아이들이 큰 1~100 수 배열표를 이용할 수 있도록 한다. 교사는 "오십에서 시작해서 육십 사로 끝나는 수식을 무엇입니까?, 백에서 시작해서 육십 사로 끝나는 수식은 무엇입니까?"와 같은 질문을 던지고, 아이들에게 이 질문에 맞는 수식을 자기 자리로 돌아가서 만들도록 한다.

교사가 지금까지 **오늘의 수**로 활동을 해 오지 않았다면, 아이들이 수식을 공유할 때마다, 교사는 아이들의 이름을 점검할 수 있는 학급명부를 이용해서 시작해도 좋다. 조만간 자신들의 아이디어를 공유할 기회를 가질 수 있는 아이들에게는 합당한 경고를 해 주어야 한다. 또한, 학생들이 겨울철의 특별한 날들에 주목하면서 12월 달력을 만들 수 있는 시간을 따로 마련해 두어야 한다.

수학

오늘날처럼 자료 중심의 세계에서는 자료를 정확하게 해석해 내야 할 필요성은 매우 중요해지고 있다. 자료를 수집하고, 표현하고, 해석하는 시범을 보임으로써 그리고 아이들에게 이것들과 같은 과제를 개인적으로 하는 기회를 제공함으로써, 교사는 학생들이 이 영역에서 편안함을 느끼도록 도울 수 있다. 아래 나열되어 있는 활동들은 자주 아이들이 서로서로 이야기를 나누는 활동을 포함하고 있다. 그러나, 이 활동들은 또한 아이들이 과제를 계속하도록 장려하기도 한다. 따라서, 정신과 손이 안내에 따라야 하고 바쁘다.

교사가 조직한 자료 수집

그래프 종류와 주제

어린아이들은 자기 자신들과 관련된 자료에 특히 흥미를 가진다. 그래서 아이들이 개인적 정보를 기록하는 몇 가지 간단한 차트들을 만드는 것으로 시작한다. 예를 들어, 교사는 아이들에게 자신들이 좋아하는 계절을 선택하도록 할 수 있다. 또는, 교사는 학급구성원들의 눈동자 색깔에 관해 무엇인가를 기록하는 선그래프(line plot)를 만들어도 좋다(그림 4-1 참고).

교사가 아이들이 채워 넣을 전시용 그래프를 만들 때, 교사는 자료를 수집하고 표현하는 많은 방법 중의 하나를 시범보이는 것이다. 예를 들어, 교사는 그림그래프를 제시할 수 있다(그림 4-2 참고).

또한 막대그래프도 고려한다(그림 4-3 참고).[24]

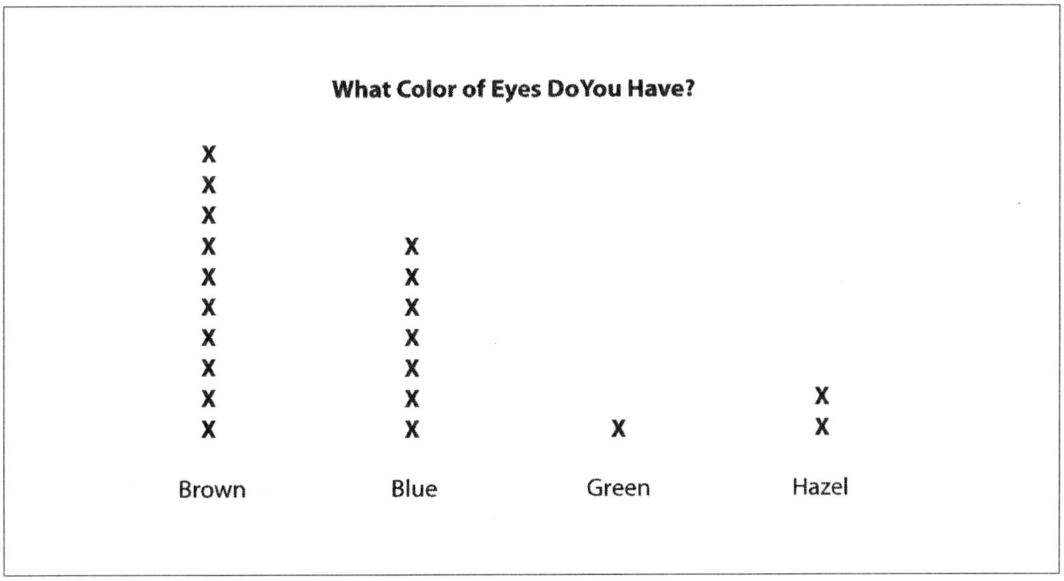

그림 4-1
아이들은 자신의 눈동자의 색깔이 갈색, 파랑, 녹색, 또는 담갈색인지를 보여주기 위해서 그래프 위에 X를 한다.

24) 수학과 교육과정이 거듭 개정되면서도 거의 개정되지 않은 영역이 있다. 바로 내용 영역이다. 예를 들어, 우리나라의 교육과정은 그래프의 종류에 따라서 학년별로 구분되어 있다. 그러나, 그래프의 종류에 치중하기 보다는 조사 연구 활동 전반에 중점을 둔 수업 자료의 개발 및 수업이 요구된다.

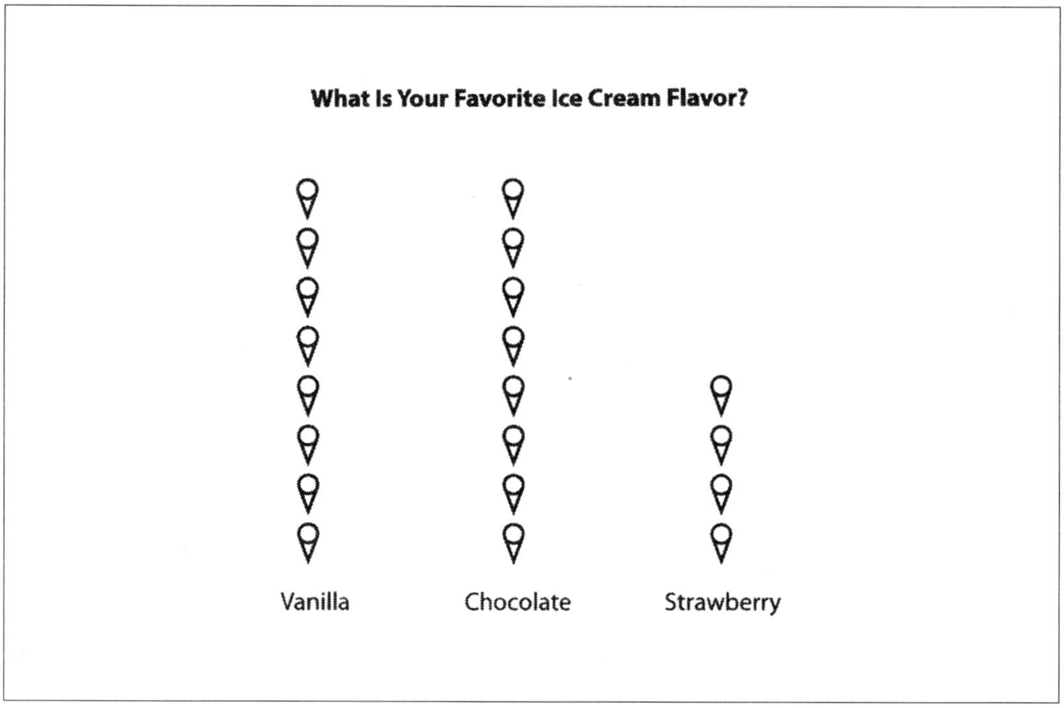

▶ **그림 4-2**
아이들은 아이스크림 그림을 이용해서 자신들이 좋아하는 맛을 보여주고 있다.

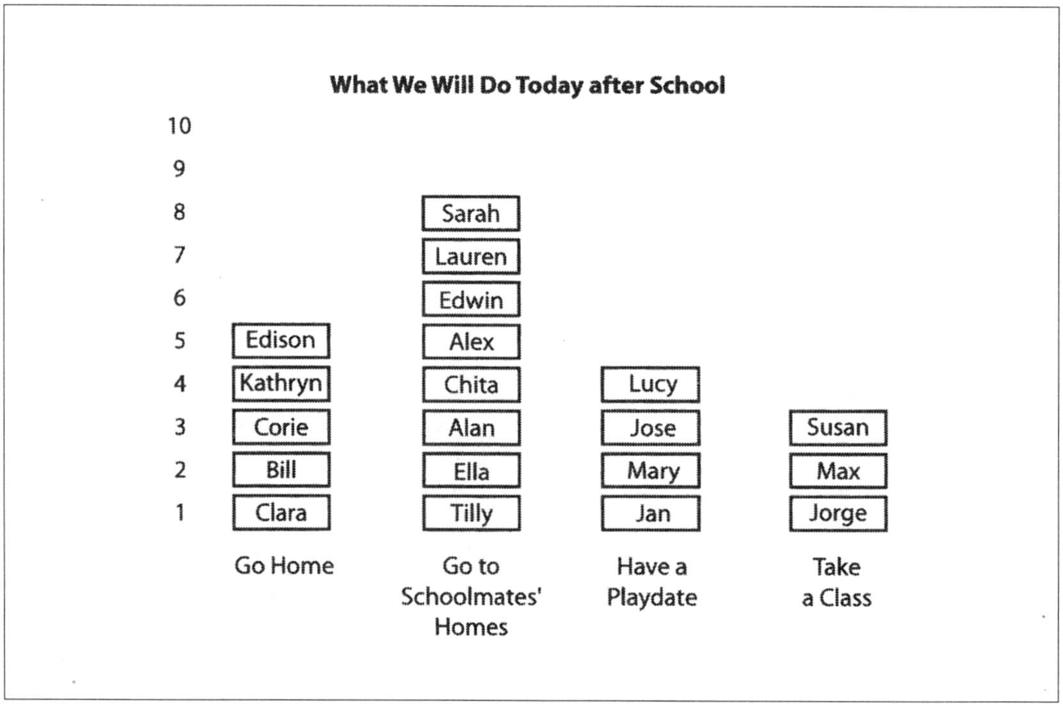

▶ **그림 4-3**
이 막대그래프는 아이들의 이름을 방과후 활동의 범주에 따라 분류해서 만든 것이다.

주제 선택하기

주제를 선택할 때 교사는 민감해야 한다. 각 가정이 12월에 축하하는 행사 날짜에 관한 그래프는 한 학급 내의 다양성을 파악할 수 있는 한 가지 방법이다. 한편, 이 같은 주제는 어떤 아이에게 소외된 기분이 들도록 할 수 있다. 그래서 교사가 그래프에 대한 주제를 선택하기 전에, 교사는 이러한 이슈들에 대해서 충분히 생각해야 한다. 일반적으로, 아이들은 자기 자신에 대한 정보 그리고 자신들이 좋아하는 음식, 색깔, 애완동물 등을 공유하기를 좋아한다.

가정으로부터 자료 수집

교사는 아이들에게 숙제로 가정에서 자료를 수집하도록 요구함으로써 가정과 학교를 연결시킬 수 있다. 이 과제를 통해서 학부모들은 교사가 교실에서 하고 있는 것을 이해할 수 있다. 이것은 또한 아이들에게 출생지, 좋아하는 음식, 애완동물의 종류, 좋아하는 오락 등과 같은 폭 넓은 범위의 다양한 중립적인 주제들에 대한 자료를 수집할 수 있는 기회를 제공해 준다.

교실에서 자료 수집하기

일단 교사가 한 주제를 선택하고 아이들에게 자신들의 자료를 수집할 수 있는 기회를 주고 난 후, 교사는 각 아이가 자신의 정보를 그래프에 추가하는 방법에 대해 충분히 생각해야 한다. 교사가 학급구성원들이 현재 진행 중인 그래프에 자료를 추가하는 방법을 결정하면, 아이들이 자신의 차례를 기다리는 동안 계속해서 집중하도록 하는 방법을 교사는 찾아야 한다. 그래프 그 자체에 우선권을 두는 것은 아이들이 몰입한 채로 집중하도록 한다. 그래서, 그래프를 교실 바닥에 놓고 아이들을 그 주위로 모이도록 하는 것을 고려한다. 자료를 추가하는 과정을 빠르고 신속하게 한다. 그러면서도 다음과 같은 질문들을 해야 할 시점에서는 멈춘다.

> "지금까지 주목한 것이 있어요?"
>
> "지금까지 파란 눈을 가진 사람보다 갈색 눈을 가진 사람이 몇 사람 더 많은가요?"
>
> "우리 학급구성원의 절반이 그래프에 자료를 기록한 것을 참고했을 때, 여러분은 가장 인기 있는 아이스크림 맛은 무엇이라고 생각하나요?"

아이들이 이 과정에 초점을 두며 진행하는데 어려움을 겪으면, 특히 아이들 자신만의 고유한 자료가 추가된다면, 또는 담당하고 있는 아이들의 수가 너무 많다면, 그래프를 정리하는 대안적인 방법을 시도하는 것이 좋다. 아이들이 그래프의 주제에 대해서 논의할 때, 수업을 시작한다. 이 논의를 하는 동안 아이들은 자신들이 개인적으로 좋아하는 것들에 대해서 생각해 볼 수 있는 기회를 갖는다. 그리고 아이들은 자신들의 자료가 그래프 상에서 어떤 모양(X, 그림, 정육면체, 등)으로 표현될 수 있는지 안다. 그리고 나서 교사는 예를 들어 아이들이 다른 수학 게임을 하고 있는 동안 한 번에 소수의 아이들에게 물어서 그들의 자료를 그래프에 추가하는 방식으로 후에 자료를 수집할 수 있다.

학급 그래프 해석하기

그래프에 있는 자료를 해석할 가장 좋은 시기는 언제인가? 즉, 자료에 대한 것들에 대해 알아보는 시간으로 가장 좋은 시기는 언제이겠는가?[25] 아이들이 모든 자료들이 붙여진 그래프를 볼 수 있는 적절한 장소에 전시되고 난 후에, 교사는 이삼일 동안 이것을 가장 잘 할 수 있다. 아이들에게 가벼운 관찰을 통하여 이 그래프에 대해 알 수 있는 기회를 제공함으로써, 아이들은 이 자료에 익숙해지게 된다. 그 이후에 교사는 또한 며칠에 걸쳐서 이 자료에 대해서 적어도 10가지 이상의 것을 알아내는 것을 학급 목표로 설정하는 것도 좋다. 아이들에게 오늘 선생님이 아이들 중 이 그래프에서 알아 낸 것을 설명할 5명의 자원자를 호명할 것이고, 내일 5명의 아이들이 더 자신들의 제안을 발표할 수 있는 기회를 가질 것이라고 설명한다. 논의를 이런 방식으로 분할하는 것이 논의가 지루해지는 것을 막아준다. 아이들이 아이디어들을 찾는 것에 대해 생각해야 하기 때문에, 이것은 또한 아이들 사이에 참여를 이끌어낸다. 아이들이 이런 유형의 관찰/토론에 처음으로 참여한다면, 다음과 같은 질문을 해서 아이들이 집중하도록 도와준다.

"갈색 눈을 가진 사람의 수를 파란 색 눈을 가진 사람의 수와 비교하는 방법에 대해 무엇인가 말할 수 있는 사람 있어요?"

"여러분은 이 그래프의 어떤 것에 놀랐어요?"

"이 그래프 위에 자신들이 좋아하는 아이스크림 맛을 붙인 사람은 몇 명입니까?"

이런 가벼운 도움말들을 통해서 아이들은 자료를 분석할 때 어떤 종류의 관찰이 적절한 것인가를 알게 된다.

---

25) 이 진술로부터 고민해 볼 수 있는 것은 "우리 교실에서 흔히 이루어지고 있는 '모든 활동은 한 차시 내에 완성해야 한다'는 신념이다." 수업은 효과를 염두에 둘 때 이런 신념은 재고되어야 한다.

학생이 생성한 프로젝트

최종적으로, 교사는 아이들이 자료 수집의 모든 측면에 대한 더 많은 책임을 질 수 있는 기회를 갖기를 원할 것이다. 어떤 자료를 수집할 지를 결정하는 것(그러고 나서, 일단의 자료를 수집하고, 표현하고, 분석하는 것)은 아이들에게 책임을 갖도록 해 준다. 아이들은 실생활 자료로부터 필연적으로 발생하는 겹치는 범주들을 접하게 될 것이기 때문에, 정리·분류할 자료를 위한 자신만의 고유한 범주를 선택한 아이들은 유연하게 생각해야만 한다. 아이들이 더 많은 정보를 분석해야 할 때, 아이들이 자료를 범주화하고 자신들의 아이디어를 재조사하는 방법에 대해서 유연하게 사고하도록 조상하는 보듬 활동들을 소개해서 아이들을 도와준다.

시작하기: 사람 분류하기

그래프는 정보를 쉽게 구별할 수 있는 형식으로 양화해서 표현하도록 설계하기 때문에, 자료 수집은 거의 항상 정보를 분류하고 범주화를 포함한다. 그래서 아이들이 자료 수집 기능을 발달하도록 도와주는 일부 활동들은 일단의 자료의 속성들을 주목하고 분류하는 기회를 제공하는 활동을 포함해야 한다.

『*Mathematics Their Way*』(Baratta−Lorton, 1994)에서 설명되어 있는 것과 같은 사람 분류하기 게임들은 시작하기에는 안성맞춤이다. 사람 분류하기는 신발끈이 있는 신발을 신고 있는 사람 또는 긴 소매 옷을 입고 있는 사람과 같은 몇몇의 명확한 속성을 토대로 아이들을 묶는 것을 포함하고 있다. 아이들이 전에 경험해 본 분류 활동들을 토대로, 교사가 학급구성원들을 분류하는데 사용하는 속성이 얼마나 명료한지 결정한다. 처음 몇 차례에, 교사는 "오늘 우리는 우리들이 입고 있는 윗옷의 종류에 따라 우리 자신들을 분류할 거예요. 우리 중 단추가 있는 윗옷을 입고 있는 사람은 교실 앞으로 나올 것입니다. Kayla를 봅시다. Kayla는 선생님이 말한 규칙에 맞나요? 예, Kayla는 단추가 있는 윗옷을 입고 있어요. 그래서 Kayla는 앞으로 나오세요. Kayla 옆에 설 수 있다고 생각하는 사람은 손을 드세요."와 같은 말을 해서 매우 명확히 할 필요가 있다. 교사가 단추 집단에 서너 명의 아이들을 추가한 후, 아이들이 입은 윗옷에 단추가 **없는** 사람의 예를 찾아낸다. 이들 아이들에게 또 다른 장소에 서 있으라고 요청한다. 이때 교사는 전체 학급구성원들을 분류할 필요가 없다. 아이들이 교사가 사용하고 있는 규칙을 이해할 정도까지만 하면 충분하다.

교사가 대부분의 아이들이 한 가지 속성에 따라 분류하기 개념을 이해했다고 감지하였을 때, 교사는 학급구성원들이 교사가 학급구성원들을 분류하기 위해 사용하고 있는 규칙(말로 하지 않은 규칙)을 주의 깊은 관찰을 토대로 추측해 낼 수 있도록 하는 것이 좋다. 교사가 아이들이 이 수준의 추론을 할 수 있을 것이라고 느낄 때, 선생님은 아이들이 "선생님의 마음을 읽어내야 하는" 게임을 할 것이라고 설명한다. 운동복을 입고 있는 사람과 같은 쉽게 알아 낼 수 있는 속성을 선택한다.

교사가 아이들이 서 있도록 요청한 장소를 토대로 학급구성원들은 선생님의 "신비한 규칙"을 찾아내는 과제를 가졌다고 설명해 준다. 선생님은 모든 아이들이 생각할 시간을 충분히 갖기를 원하기 때문에 교사가 아이들에게 자신들의 생각을 말할 것을 요청할 때까지는 그 누구도 자신들의 생각을 말해서는 안 된다고 설명하면서, 이것이 침묵 게임이 되도록 한다. 교사의 규칙에 맞는 몇 명의 아이들을 교실 앞 쪽으로 나오게 한 후, 침묵 자원자들을 불러내서 교사의 규칙에 적합할 만한 다른 아이들을 지적하도록 한다.

교사가 교실 앞에 있는 집단에 합류할 사람에 대한 최종 판단을 할 것이라는 점을 명확히 해 둔다. "선생님의 규칙에 맞지 않는 사람이 선택되었다면, 우리는 그 사람을 살펴봄으로서 귀중한 정보를 가질 수 있어요. 그래서 우리는 선생님의 규칙에 적합하지 않은 사람들을 위한 별도의 장소를 둘 거예요." 다시 한 번 더, 몇 명의 자원자들이 자신들의 제안을 할 때까지 침묵 규칙을 부과한다.

교사가 많은 아이들이 교사의 규칙을 알아내었다고 느꼈을 때, 아이들에게 이 규칙이 무엇일 수 있는지를 교대로 말하도록 한다. 아이들에게 자신들의 추론을 설명하도록 격려하고, 그리고 다음과 같은 질문을 한다.

"우리가 처음에 시작했을 때 선생님의 규칙에 대한 아이디어를 얻은 사람 있어요? 그리고 친구들이 이 집단에 추가됨에 따라 그 아이디어는 어떻게 변했나요?"

"무엇이 선생님의 규칙을 확신하도록 했나요?"

교사가 이 게임을 실시할 때마다, 교사의 규칙을 맞힌 아이와 맞히지 못한 아이의 수를 기록한다. 이 기회를 이용해서 자료를 기록하는 다양한 방법이 있음을 보여 준다. 예를 들어, 교사는 한 번은 수를 이용하고, 다른 때는 5씩 빗금표시를 이용한다. 또 다른 때는 어떤 식으로든 이 주제와 관련된 간단한 그림을 이용한다(그림 4－4 참고).

일단 아이들이 이 게임을 이해하고 나면, 교사는 자원자들에게 교사의 역할을 넘길 수 있다. 아이들이 이 규칙을 결정짓는 속성이 쉽게 알 수 있어야 하는 것이어야 한다는 점을 이해하고 있음을 확인하기 위해서, 모둠으로 또는 개인적으로 가능한 주제에 대해서 브레인스토밍 한다(예를 들어, 애완동물로 개를 가지고 있는 사람은 이 게임을 위해 좋은 신비한 규칙이 될 수 없다).

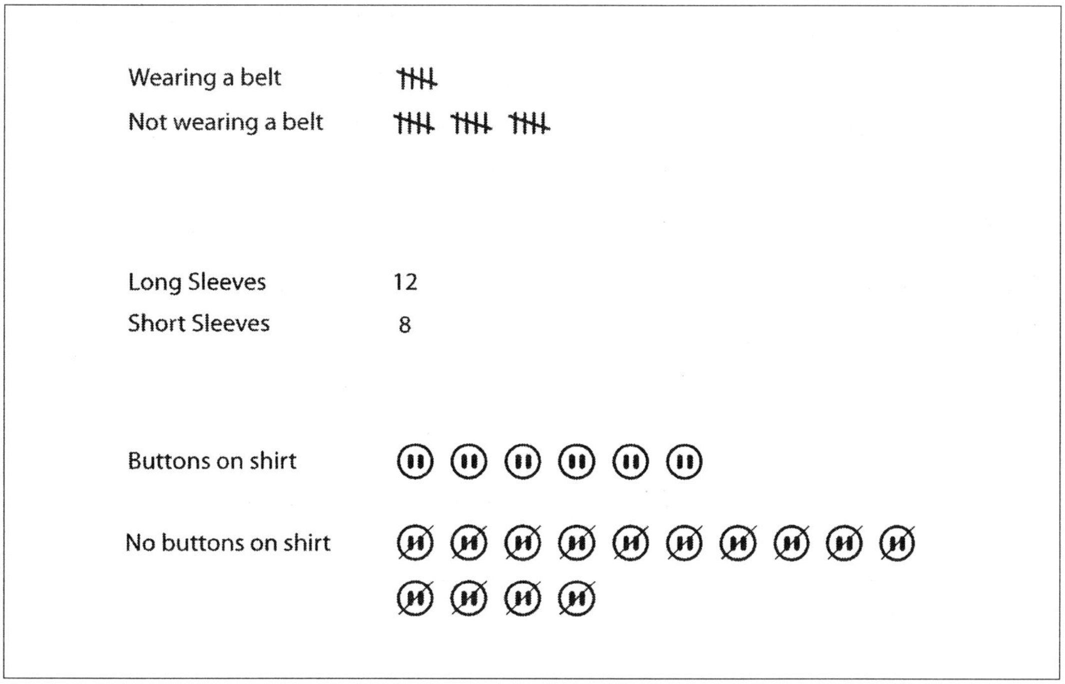

그림 4-4
아이들이 자료를 수집하는데 사용할 수 있는 계수표시의 3가지 예

자화상과 자료 수집

이제 교사는 아이들이 그들 자신만의 자료 수집 프로젝트를 실행하기 시작하도록 해도 좋다. 효과를 볼 수 있는 한 가지 접근은 아이들이 관찰 가능한 자료를 수집하도록 하는 것이다. 아이들 각자가 새로운 자화상을 그리도록 한다. 교사는 이번에 교실 주변에 아이들이 그린 자화상들을 전시해서 다른 사람들이 자신의 자화상을 주의 깊게 관찰할 수 있도록 할 것이라는 점을 미리 알도록 한다. 이 활동을 준비하기 위해서, 교사가 손으로 그린 한두 점의 자화상 또는 작가들이 그린 자화상을 준비한다. 아이들에게 이것들 중 하나에서 주목한 것에 대해 설명할 것을 요청한다. 아이들이 시작하는데 도움을 필요로 한다면, 아래의 질문들을 이용하거나 여러분이 만들어 낸 질문을 이용한다.

"어떤 색에 주목했어요?"

"이 작가는 어떤 흥미로운 모양 또는 선을 사용했나요?"

"이 자화상은 오래 전에 또는 매우 최근에 만들어진 것이라고 생각해요? 왜 그렇게 생각했어요?"

"이 자화상 속에 있는 사람에 대해서 무엇을 알 수 있어요?"

아이들이 그들 자신의 자화상을 그리기 전에, 자신들의 외형적인 모습뿐만 아니라 공을 들고 있는 것처럼 자신들의 흥미를 보여 줄 수 있는 세세한 점들까지 추가하도록 아이들을 격려한다. 모든 아이들이 자신의 자화상을 완성하였을 때, 아이들이 이것들을 세세한 점까지 관찰할 수 있는 높이의 교실 주변에 이것들을 붙인다. 한 두 명의 아이들로부터 자신들의 자화상을 사용해서 다른 아이들과 함께 관찰할 수 있도록 허락을 얻는다. 이번에도 작가의 그림에 사용했던 같은 질문들 중 몇 가지 질문을 한다. 아이들의 자화상들 중의 한 자화상이 지닌 몇 가지 속성을 지적하는 것으로 이 논의를 마친다.

"선생님은 우리 학급에 있는 아이들 중 몇 명이 빨간 눈을 가지고 있는지 궁금해요."

"선생님은 우리 학급에 있는 아이들 중 몇 명이 자화상에 공을 넣었는지 궁금해요."

"선생님은 우리 학급에 있는 아이들 중 몇 명이 교실에 있는 자신의 모습을 그렸는지 궁금해요."

각 사람이 다음 과제를 해야만 한다는 것을 설명해 준다.

- 친구들이 그린 자화상과 관련해서 궁금한 것들에 대한 짧은 목록을 작성한다.
- 이 궁금한 것들 중 하나를 선택해서 자료를 수집한다(모든 자화상을 관찰하고 자화상들 중 몇 개가 자신이 선택한 속성을 가지고 있는지 알아낸다).
- 몇 개의 자화상이 자신이 선택한 속성을 가지고 있는지를 기록할 방법을 결정한다.

그러고 나서, 아이들이 다음의 것을 할 수 있도록 시간을 정해 준다.

- 아이들이 그린 자화상을 각각을 관찰하고 자료를 수집한다.
- 백지 위에 그림을 그리는 방식으로 이 자료에 대한 이야기를 표현해서 자신이 선택한 속성의 자료에 대한 이야기를 한다. 교사는 아이들이 빗금표시, 그림, 수, 또는 어떤 다른 형태의 표현을 사용해서 자화상들 중의 몇 개가 자신이 선택한 속성을 가지고 있거나 있지 않은지를 표현할 수 있다는 것을 아이들에게 상기시킨다.

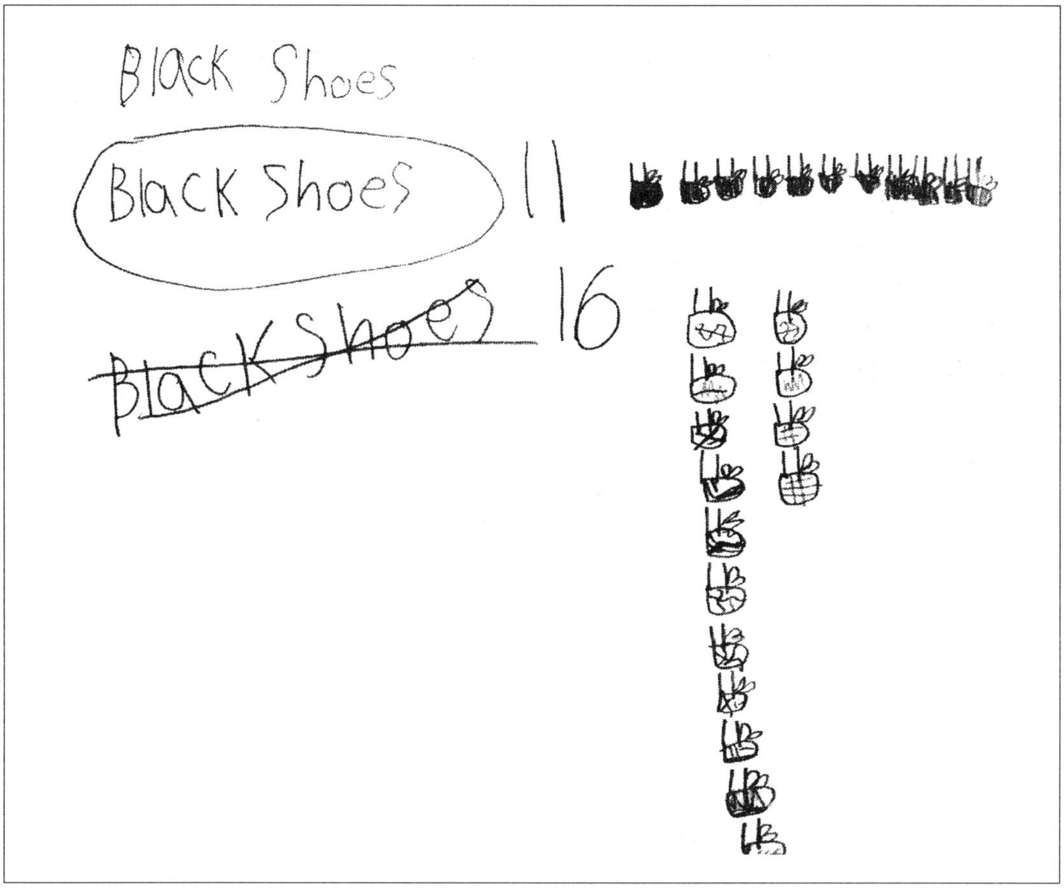

그림 4-5
Edison은 몇 개의 자화상이 검은 신발을 가지고 있는지 알아보았다.

그림 4-6
Jan은 Edison의 짝이다. Jan은 같은 자료를 수집했지만, 이것을 그녀 자신만의 고유한 방법으로 표현했다.

이러한 과제를 하는 동안 철저하게 작업해야 한다는 것이 의미하는 바에 관해서 간단히 논의한 후, 아이들에게 모든 사화상을 검사하고 사신들이 선택한 속성에 관한 사료를 수집할 수 있는 시간을 준다. 아이들이 마쳤을 때, 아이들은 자신들의 자리로 돌아가서 이 자료를 표현하기 시작해야 한다(그림 4-5, 그림 4-6, 그림 4-7 참고). 궤간순회 하면서 아이들이 사려 깊은 작업을 하도록 격려하기 위해서 다음과 같은 질문들을 한다.

> "네가 찾고 있는 속성이 무엇인지 표시해 두었어요?"
>
> "다른 사람이 네가 선택한 속성을 얼마나 많은 친구들이 가지고 있는지 그리고 가지고 있지 않은지를 알 수 있을까요?"
>
> "너의 작업이 눈길을 끌도록 하는 방법을 찾았어요? 그래서 누군가가 너의 작업에 흥미를 끌 수 있게 말이에요."

그림 4-7
Alex는 빗금표시를 이용해서 몇 사람이 회색 옷을 입고 있는지를 보여주었다.

아이들의 첫 번째 시도들이 이들 많은 세세한 점들을 놓치고 있다고 하더라도 놀라지 말기 바란다. 그러나 아이들의 작업이 좀 더 완벽해 지도록 하기 위해서 교사는 아이들의 막혀있는 부분을 부드럽게 쿡찔러 주는 발문을 주저없이 해야 한다.

자료 수집 기간이 끝났을 때, 교사는 아이들이 자신들이 발견한 것을 학급구성원들에게 발표하도록 할 것인지를 결정한다. 발표하도록 할 것이면, 아이들에게 자신들이 계획한 것을 말해 볼 수 있는 연습시간을 준다. 아이들의 주의집중 정도를 고려해 가면서 발표를 한꺼번에 하지 않도록 한다.

면담을 통해 자료 수집하기

아이들은 또한 한 주제를 선택하고, 서로를 면담을 실시해서 자료를 수집하고, 그리고 이 자료를 표현할 수 있다. 이때, 아이들은 서로서로 이야기를 나눌 것이기 때문에, 아이들은 관찰 가능한 속성에 제한할 필요가 없다. 이 방법을 사용하기 위해서, 아이들은 먼저 피면담자들로부터 두 가지 흥미로운 아이디어들 중 하나를 선택하도록 하는 질문을 고안한다. 그러고 나서, 아이들은 각 학급구성원들을 면담하고, 각 친구의 답을 기록할 방법을 찾고, 그리고 마지막으로 흥미로운 방법으로 이 자료를 표현한다. 최종적으로, 교사는 아이들에게 자신들이 발견한 것을 학급구성원들에게 발표하도록 요청하는 것이 좋다.

가능한 주제들의 예는 다음과 같다.

> "유명인이 되고 싶어요? 아니면 장수(長壽)하고 싶어요?"
>
> "과학분야 중 해양 포유류를 공부하고 싶어요? 아니면 삼림 거주민을 공부하고 싶어요?"
>
> "학교에서 제공하는 점심을 먹고 싶어요? 아니면 집에서 가져온 도시락을 먹고 싶어요?"

교사는 이 활동을 다음과 같은 일정으로 진행하는 것이 좋다.

- 첫째 날 : 이 프로젝트를 소개하고 아이들에게 자신들의 질문을 고안하도록 한다.
- 둘째 날 : 아이들이 서로를 면담한다. 목적의식이 있는 방식으로 이 과정을 실행하기 위한 기본 규칙을 설정한다.
- 셋째 날 : 아이들에게 그림이나 글로 이 자료를 표현하고 이 자료에 대한 이야기를 할 시간을 준다.
- 넷째 날 : 아이들에게 자신들이 발견한 것들을 학급구성원들과 공유하도록 한다. 합리적인 시간 동안 경청한다. 필요하다면 한 차시 이상을 한다. (그림 4-8 참고)

그림 4-8
Carlos는 조수웅덩이의 생명체라는 과학 시간의 한 단원을 공부 할 때 자신의 학급친구들을 면담했다. 그는 "소라게 또는 홍합?"이라고 물었다.

"엉망인" 자료와 활동하기

실생활에서, 자료는 종종 엉망이다. 범주는 겹쳐있고, 이 자료들을 조직하는 방법이 항상 명료한 것은 아니다. 이 점을 설명하기 위해서, 아이들에게 약 8cm×12cm 크기의 종이(이하 카드)에 자신들이 좋아하는 음식을 적으라고 요청한다. 아이들에게 자기 자신이 개인적으로 좋아하는 음식으로 선택한 것에 대해 설명할 수 있는 기회를 주고, 이 카드들을 한 묶음으로 모은다. 학급구성원들을 원형으로 앉히고, 어떤 카드들이 함께 있을 수 있는지 결정하도록 하면서 이 카드들을 살펴보도록 한다. 학급구성원들은 처음에는 아이스크림은 우유와 같은 범주에 가야 한다고 생각할 수 있다. 왜냐하면, 이 두 가지 모두 유제품이기 때문이다. 하지만, 다음에 애플파이 카드가 나왔다고 가정해 보자. 아마도 이 애플파이와 아이스크림은 같은 범주에 가야 한다. 왜냐하면, 이 둘은 모두 후식이고 우유는 다른 음료들과 함께 다른 범주에 속해야 하기 때문이다. 이 활동을 통해서 교사는 더 많은 자료들이 생겨나면 새로운 범주들을 형성하기 위해서 자료를 재조사하는 것이 중요함을 이야기 할 수 있는 기회를 가질 수 있다. 이것을 통해서 교사는 또한 자료를 조직하는 단 한 가지 "옳은" 방법이 존재하지 않는다는 것을 지적할 수 있다.

이 토론 후에, 2인 1조로 아이들을 모둠을 만들어 학급구성원들이 수집해 놓은 또 다른 일단의 자료를 조직하고 표현하도록 한다. 이 자료는 아이들 자신에 관한 것일 수도 있고, 학급이 공부하고 있는 과학 주제와 관련될 수도 있다. 예를 들어, 교사가 '추수감사절 놀이 활동 중 좋아하는 것은 무엇입니까?'라고 제안한다고 가정해 보자. 각 아이에게 큰 접착종이(포스트잇)을 제공하고, 이 종이 위에 아이들이 좋아하는 활동을 나타내기 위해 몇 자 적거나 간단한 그림을 그리도록 한다. 또는 교사가 동물의 서식지를 공부하는 중이라면, 교사는 각 아이에게 한 동물의 서식지에 대한 간단한 설명을 적으라고 요청할 수 있다. 이 경우, 아이들은 접착종이 위에 간단한 그림을 그려서 이 정보를 표현함 수 있다.

일단 교사가 각 아이로부터 아이들이 선택한 주제에 대한 자료를 수집하고 나면, 이 접착종이들을 여러 장의 A4 종이 위에 정렬하고 이것들의 복사본을 만든다. 그래서 모든 2인 1 모둠이 전체 자료를 가지도록 한다(그림 4−9 참고).

▲ **그림 4−9** 9명의 아이들로부터 얻은 추수감사절 놀이 활동에 관한 자료

아이들이 복사지로부터 각 자료를 잘라내도록 하고 난 후, 자신들의 짝과 함께 이 정보를 분류하는 방법을 결정한다. 이 활동의 이 단계에서, 종이클립을 제공해서 아이들이 범주별로 조직한 묶음들을 묶음별로 보관할 수 있도록 한다. 또한, 이 차시의 마지막 부분에서 이 묶음들을 담아 둘 수 있는 봉투를 제공한다.

다음 과제는 이 자료를 표현하는 방법을 결정하는 것이다. 교사는 각 아이에게 자기 자신만의 표현을 하도록 요청하거나 2인 1 모둠별로 한 가지 표현을 만들어 내기 위해서 함께 작업을 하도록 요청하는 것이 좋다. 그림 4-10과 그림 4-11은 아이들이 작업한 결과물의 예이다.

그림 4-10
Ella와 Alan은 11개의 서로 다른 범주를 만들어 냈고 각 범주에 대한 양을 나타내기 위해서 자신들의 자료를 체크 부호로 표현했다.

그림 4-11
Kelly는 같은 자료를 이용해서 8개의 범주를 찾아냈다. Kelly의 표현은 Kelly가 누구의 자료를 각 범주에 넣었는지를 알아보기 쉽게 해 주고 기호뿐만 아니라 수도 포함시켰다.

아이들은 시작하기 위해서 몇 가지 모델을 가지는 것이 도움이 된다는 것을 안다. 그러니 이것들을 나타내는데 도움이 될 수 있는 몇 가지 아이디어를 약기하거나 여기에 제공되어 있는 아이들의 예들을 OHP로 보여주어도 된다.26) 아이들의 작업이 눈길을 끌어야 하고 명료해야 한다는 점을 아이들에게 상기시킨다.

일단 아이들이 자신들의 표현들을 완성하고 나면, 교사는 토론시간을 진행하기 전에 자신들의 작업에 관해서 학급구성원들에게 이야기하고 싶은 것에 대해서 생각하도록 아이들을 격려한다. 전체학급토론시간을 통해서 모든 아이들은 서로 다른 사람들이 동일한 자료를 가지고 조직하고 표현할 수 있는 많은 서로 다른 방법들이 있다는 것을 알 수 있다.

26) 일반적으로, 아이들은 교사가 시범보인 모델을 답습하는 경향이 있다. 하지만, 이 교사는 늘 아이들에게 자기만의 고유한 방법을 그리고 아이디어를 찾아 낼 것을 강조해 오고 있었음을 주목할 필요가 있다. 이런 일상화된 교수·학습 행위가 없는 상황에서 이 말을 아이들에게 하는 것은 의도하지 못한 부정적인 결과를 초래할 수 있음을 잊어서는 안 될 것이다.

벤다이어그램

교사가 9월에 이름 분류하기 게임을 했다면, 아이들은 벤다이어그램에 어느 정도 친숙해 있을 것이다. 이제 읽기 상황에서 벤다이어그램을 사용할 것을 고려한다. 두 주요 등장인물 각각을 주의 깊게 관찰할 것을 강조하는 Arnold Lobel이 지은 『*Frog and Toad*』[27]를 몇 차례 읽어 준다. 아이들이 이들 등장인물에 알고 있을 때, 한 원은 Frog라고 이름 붙이고 다른 한 원은 Toad라고 이름 붙인 두 원으로 된 벤다이어그램을 학급구성원들이 함께 채워 넣게 한다.

아이들에게 이 두 등장인물이 어떻게 서로서로 다른지를 알아내도록 요청한다. Frog에 대한 모든 진술에 대해, Toad가 Frog와는 다르게 행동하는 방법을 설명해 주는 Toad의 예를 찾아내도록 한다. 예를 들어, 누군가가 Frog는 모험을 좋아한다고 말한다면, 교사는 Toad에 대해서는 무엇이라고 쓰면 좋겠는지를 묻는다. 누군가가 아마도 Toad는 침대에 머물러 있기를 좋아한다고 말할 것이다. 교사가 등장인물들의 차이점들에게 대한 여러 예를 말한 후, 두 등장인물 모두에게 참인 아이디어들로 두 원의 공통부분을 채우도록 한다. 그림 4-12는 완성된 벤다이어그램이다.

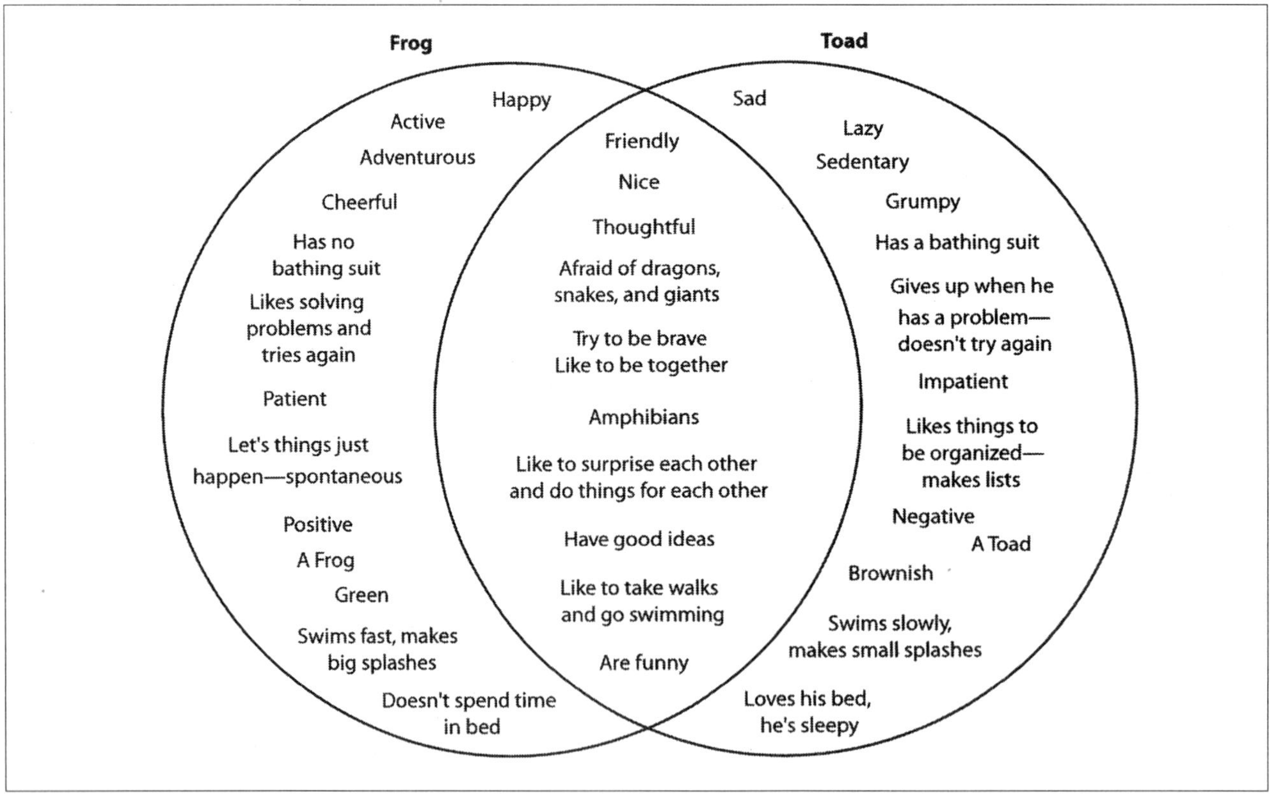

▲ **그림 4-12** Frog와 Toad 벤다이어그램

27) 이 책은 "개구리와 두꺼비는 친구(엄혜숙 역, 비룡소)"로 번역되어 있다.

자료 수집

2학년 학생들과 함께 작업을 하면서 내가 선호하는 자료 수집 활동은 아이들이 적은 양의 물건들을 가지고 물에 가라앉는지 또는 물에 뜨는지를 알아보는 실험을 하는 것이다. (그림 4-13, 그림 4-14, 그림 4-15 참고) 『*Does it Walk, Crawl, or Swim?*』(Russell et al. 1977)에서 이 프로젝트와 범주 자료를 포함하는 많은 다른 것들을 볼 수 있다.

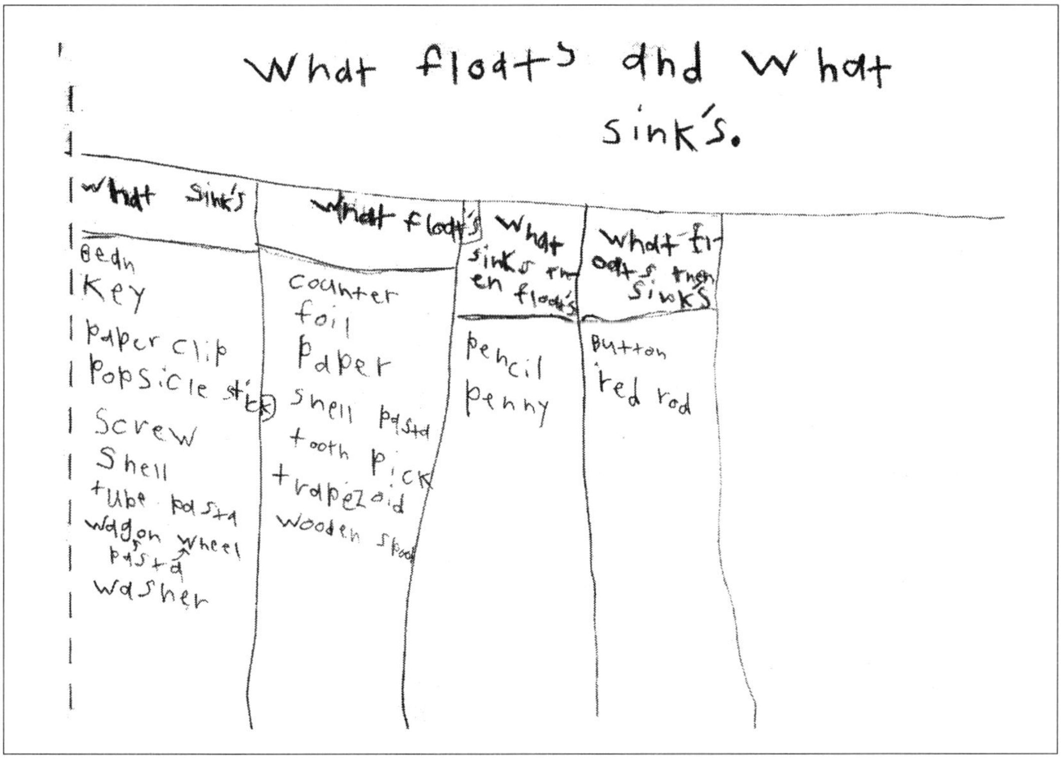

그림 4-13
Bill은 4개의 가라앉음/뜸 범주를 만들었다.

▶
그림 4-14
Clara는 벤다이어그램을 이용해서 자신의 결과를 나타냈다.

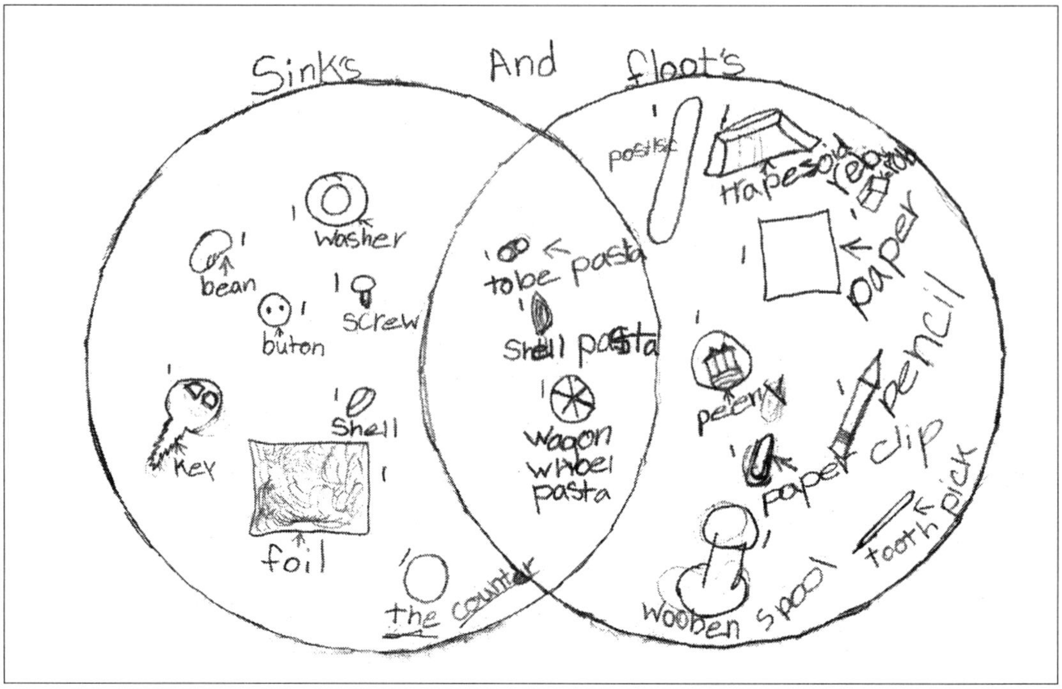

▶
그림 4-15
Tilly는 욕조에 있는 물건들의 그림을 그렸고 세심하게 각 물건들에 이름을 붙였다.

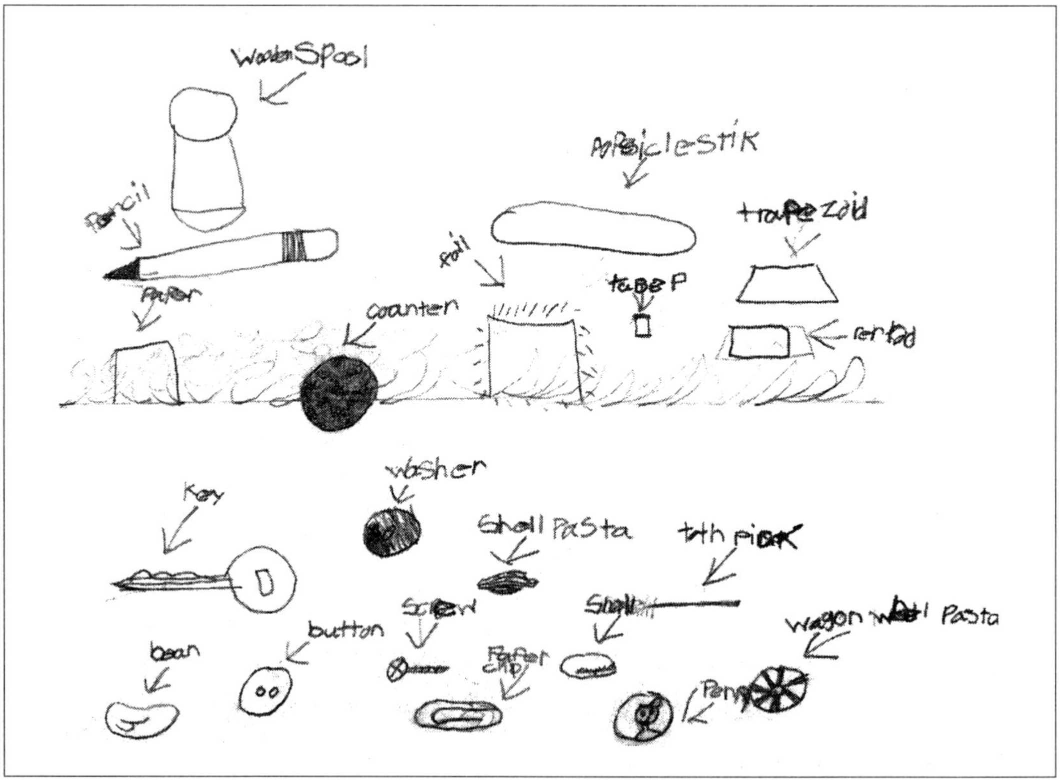

제 5 장

1월

기 하

이제 공간과 기하에 대해 알아 볼 때다. 실생활에서 사람들이 수학을 할 때 그 중 많은 부분은 공간과 관련되어 있다. 건설업의 전문가들은 끊임없이 수에 대한 지식을 모양과 각에 적용한다. 또한, 집주인이 욕실을 꾸미려고 필요한 벽지의 양을 계산할 때도 그렇고 조부모가 태어날 손주에게 이불을 만들어 주고자 할 때도 그렇다.

기하는 몇몇 아이들에게는 수학의 세계로 들어가는 문을 열어줄 수 있다. 실제로 특별히 수에 익숙하지 않은 아이가 모양에 대해 상당한 이해를 가지고 있음을 보여줄 수도 있다. 기하 활동은 특히 이러한 아이들을 발전시키는 기회를 제공한다.

학습 환경

아이들은 일상생활을 통해 얻은 모양에 관한 경험을 가진 채로 학교에 온다. 아이들은 여러 모양의 도형으로 구성된 장난감을 가지고 놀았고 사과 하나를 반으로 잘라서 친구와 함께 나누어 가지기도 하였다. 교실에서 교사는 이들 경험을 토대로 수업을 진행할 수 있다. 즉, 재미있으면서도 흥미로운 방식으로 학교수학을 공간과 도형으로 연결시킬 수 있다.

도형을 지도하면서, 교사의 역할은 아이들이 다음을 할 수 있도록 돕는 것이다.

- 속성에 따라 모양을 확인하고 분류하는 활동을 통하여 기하 용어에 좀 더 친근하게 된다.
- 도형을 여러 가지 모양으로 분리하거나 구성하는 활동들을 통해서 시각적 기능과 공간적 기능을 발전시키게 된다.

오늘날의 표준 지향적 세계에서 조차, 초등학교 학생이 배우는 기하는 수에 관한 것보다는 덜 엄격하게 정의된다. 그래서 교사는 자신과 담당하는 아이들에게 가장 큰 효과를 가져 올 방법들로 좀 더 자유롭게 실험을 해 볼 수 있다. 교사는 독립적인 활동들로 이루어진 수업자료들 사이에 균형을 유지하는 방법을 배울 수 있고 학생들의 반응에 따라 교수법적 선택을 하는 방법을 배울 수 있다.

아래 제시된 몇 가지 수업자료들은 예시로 제공하기 위해 자세하게 설명되어 있다. 나머지들은 좀 더 간단하게 설명해 두었다. 따라서, 교사들은 학생들에게 이 활동들을 소개하는 방법을 결정할 수 있다. 추가적인 아이디어들을 참고하기를 원하는 교사를 위해서 이 장의 끝부분에 관련된 자료들의 목록을 제시하였다.

오늘의 수와 달력 만들기

도형에 초점을 둔 수업을 진행하는 이 기간 동안, 교실에 수가 살아 있도록 하는 훌륭한 방법인 **오늘의 수**(2장 참조)를 지속적으로 한다. 교사가 이 일과활동을 활용하고 있지 않았다면, 지금이 이것을 시작하기에 좋은 타이밍이 될 수 있다. 매일 수식의 결과에 대한 목표 수로 등교일 수를 사용한다.

평소, 교사는 아이들에게 특정 규칙을 따라 하라고 강요하지 않으면서 아이들 스스로 수식을 작성하도록 하는 것이 좋다. 하지만 몇몇의 날짜(등교일 수)에는 몇 가지 제한을 주는 것도 좋다. 예를 들어, 10에 관한 조합을 복습하기를 원한다면, 그 날의 규칙을 만든다. (예를 들어,

9+1+8+2+5+5+4=34.) 이것은 5의 배수들로 구성된 수식(15+20+10+5−15=35)을 요구하기에 좋은 시간이 될 것이다. 또는 같은 두 수의 합으로 날(10+10+5+5+3+3=36)을 구할 수 있다. 되도록 이면 한 수식과 다음 수식 사이의 관계를 보여준다. 예를 들어, 마지막 수식은 5+5+5+5+5+5+3+3=36으로 더 분해될 수 있다. 이런 식으로, 아이들은 수들 사이의 관계에 대해서 계속 생각할 수 있다.

또한, 아이들이 새해 1월 달력을 만들 수 있는 시간을 설정해 둔다.

수학

교사는 **4개의 삼각형 문제**와 같은 입문 단계의 탐구 활동으로 시작하는 것이 좋다. 이 활동은 색도화지에서 오려낸 도형들(삼각형), 가위, 그리고 풀 외에는 다른 준비물이 거의 필요 없다. 이 활동은 아이들에게 몇 가지 기하 용어를 **소개하고** 공간 문제해결에 대한 많은 기회를 제공한다.

첫째 날

4개의 삼각형 문제

준비물

- 색도화지(3×3인치의 정사각형 모양: 이하 색도화지). 1인당 색깔별로 5~6장 정도(대조적인 두 가지 색 포함)
- A4 크기의 종이 또는 이 크기로 오려낸 지난 신문지. 1인당 5~6장 정도
- 작고 투명한 가방
- 개인 가위
- 풀
- **기하 용어**라고 적힌 전지 1장(또는 칠판)과 펜
- A2 크기의 깨끗한 용지 7장(이하 A2 용지)
- 삼각형, 정사각형, 직사각형, 평행사변형, 사다리꼴, 오각형, 육각형이라고 적어 둔 라벨
- 모양들을 분류하기 위한 교실의 한 장소
- 조직화된 방법으로 모양을 전시할 벽

교수 · 학습 지침

준비 단계로 이들 단계들을 사용한다.

1. 각 책상 위에 색도화지와 A2 용지를 놓는다.
2. 오늘 수업은 모양에 대한 수학 공부인 기하를 탐구할 것이라고 설명해 준다.
3. 색도화지 한 장을 들어서 이 모양의 이름을 아는 아이가 있는지 물어본다. 아이들에게 이 모양을 설명할 자원자를 요청하면서 정사각형의 성질에 대해 논의하는 시간을 갖는다. 아이들은 이 색도화지의 색깔, 변의 수, 네 변이 모두 같은 길이라는 사실과 꼭짓점의 수에 대해 말할 것이다.
4. **기하 용어 목록집**에, **정사각형**, **변**, **꼭짓점**, 또는 학생들이 말한 적절한 용어들을 적는다. 교사는 **각**이라는 단어도 추가하고 그것이 꼭짓점을 설명하는데 사용되는 수학 용어임을 이야기해도 좋다.
5. 색도화지 하나를 들어 꼭짓점과 꼭짓점이 만나게 해서 대각선 방향으로 접는 방법을 시범 보인다. 색도화지를 다시 펴서, 접혀진 부분을 대각선이라는 용어를 사용하여 설명한 후, 그것을 따라 자른다. 교사가 만든 새로운 모양이 무엇인지 아이들에게 알아맞히도록 한다. 교사가 만든 삼각형의 성질에 대해 논의하는 시간을 갖는다. **기하 용어 목록집**에 **대각선**과 **삼각형**을 기록한다.
6. 아이들에게 자신들의 색도화지 중 하나를 들라고 말한 후, 대각선으로 접고 접은 선을 따라 잘라서 삼각형 2개를 만들라고 한다. 그러고 나서, 다시 자른 2개의 삼각형으로 정사각형을 만들어 보도록 한다.
7. "2개의 삼각형을 이용해서 만들 수 있는 모양을 많이 찾아봐요. 단, 다음의 규칙을 따라야 합니다. 삼각형을 놓을 때, 변들끼리 처음부터 끝까지 꼭 맞닿아야 합니다."라고 말하면서, 새로운 문제를 제시한다. 교사는 이 규칙에 맞는 예와 그렇지 않은 예를 보여 주어도 좋다. (아래 참조)

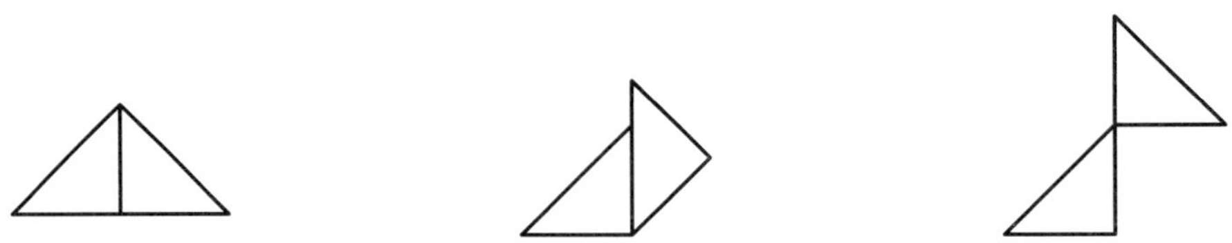

이 배열은 선생님 준 규칙에 맞는다.

이것들은 맞지 않는다.

8. "규칙에 맞는 새로운 배열들을 만들면 그것을 A2 용지에 풀로 붙이세요."라고 말해 준다. 각각의 삼각형의 가장자리가 맞닿도록 풀을 묻혀 A2 용지에 붙이는 방법을 시범 보여 준다.

9. "각자가 만든 첫 번째 새로운 모양을 풀로 붙이세요. 그 후에 또 각자가 다른 새로운 모양을 만들 수 있는지를 알아보기 위해서 다른 색도화지를 대각선으로 접어서 자르세요. 선생님이 제시한 규칙을 준수하면서 얼마나 많은 서로 다른 모양을 만들 수 있는지 알아보세요."라고 말한다.
10. 아이들이 활동을 하는 동안 궤간순회하고, 새로운 모양을 찾을 수 있도록 격려해 준다. 모든 학생이 적어도 하나 이상의 모양을 만들어 붙였을 때, 주의를 집중시킨다.
11. 자원자를 요청해서 앞에 나와 만든 모양을 붙이도록 한다. (만든 새로운 모양은 삼각형과 평행사변형이다.) 같은 모양을 만든 학생은 손을 들게 하여 같은 모양을 만들었음을 나타내도록 한다. 새로운 모양의 이름을 정하는 시간을 갖고, 모든 아이들이 큰 소리로 따라 말하게 한 후에 **평행사변형**을 **기하 용어 목록집**에 추가한다.

이제 더 큰 탐구 활동을 소개한다. 이것은 나머지 수학 수업시간에 하는 것으로 적어도 한 시간 이상이 더 필요할 것이다. 앞으로 여러 주에 걸쳐서, 이 탐구 활동은 개별적인 활동으로 아이들이 흥미 있어 하는 한 오랫동안 활용될 수 있다.

교수 · 학습 지침

1. "우리는 2개의 삼각형을 가지고 새로운 모양을 만들어 봤어요. 이제는 4개의 삼각형을 가지고 만들 수 있는 모양에 대해 살펴볼 것이에요. 2인 1 모둠으로 모둠을 만들고 각자 색도화지를 하나씩 대각선 방향으로 접은 후, 자릅니다. 짝꿍이 빨간 색도화지를 가진다면 자신은 노란 색도화지를 가집니다. 둘이 함께, 삼각형 4개를 모두 합해서 만들 수 있는 새로운 모양을 살펴볼 것입니다. 여러분은 여전히 같은 길이의 변은 맞닿아야 한다는 규칙을 지켜야 합니다."라고 설명한다. 4개의 삼각형으로 모양을 만들고 풀로 붙이면서 예를 들어 설명해 준다. (아래 참조)

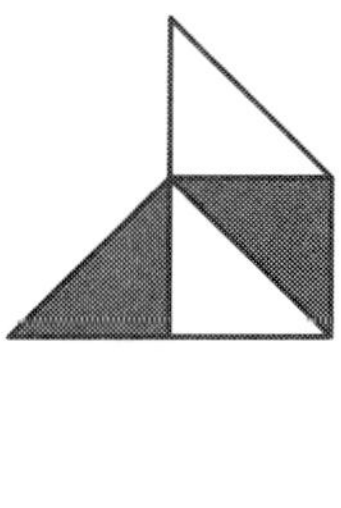

2. "이번에는 4개의 삼각형을 이용해서 하나의 새로운 모양을 만들고 A2 용지에 붙이세요. 그러고 나서, A2 용지의 나머지 부분을 잘라내세요."라고 말한다. 4개의 삼각형으로 만들어진 모양을 따라 잘라내어 이 단계를 시범 보여 준다.
3. 이 프로젝트에 흥미를 갖게 하기 위해서, "4개의 삼각형을 가지고 만들 수 있는 모양이 모두 몇 개인지 예상해 볼 사람 있어요?"라고 질문한다. 교사는 자원자들을 호명하여 자신들의 언어로 이 활동의 규칙과 절차를 반복해서 말하도록 함으로써 교사가 기대하고 있는 것을 검토할 시간을 갖는 것이 좋다. 검사지 형식의 질문("이 모양을 뭐라고 부릅니까?")은 피하도록 노력한다. 대신에 반성을 격려하는 방식으로 질문을 해 준다. 예를 들면 다음과 같은 질문들을 한다.

"새로운 모양을 만들 때 지켜야만 하는 맞닿는 변들에 대한 규칙을 설명해 볼 사람 있어요?"
"이 과제를 완벽하게 수행하기 위해 명심해야 할 것은 무엇이 있나요?"
"정사각형의 모서리와 모서리를 가로질러 접은 것을 무엇이라고 부르는지 기억하나요?"
"(평행사변형을 가리키면서) 이 모양의 이름을 기억하는 사람 있어요?"

4. 학생들이 4개의 삼각형으로 모양을 만드는 동안 궤간순회 한다. 궤간순회하면서 학생들이 만든 모양의 변의 수가 몇 개인지 물어보면서 기하 어휘를 사용한다. "아, 변 5개를 가진 모양을 만들었구나. 우리는 5개의 변을 갖는 모양을 오각형이라고 부른단다."라고 말해 준다.
   몇몇 아이들은 새로운 모양의 변의 개수를 세는데 도움이 필요할 것이다. 이들은 특히, 다른 두 색으로 만들어진 긴 변을 가진 모양일 경우 혼란스러워 할 수 있다. 교사는 직접 손가락으로 변을 따라 그어가며 변의 개수를 세는 방법을 보여준다. 한 모양을 자른 것이 있으면, 그 모양을 뒤집을 수 있다. 그렇게 하면, 아이들은 색의 변화에 현혹되지 않고 변을 볼 수 있다.
5. 첫 수업은 학생들에게 자신이 만든 모양을 정리하여 테이블 위나 정해진 장소에 놓고 마친다.

둘째 날

둘째 날, 아이들은 자신이 만든 모양을 분류하는 방법을 탐색할 것이다.

교수 · 학습 지침

1. 러그에 모이기 전에 A2 용지와 도형의 이름을 적어 둔 라벨을 가까이에 둔다. 그리고 모든 A2 용지들을 펼칠 공간이 있는지 확인한다.
2. 아이들에게 자신이 만든 모양을 가지고 러그 위에 동그랗게 앉도록 한다. 짝꿍과 같이 앉고 자신이 만든 모양을 자신의 앞에 놓는다. "자신이 만든 모양 위에 손을 올려놓지 마세요. 그래서 모두가 서로가 만든 여러 가지 모양들을 볼 수 있도록 하세요. 오늘 우리는 모양을 분류할 것입니다. 함께 놓을 수 있는 모양들을 본 사람 있어요? 각 모양이 가진 변의 수를 생각해 봅시다."라고 말한다.
3. 여러 장의 A2 용지 중 한 용지 위에 아이들이 제안한 모양들을 놓는다. 이때, 교사는 3개의 삼각형으로 시작한다. 이 중 2개는 색의 배열이 같은 삼각형이다. 모양은 같지만 색의 배열이 어떻게 다른지 토론한다. A2 용지 위에 색의 배열이 다른 모양들만 선택하여 이 모양들을 붙이고 A2 용지의 위쪽에 **삼각형**이라고 적혀 있는 라벨을 붙인다. (아래 참조)

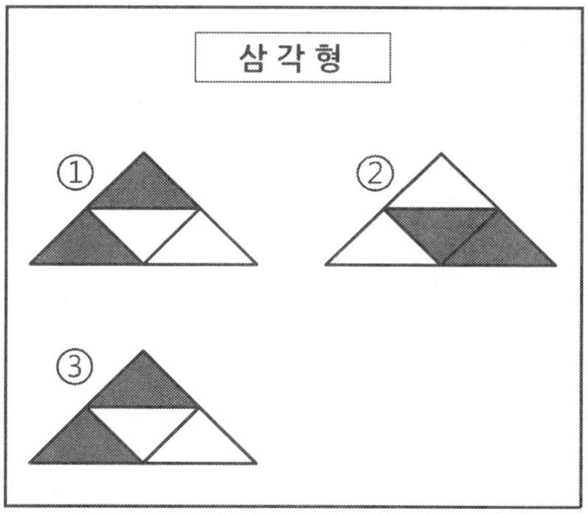

모양 ①과 ②는 다른 색 배열이다.

모양 ③은 모양 ①과 동형이므로 붙여서는 안 된다.

4. 나머지 모양들도 적절한 라벨이 붙어 있는 A2 용지 위에 붙이는 활동을 함께 한다. 이 시점이 곧 가르침의 예술이라 할만하다. 모든 모양에 따라 분류하는 것 보다 변의 수에 따라 모양을 분류하는 아이디어를 소개하는 짧으면서도 초점을 맞춘 토론시간을 갖는 것이 좋다. 이를 통해서 6개의 변을 가진 도형들은 어떤 것이라도 육각형이라고 부른다는 흥미로운 아이디어를 소개함으로써 아이들을 토론으로 이끌어 들인다. 하지만 분류 과정에 대한 흥미가 시들해지기 전에 멈춘다. 일단 학급구성원들이 더 많은 모양을 만들기

위해 각자의 자리로 돌아갔을 때, 적당한 장소에 놓이지 못한 모양들은 만든 사람들이 추가하도록 한다.

5. 이번 수업시간의 나머지 시간 동안, 2인 1조 모둠별로 새로운 4개 삼각형 모양들을 붙이는 작업을 함께 한다고 설명해 준다. "여러분이 A2 용지 위에 새로운 모양을 붙이고 난 후, A2 용지를 이 모양의 둘레로 자른다. 그러고 나서 자신이 만든 모양을 러그에 가져와서 이것이 속하는 곳에 놓는다." 궤간순회를 계속하고, 아이들이 새로운 모양을 만들고 그것을 A2 용지에 분류해서 놓을 때 아이들과 이야기를 나눈다.

4개의 삼각형 문제로 가능한 활동들

아래에 **4개의 삼각형 문제**에 아이들이 계속 흥미를 가질 전략을 소개했다.

새로운 모양 추가하기

일과가 끝날 쯤, 모양을 분류해서 해당하는 라벨이 붙어 있는 A2 용지에 붙인다. 이후에 여러 날에 걸쳐서, 추가로 모양을 만들어 온 아이들은 자신들이 새로운 배열을 만들었는지 아니면 이미 전시된 것과 같은 모양을 만들었는지를 점검할 수 있다.

새로운 모양과 배열을 찾는데 흥미를 일으키는 방법은 "등변사다리꼴을 봐. 가운데 노란 정사각형과 양 끝에 파란 삼각형을 가진 사다리꼴이 보이네."라고 말하는 것이다. (아래 참조.)

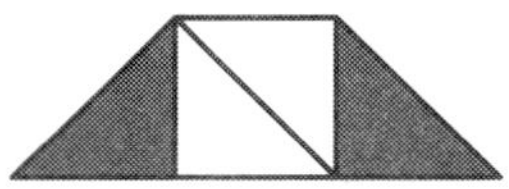

"이 배열로부터 새로운 배열을 얻어낼 수 있을까?"라고 질문한다. 누구도 정사각형에 2 개의 삼각형이 붙어 있는 모양(오목 육각형)을 제안하는 사람이 없다면, 서로 반대인 두 가지 모양의 오목 육각형을 보여준다.[28] (아래 참조.)

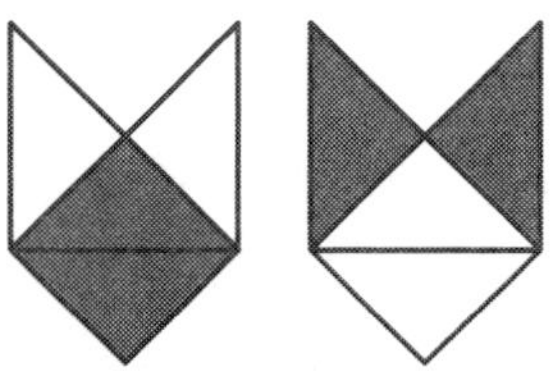

아이들이 가능한 모양들을 찾아내도록 도와주는 것은 아이들이 끈기를 갖도록 조장하고 아이들의 작업이 마구잡이로 하는 것이 아니라 초점을 두어야 한다는 생각을 소개해 준다.

28) 우리나라의 초등수학과 교육과정에서처럼 블록다각형으로 다각형의 종류를 암묵적으로 제한할 필요가 있는지 재검토할 필요가 있다.

4개 조각으로 된 퀼트 디자인

아이들은 사람들이 기하를 사용하는 방법에 대한 실생활의 예를 제공하는 활동인 퀼트 블록 디자인을 굉장히 좋아한다. 이 활동에서, 아이들은 정사각형을 반으로 잘라 만든 삼각형을 8개(4개는 한 가지색, 나머지 4개는 또 다른 색으로 만든다.) 가지고 큰 정사각형을 만든다(아래 참조).

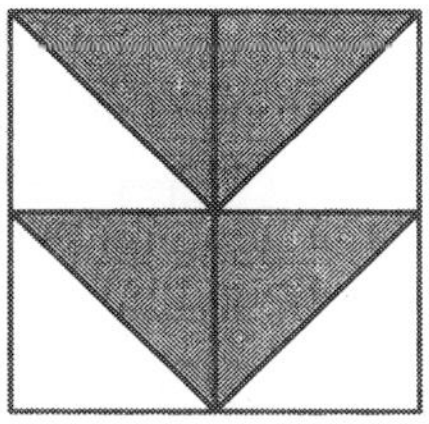

아이들은 4개의 삼각형을 놓았을 때처럼 같은 길이의 변이 맞닿아야 한다는 규칙을 발견할 것이기 때문에, 이 활동은 4개의 삼각형 문제의 확장으로 적합하다.

아이들은 결국 자신들이 좋아하는 디자인을 선택하는 기회를 갖게 되고, 그것을 여러 번 반복하게 된다. 그러고 나서, 이런 블록들을 하나의 큰 형태로 붙인다. 블록들을 함께 놓아 더 큰 단위를 형성함으로써, 아이들은 원래의 블록이 자신들이 만든 전체 퀼트의 디자인에 영향을 준 방법을 탐구할 수 있다(아래 참고).

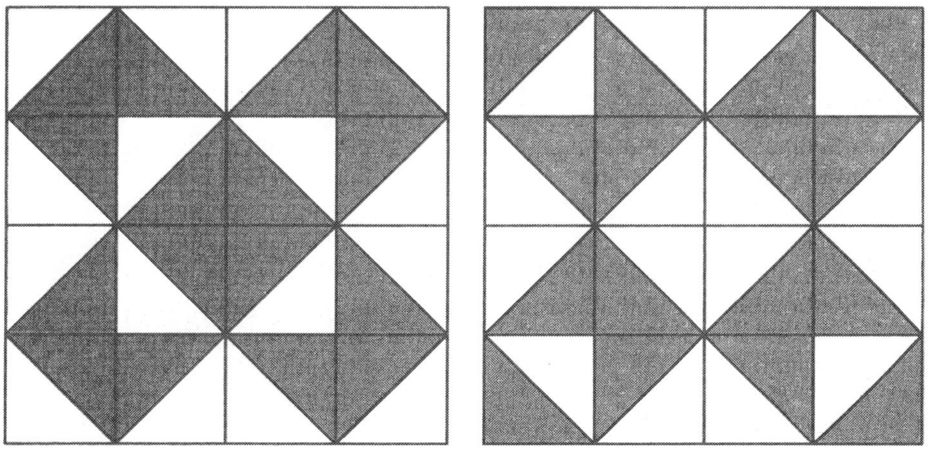

같은 블록 4개는 다르게 맞췄을 때 다른 모습으로 보인다.

퀼트 블록 만들기

준비물

- 4×4 인치 정사각형을 반으로 접어 만든 여러 색의 삼각형 (아래 참조.)

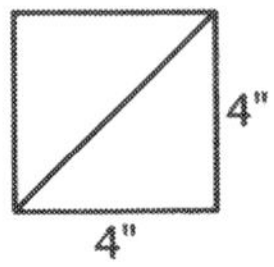

- 색도화지나 A2 용지로 만든 8×8 인치 정사각형들. 이것들은 블록들의 뒷판이 된다. 자유롭게 탐색하기 위해 1인당 2~3장이 필요하고, 각 완성된 퀼트를 위해 16장이 필요하다.
- 풀
- 이 블록들을 전시할 포켓차트 또는 수직 공간
- 완성된 퀼트의 뒷판으로 쓰기 위한 32×32 인치 정사각형 종이

교수 · 학습 지침

1. 아이들을 러그 위에 둥글게 앉힌다. 교사 앞에 여러 색의 삼각형을 놓고, 뒷판인 8×8 인치 정사각형을 옆에 놓는다.
2. 종이 퀼트 만드는 계획에 대해 간단히 토론 한 뒤, 사용할 2가지 색을 개별적으로 정한다는 것을 직접 시범보여 준다. 삼각형 하나를 집고 그 옆에 다른 색의 삼각형들을 몇 개를 놓는 후 어떤 조합이 좋은지를 말해 준다.
3. 2가지 색을 결정하면 삼각형 8개가 필요하다는 것을 설명한다. (예를 들어, 반은 녹색이고, 반은 보라색) "선생님이 퀼트 블록을 만드는데 각 색의 삼각형은 몇 개 필요할까요?" 라고 질문한다.
4. 각 색의 4장의 삼각형들을 하나씩 세고 난 후, 이것들을 8×8인치 정사각형 위에 놓는 것으로 시작한다. 선생님이 변과 변들을 더덕더덕 붙이지 않으면서 이 큰 정사각형을 완전히 덮으려고 한다고 설명한다. 교사가 삼각형들을 이리저리 움직이는 이 시간을 활용해서 이 활동을 하는 방법 그리고 가능한 디자인을 조심스러우면서도 심사숙고해서 찾아야 한다는 것을 시범 보여준다. 빠르게 한 가지 배열을 놓고 나서, "음, 이 배열도 흥미롭지만, 다른 배열이 가능한지 궁금하군."이라고 말한다. (아래 참조.)

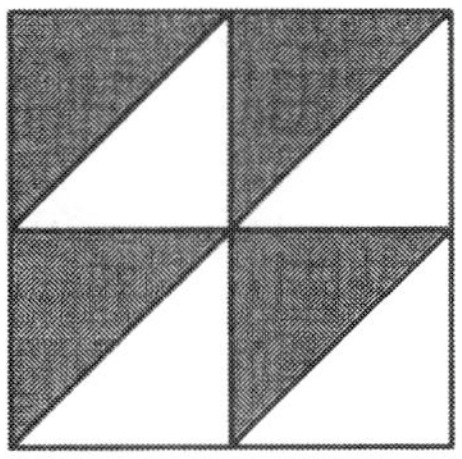

우리는 이 배열을 통해서 많은 삼각형을 볼 수 있다.

5. 몇 개의 삼각형을 움직이고, 이 변화가 디자인에 어떤 영향을 미치는지 알아본다. 교사가 삼각형들을 움직여서 만든 새로운 모양들을 잠시 주목하면서 약간의 시간을 보낸다.
6. 한 디자인을 결정하고 풀로 붙인다(아래 참조).

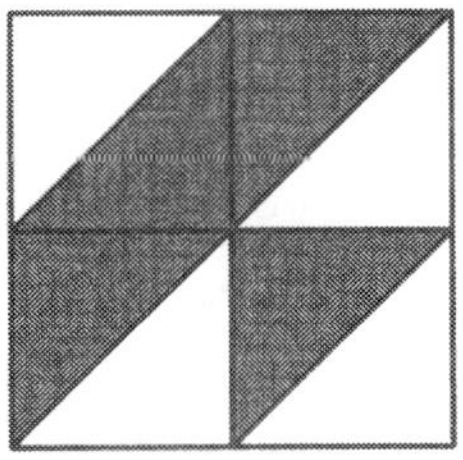

이제 등변사다리꼴 한 개와 삼각형 몇 개가 있다.

풀로 붙이면서, 아이들에게 같은 길이의 변을 맞닿게 붙이는 **4개의 삼각형 문제**의 규칙이 이 활동에 적용되었는지 물어본다. 명확한 답을 요구하지는 않는다. 대신에, 아이들이 이 생각을 자신들의 블록을 만들 때 고려하도록 격려한다.

7. 교사가 퀼트 단위 블록을 구성하는 방법을 시범 보였기 때문에, 이 활동을 메뉴 활동의 하나로 활용한다. 또는 학급구성원 전체가 가능한 디자인을 만드는 경험을 하게 한다. 학생들이 새로운 디자인을 만들 때, 이 활동과 **4개의 삼각형 문제**를 통제하는 규칙들 사이의 연결에 관해 교사가 던진 초기의 질문을 상기하도록 한다. 다음 단계로 넘어가기 전에, 아이들은 4 조각 퀼트 디자인을 적어도 2, 3가지 만들 수 있는 기회를 가져야 한다.

종이 퀼트 만들기

준비물

- 일정한 색깔 규칙이 적용된 같은 디자인을 갖고 있는 적어도 4개의 블록들 – 일정한 색깔 규칙에 대해서는 다음을 참고한다.

- 선택: 퀼트 디자인에 관한 알파벳 책인 『*Eight Hands Round*』(Paul 1996). 각 퀼트 디자인이 하나의 블록으로 된 퀼트와 같은 디자인 블록 여러 개로 만들어진 퀼트 모두가 그려져 있다. 교사가 이 책을 이용할 수 있으면, 퀼트 만들기 활동을 소개하기 전에 학생들과 이것을 공유한다.

교수 · 학습 지침

아이들이 서로 다른 디자인을 가진 여러 개의 퀼트 블록들을 만들어 볼 기회를 가졌다면, 아이들이 한 가지를 선택하고 이것을 여러 차례 반복해서 만들게 하고, 모든 블록들을 함께 놓아 "퀼트"를 만들어 볼 좋은 때이다. 이 단계는 교육과정의 두 가지 기능을 하는 것으로 수학과 미술을 연결하는 다리가 된다. 교사는 미술시간에도 이 작업일정을 잡아도 좋다.

퀼트를 만들기 위해 많은 결정을 해야 한다.

- **교사**는 아이들이 개별 활동을 하도록 할 것인지 2인 1 모둠 활동을 하도록 할 것인지 결정해야 한다. 완성된 퀼트는 적어도 9개의 블록으로도 만들 수 있지만, 12개나 16개의 조각으로 만드는 것이 더 좋다. 일반적으로 2학년 학생들이 이 많은 작업을 혼자 할 수도 있지만, 시간이 많이 걸린다. 2인 1 모둠 활동은 흥미를 주지만, 타협이 필요하다. 또한 교사는 완성된 퀼트를 누구네 집에 가져가도록 할 것인가에 대한 쟁점도 다뤄야 한다.
- **학생**은 자신의 퀼트에 사용할 4조각 디자인을 선택해야 한다.

아이들은 준수해야 할 색 규칙을 만들 필요가 있다. 색 규칙의 예는 다음과 같다.

- 모든 블록에 두 가지의 같은 색을 사용한다.
- 모든 블록에 한 가지 색을 고정시키고, 각 블록의 두 번째 색은 다양하게 한다(아래 참조).

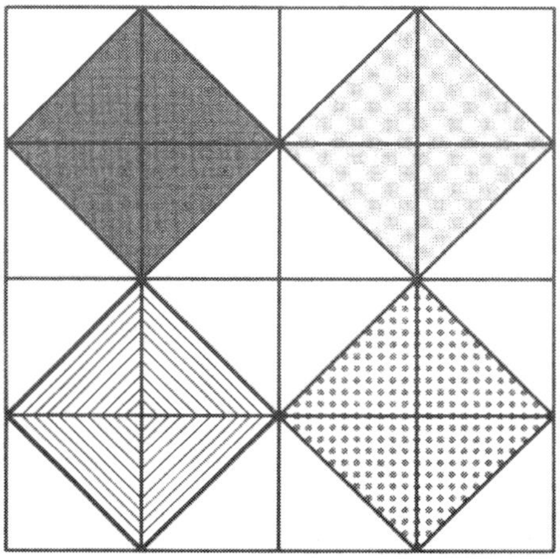

- 한 퀼트 내에 두 가지 같은 색을 사용하지만 반대쪽은 대칭되게 한다(아래 참조).

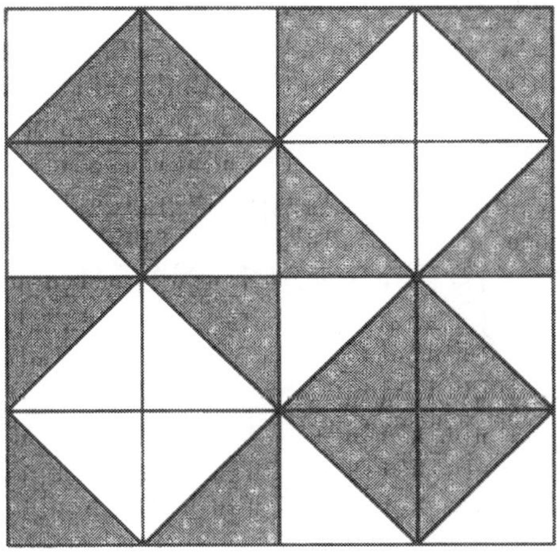

- 한 가지 색의 조합에서 블록의 반을 사용하고 블록의 반은 다르지만 보색의 조합으로 한다(아래 참소).

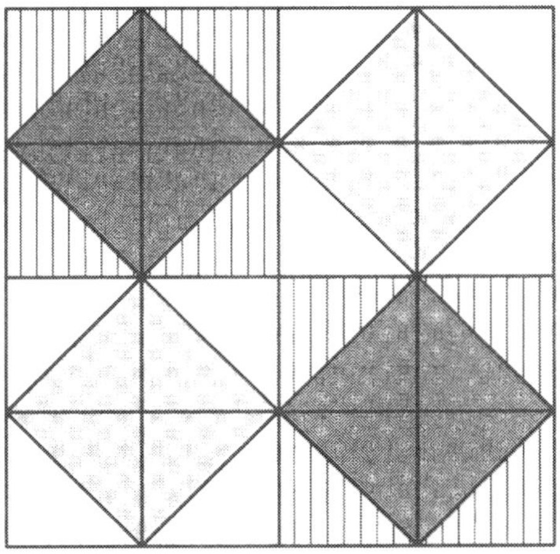

- 모든 블록을 다르게 만든다.

교사가 퀼트 블록들을 함께 놓는 것을 시범 보일 때, 이들 색 규칙에 대한 몇 가지 예를 보여준다.

물론, 아이들이 궁극적으로 전체 하나의 퀼트를 만들기 위해서 완성된 블록들을 배열하는 방법을 결정해야 한다.

다음의 단계들을 활용해서 이 활동을 실행한다.

1. 더 큰 퀼트를 만드는 아이디어를 소개하기 위해, 교사는 4개의 퀼트 블록으로 하나의 정사각형을 만든다. 교사가 특정한 색 규칙을 정한 방법에 대해 이야기를 하지만, 적어도 한 가지 이상의 가능한 규칙을 언급하도록 한다.
2. 한 블록의 위치를 바꾸는 것이 전체에 어떤 영향을 미치는지 보여준다. 자신이 좋아하는 디자인으로 4가지 블록을 만들었다면, 아이들에게 다른 디자인도 만들어 보도록 한다. 하지만 아이들이 16개의 블록을 완성하고 난 후, 아이들은 자신들의 블록들을 놓을 방법을 최종 선택해야만 한다는 점을 말해준다.
3. 아이들이 직접 진행 과정을 결정하도록 격려한다. 이제 종이 퀼트를 만들 수 있다!
4. 아이들이 활동할 때, 정사각형이나 직사각형으로 된 퀼트 하나를 만드는 데 필요한 블록의 수를 색타일을 가지고 탐구하는 활동을 하도록 한다.
5. 아이들이 자신들의 퀼트 안에 넣으려고 계획했던 모든 블록들을 완성하고 난 후, 아이들이 자신들의 블록들을 큰 종이에 붙이기 전에 아이들을 많은 가능한 배열을 시도해 보도록 격려한다.

탱그램 활동[29]

Lisa Campbell Ernst가 쓴 『*The Tangram Magician*』과 Ann Tompert의 『*Grandfather Tang's Story*』은 정사각형을 7개의 특정한 모양으로 자른 고대 중국의 퍼즐인 탱그램을 재미있게 소개한다. 아이들이 자신들의 모양을 자르고 모양으로 활동을 하는데 흥미를 불러일으키도록 위의 이야기 중의 하나를 읽어준다.

탱그램 자르기

준비물

- 개인별로 색도화지로 만든 6×6 인치 정사각형 여러 장
- 개인용 가위
- 개인별로 탱그램 조각을 보관할 봉투 1장

29) 탱그램을 이용한 도형 학습자료로 Tangram 기하(오병승, 1990, 과학과 수학교육논문집, 16, 77-126)가 있다.

교수 · 학습 지침

정사각형으로 7개의 탱그램 조각을 만드는데 사용할 밑그림을 보여준다. 아이들은 단계별로 교사를 따라할 것이고, 자신의 탱그램 세트를 갖게 된다. 그리고 아이들은 이후의 활동들에서 사용하기 위해 개인 봉투에 조각들을 보관해야 한다. 교사가 계획한 활동들 중에는 아이들이 한 세트 이상의 탱그램 조각이 필요할 수 있다. 교사자신이 이 단계별 과정을 거쳐 탱그램을 만들거나 아이들이 두 번째 세트를 만들도록 한다.

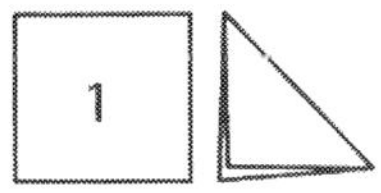 1 정사각형을 반으로 접는다. 자른다.	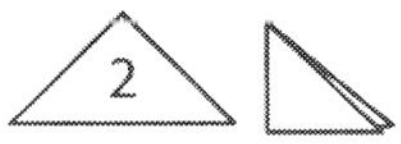 2 삼각형 하나를 반으로 접는다. 자른다.	 3 다른 삼각형 하나를 두 번 접는다. 먼저 반 접고 나서 윗 부분을 아래로 접는다. 자른다.
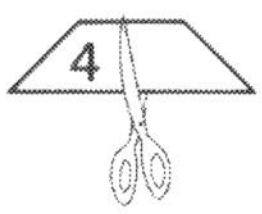 4 등변사다리꼴을 반으로 자른다.	 5 부등변사다리꼴 하나를 접어 정사각형과 삼각형으로 만든다. 자른다.	 6 남은 부등변사다리꼴을 접어 평행사변형과 삼각형으로 만든다. 자른다.

탱그램 퍼즐

준비물

- 개인별로 탱그램 1세트
- $8\frac{1}{2}\times11$ 인치 종이

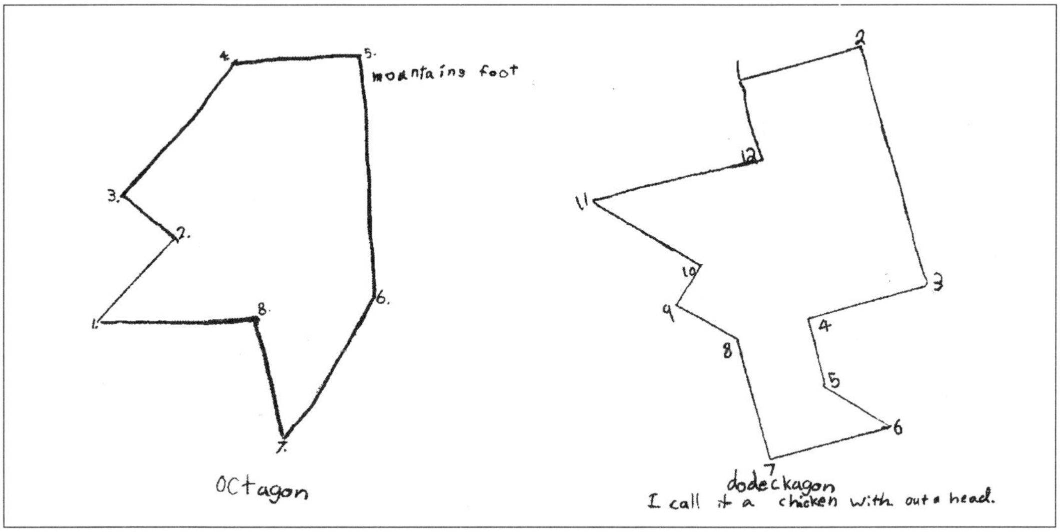

그림 5-1
탱그램 퍼즐

교수 · 학습 지침

아이들은 탱그램 7조각을 모두 사용해서 하나의 그림을 만든다. 그러고 나서, 이 그림의 윤곽을 따라 그린다. 아이들은 이것에다가 수학적 용어 그리고 개인적 용어로 이름을 붙인다(그림 5-1 참고). 그러고 나서, 이런 "퍼즐"들은 다른 학생들이 자신들의 탱그램 조각들을 가지고 이 윤곽을 맞출 때 이용될 수 있다.

나란한 탱그램

준비물

- 개인별로 탱그램 1세트(상업용이나 종이로 직접 만든 것)

교수 · 학습 지침

학생 1은 탱그램 1세트를 모두 사용해서 한 모양을 만든다. 학생 2는 이 모양을 자신의 탱그램 조각을 이용해서 똑같이 만든다. 학생 2가 딴 곳을 보는 동안 학생 1은 자신이 만든 모양 중의 한 조각을 움직인다. 학생 2는 모양이 어떻게 바뀌었는지 맞춘다. 2인 1 모둠으로 처음에는 서로 나란히 앉아서 이 활동을 하고 나중에는 마주보고 앉아서 한다. "어떤 방법이 더 쉬운가요? 어떤 방법이 더 어려운가요?"라고 질문한다.

이 간단한 활동은 공간에 관한 문제해결을 위한 기회를 제공하는데 유용하다. 2인 1 모둠원들은 모양들을 만들고 복사하기를 교대로 할 수 있다. 교사가 나란히 앉아서 하다가 마주보고 하는 것으로 이동할 때, 이 공간 문제해결이 변화는 방법을 알아보기 위해서 교사 자신이 한 아이와 함께 시도해 보는 것도 좋다.

탱그램 그래프와 학급 문고

위에서 언급한 탱그램 그림책 중 하나를 읽었다면, 교사는 아이들이 그 책에 기초한 학급 문고를 만들도록 해도 좋다. 아이들은 자신만의 탱그램 모양을 만들어 이 책에 수록할 수 있다. 아이들이 만든 탱그램 모양들을 모아서 책을 만들기 전에, 아이들이 탱그램 그림을 분류하게 하여 하나의 그래프처럼 작품을 배열하면, 결국 여러 번의 과정을 거쳐 변형된 한권의 책을 만들게 된다.

준비물

- $8\frac{1}{2}\times11$ 인치 종이나 색도화지와 그림물감
- 개인별로 탱그램 1세트
- 풀

교수 · 학습 지침

1. 먼저 배경을 만든다. 아이들이 물감으로 하얀 종이 위에 바탕을 칠하게 하거나 더 간단하게 하기 위해 탱그램 조각과 대조적인 색도화지를 사용한다.
2. 다음, 아이들은 색도화지로 탱그램 조각 1세트를 새로 만든다(133쪽 설명 참조).
3. 배경이 마르면, 아이들이 마지막으로 "자신들이 만든 탱그램 모양"을 붙이기 전에 이것들을 다양한 방법으로 배열하도록 격려한다. 심사숙고한 작품을 만들도록 격려하기 위해 일정한 시긴이 지날 때까지 풀로 붙이지 못하는 규칙을 민들 수 있다. (적어도 10분)
4. 모든 개인별 탱그램 모양이 마르면(아마 다른 날이 될 것이다.), 이것들을 한 데 모아 두고 아이들을 러그에 앉게 한다.
5. 공통된 요소를 가지는 2개의 탱그램 모양을 선택하여 원 안에 놓는다. (예를 들어, 두 그림 모두 날 짐승을 묘사하는 모양.)

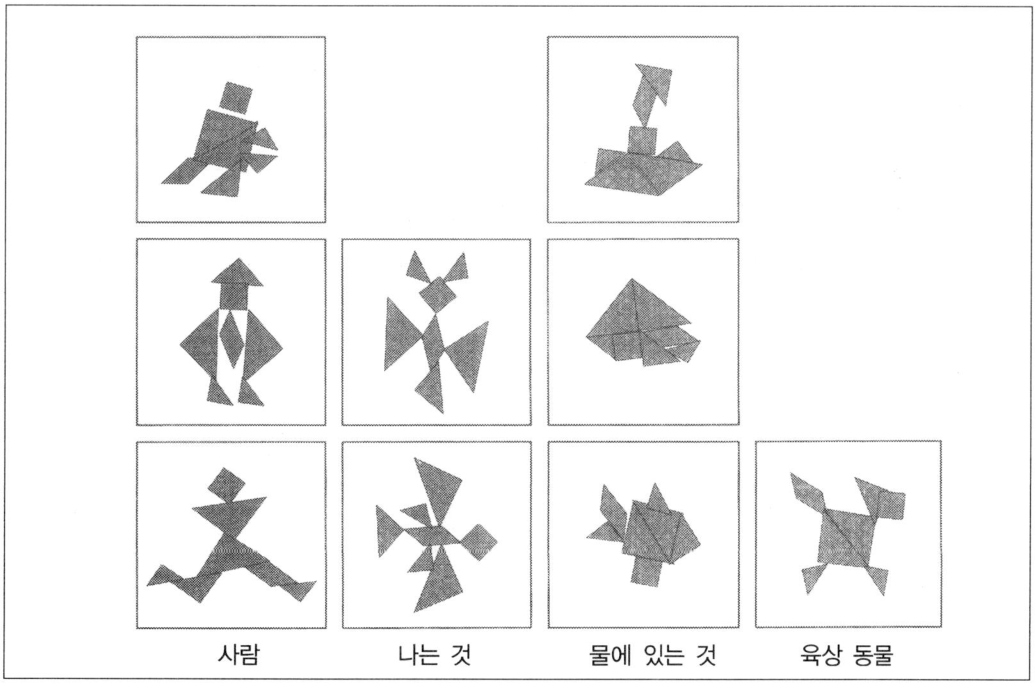

그림 5-2
여러 가지 분류 범주를 보여주는 탱그램 그래프

그림 5-3
학급 탱그램 책의 예

그는 밖으로 나가기로 했다. 넥타이를 사고 매우 큰 부자가 되었다.

그가 지구로 돌아왔을 때, 그는 먹을 것을 원했다. 그래서 그는 신제품 개 과자를 시식하는 직업을 얻었다. 그는 개처럼 그것들을 좋아했다.

6. 학급구성원들은 속성으로 탱그램 모양들을 분류할 것이라고 설명해 준다. 이들 속성은 학급구성원들이 결정하고, 교사는 이를 따른다.
7. 두 그림이 같은 범주에 속하는지 아니면 다른 범주에 속하는지 물어본다. 2명 내지 3명의 아이들에게 자신들의 추론에 대한 의견과 설명을 말해 보도록 격려한다. 의견이 맞설 때 빠른 투표로 결정한다.
8. 이제 세 번째 탱그램 모양을 한 장 더 추가하고, 새로운 모양이 이미 정해진 범주에 속하는지 논의하는 과정을 계속한다. 새로운 아이디어들이 나올 때, 분류 기준을 변형할 수 있도록 한다. 교사는 이러한 토의를 통해서 아이들이 사고하는 방법에 대한 새로운 통찰을 얻을 수 있고, 또한 매우 훌륭한 논리적 사고를 가진 학생을 찾아낼 수 있다.
9. 아이들이 만든 탱그램 모양들을 모두 분류하고 난 후, 분류 범주에 따라 이것들을 벽에 전시한다. 그림 5-2는 이렇게 해서 만든 그래프이다.
10. 얼마동안 전시한 후에, 책에 첫 번째로 쓸 그림이 무엇인지 결정한다. 그러고 나서, 그 다음으로 쓸 것은 무엇인지 등등을 결정한다. 자원자가 문구를 받아쓰게 하고 교사가 이것을 책에 적는다. 그림 5-3은 한 모둠의 집단이 자신들의 책을 시작한 방법을 보여주고 있다.

패턴블록 활동

자유 탐색

2학년 학생들은 패턴블록을 자유롭게 탐색하는 기회를 주면, 이들은 자동적으로 아름다운 디자인을 만든다. 교사는 아이들이 따라할 만한 몇 가지 디자인을 보여준 후에 디자인의 각의 관계를 탐색해서 정교하고 대칭적인 디자인을 만들도록 격려한다. 가운데에 한 블록을 놓고 시작하여 사방으로 펴져 나간다. 교사가 만든 디자인을 종이 패턴블록 조각들로 만들로 이들을 붙여 보관한다.

육각형 채우기

패턴블록을 사용해서 어떤 보양의 윤곽을 채우는 것은 보양을 분해하거나 재구성하는 기회(기하에서 주 아이디어)를 제공한다. 이것은 아이들이 패턴블록 사이의 관계를 탐구하는 계기를 만들어 준다. 육각형 패턴(부록 참조)을 사용하거나 채우기를 위한 많은 여러 모양을 제공하는 책이나 활동카드를 구입한다.

6개의 녹색 삼각형

변이 완전히 맞닿는 규칙으로 녹색 삼각형 6개를 가지고 만들 수 있는 모양은 몇 개나 될까? 아이들은 먼저 패턴블록들을 이용해서 모양들을 만들고 나서, 삼각형으로 채워진 녹색 종이(235쪽 참고)로부터 이 모양들을 잘라낸다. 이것들을 가지고 활동하는 것은 쉽다. 학급 전체가 두 조각, 세 조각, 네 조각, 그리고 다섯 조각의 삼각형으로 모양들을 만들도록 한다. 아이들은 이 녹색 종이에서 잘라낸 모양들을 큰 종이에 붙이고 이름을 붙일 수 있다. (그림 5-4 참고) 그리고 나서 개별적으로, 교사는 아이들에게 여섯 조각 삼각형을 시도하게 한다.

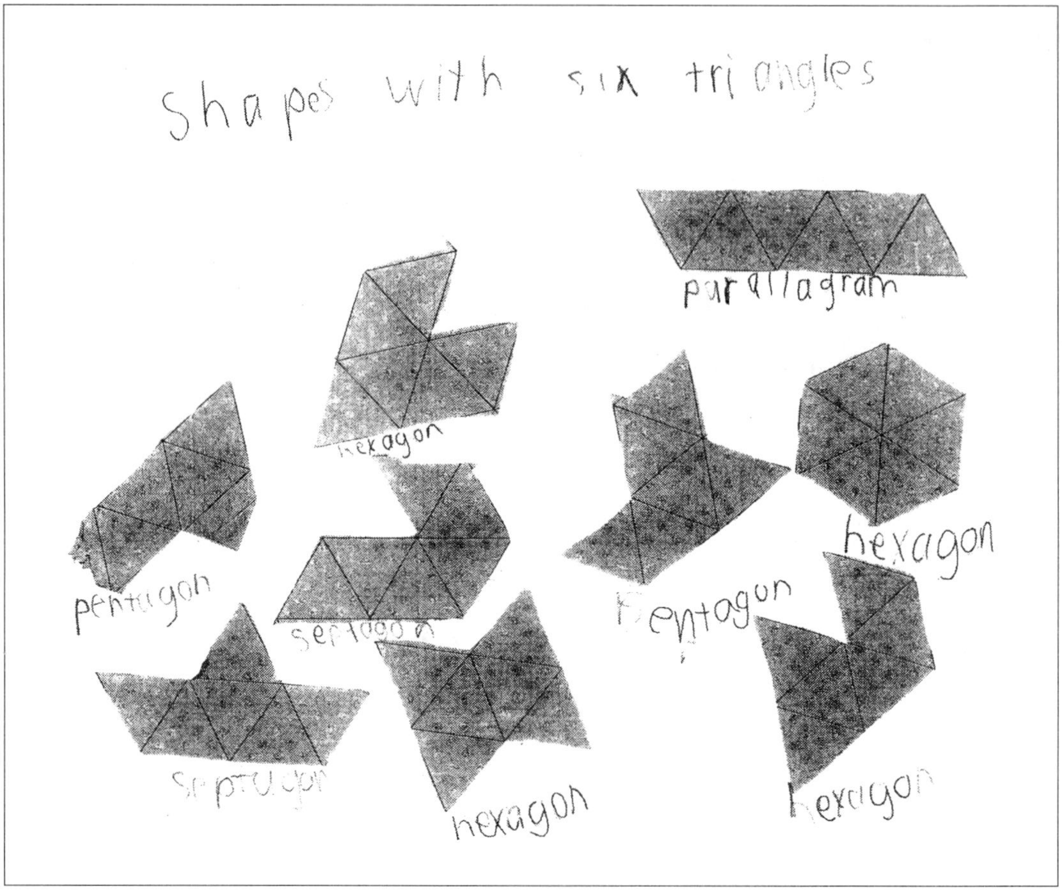

▶
그림 5-4
이 학생은 삼각형 6개로 여러 가지 모양들을 만들어냈다.

점판 활동

정사각형의 반 칠하기

준비물

- 2인당 점판 1개
- 2인당 고무밴드 1통
- 점판 점 종이(한 쪽에 4개의 그림이 있다. 부록 237쪽 참고). 뒷면도 점판이 4개 있게 인쇄. 2인당 1장
- 한 면에 4개의 점판이 있는 점 종이를 사등분하여 자른 후 4조각을 함께 스태플러로 찍어 만든 미니북

교수 · 학습 지침

1. 아이들을 칠판 앞에 있는 러그에 모이게 한다. 적어도 4개의 큰 원을 칠판에 그린다. 그러고 나서 원을 반으로 자르기 위해 선을 어디에 그으면 좋을지 물어본다. 누군가가 원을 이등분하는 수직선이나 수평선을 긋자고 할 것이다.
2. 1로부터 얻은 반원 중 하나를 칠한다.
3. 나머지 원들의 반을 칠할 사람이 있는지 물어본다. 각 원은 달라야 한다. 자원자에게 시킨다.
4. 3명의 자원자들이 자신들의 표시를 할 때까지, 교사는 아래에 있는 가능한 3가지를 알고 있어야 한다.[30)]

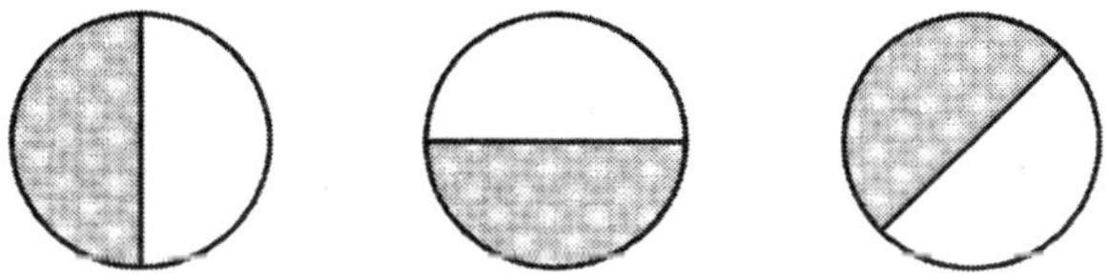

5. 새로운 아이디어가 있는지 물어보고 선 하나를 더 그려도 괜찮다고 말해준다. 아무도 말하지 않는다면 다음 아이디어를 보여준다.

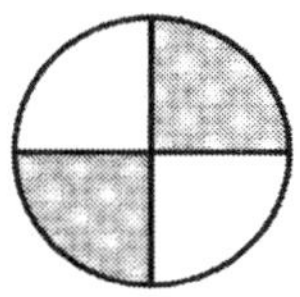

6. "선생님이 원의 반을 정확히 칠했다는 것을 증명할 수 있는 사람 있나요?"라고 묻는다. 누군가는 완전한 반을 칠하려면 색칠된 $\frac{1}{4}$ 원 중 하나를 다른 색칠된 $\frac{1}{4}$ 원의 옆으로 움직여야 한다는 아이디어를 찾아낼 것이다. 분명히, 교사는 칠판에서 이 움직임을 나타낼 수 없다. 그래도 좋다. 왜냐하면 이것은 어떤 무엇인가가 참임이라는 사실에 대해 우리 자신을 설득시키기 위해서 머릿속으로 모양들을 움직일 수 있다는 아이디어를 갖게 하기 때문이다.
7. 고무밴드가 있는 점판을 보여준다. 정사각형을 만들려면 고무밴드가 바깥쪽 못에 닿아야 한다. (아래 참조) 못으로 된 정사각형의 둘레를 만든다. 그렇지 않으면, 아이들은 교사가 점판 그 자체의 둘레에 대해 말하는 줄로 인식할 수 있다.

---

30) 한 초등교사의 수업중 원을 반으로 나누어 바라는 교사의 요청에 한 아이가  하였다. 저자는 3가지가 가능하다고 하였지만, 더 많은 경우가 있다. 아이의 논리가 수용할 만하면 수용해 주는 교실풍토 조성이 필요하다.

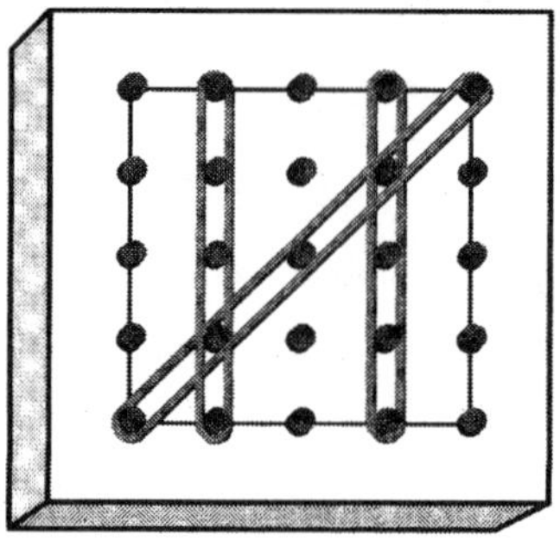

8. 교사가 어떻게 추가적인 고무밴드를 이용해서 이 점판을 여러 지역으로 나누는 새로운 방법들을 만들어 내는지 설명해 준다. 교사가 점 종이 한 장 위에 한 아이디어를 기록할 때, 교사가 정확하게 각 정사각형의 반을 색칠한다는 것을 설명해 준다(아래 참조).

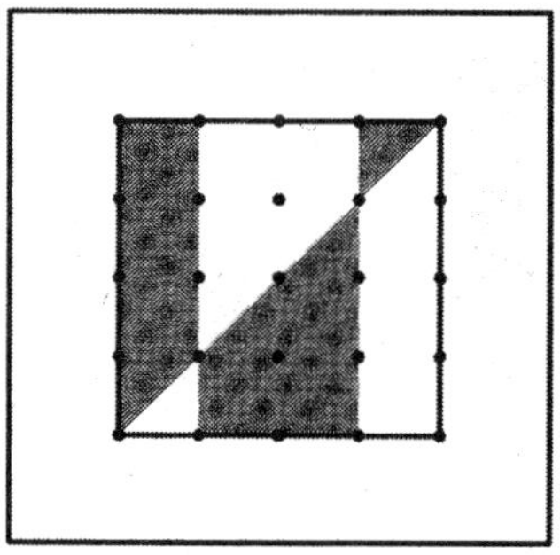

9. 자신들의 점판을 마음대로 나누되 나눈 것이 정사각형의 반을 색칠하여야 하는 활동을 2인 1 모둠으로 함께 하도록 한다.
10. 이 차시가 끝날 때쯤이나 다음날 시작할 때, 아이들에게 정사각형을 반으로 색칠할 때 자신들이 선호하는 방법을 공유하도록 한다. 이 전체 학급토론시간 동안, 아이들에게 자신들이 정사각형의 반을 색칠했음을 "증명"할 수 있는 방법을 설명할 것을 요구한다.

반 - 정사각형 미니북

각 아이는 정사각형을 반으로 자르는 더 많은 방법을 찾는다. 아이들은 자신들이 탐구해 낸 것들을 위의 "준비물" 부분에서 설명한 기하 미니북 중의 하나에 기록한다(그림 5-5 참고). 교사가 정해진 시간에 아이들 사이를 궤간순회할 때, 정사각형의 반을 어떻게 정확하게 반으로 나눴는지 물어본다.

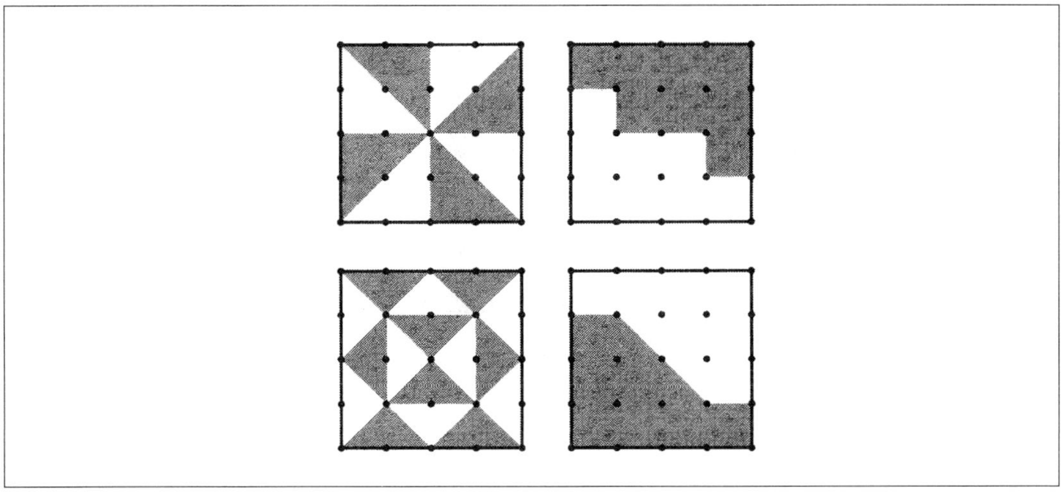

◀
그림 5–5
아이들은 정사각형을 반으로 나누는 방법들을 찾고 미니북에 자신들의 결과를 기록한다.

추가적인 기하 활동

『*Math By All Means, Geometry, Grades 1-2*』(Confer 1994)는 기하 단원에 전체에 사용할 수 있는 많은 교수 · 학습 지침을 제공하고 있다. 이 중 내가 선호하는 몇 가지를 아래에 설명해 두었다.

접고 펴고

이 활동은 교사가 기하 단원을 도입하는데 도움을 준다. 아이들이 1학년 때 4개의 삼각형 문제를 했었다면, 이것은 특히 유용할 수 있다. 아이들이 공간 문제해결에 참여하고 있는 동안 이 활동은 도형들의 이름을 소개하기에 유용하다.

로켓 모양

아이들은 $4\frac{1}{4} \times 4\frac{1}{4}$ 인치 정사각형을 4개의 조각으로 자르는 방법을 탐색한다. 그러고 나서 "로켓 모양"으로 재배열하는 것이다. (아래 참조) 정사각형 자르는 방법을 이해하고 로켓 모양 만드는 것을 성공하면, 위에서 설명한 탱그램 퍼즐처럼 4개의 조각으로 새로운 퍼즐을 만들도록 격려한다.

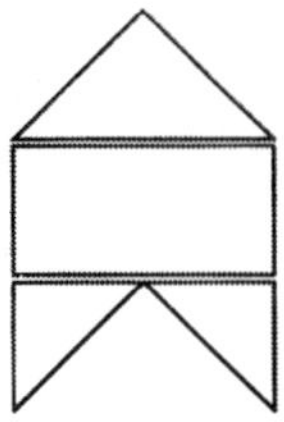

Cory, Russo, 그리고 Akers가 지은 『*Shapes, Halves, and Symmetry*』(1996)는 내가 가장 좋아하는 활동 두 가지를 설명한다(아래 참고).

패턴블록 덮기

아이들은 다른 패턴블록들을 사용해서 자신들이 이미 사용한 패턴블록들을 덮을 수 있는 모든 방법들을 찾는다.

기하블록 만들기

자신들이 현재 가지고 있는 기하블록세트 중에서 가장 큰 직육면체를 다른 기하블록들을 함께 놓아서 크기와 모양이 같은 것을 만드는 작업에 도전하도록 한다.

제 6 장

2월 / 3월

덧셈과 뺄셈

2월과 3월 동안 아이들은 덧셈과 뺄셈 문제를 해결하는 자신만의 고유한 방법들을 탐구하는 많은 기회를 계속적으로 가질 것이다. 아이들은 자신들의 해결 방법에 대해 다른 아이들과 의사소통 하도록 격려 받을 것이고, 일과활동을 하는 동안 교사의 안내에 덜 의지하게 될 것이다. 교사는 아이들의 문제해결 방법을 주의 깊게 살피고 아이들의 깊은 사고에 놀라게 될 것이다.

학습 환경

소모둠으로 활동하기

가을에, 아이들이 한 문제를 해결하였을 때, 교사는 아이들에게 자신들의 활동 결과를 교사에게 가져오도록 장려하였었다. 그래서 교사는 아이들이 자신의 사고를 얼마나 잘 의사소통하였는지에 관해 피드백을 아이들에게 줄 수 있었다. 지금까지, 아이들은 교사가 아이들에게 기대하고 있는 것에 대해 아마도 매우 잘 인식하고 있을 것이다. 교사가 새로운 문제를 제시했을 때 교사는 학생들이 자신의 사고를 보여주는 것이 중요하다는 것을 상기시키고 할 수도 있겠지만, 아이들은 이에 대한 안내를 별로 필요로 하지 않을 것이다. 그래도 아이들이 메뉴 시간 동안 문제 풀기를 끝냈을 때, 아이들은 자신의 활동을 친구가 확인해 볼 것을 요청할 필요가 있다는 것을 명확히 해 준다. 칠판에 문제를 해결한 뒤에 다시 한 번 검토하세요. 그리고 짝에게 "내가 이 문제를 어떻게 해결했는지 알겠니?"라고 물어보세요. 와 같은 문구를 판서해 둔다. 선생님이 수학 수업시간이 끝나면 아이들이 풀이과정을 확인하지, 각 문제가 해결되었는지를 보지는 않는다고 설명하여라.

시간 계획하기

일단 이 과정이 작용하면, 교사는 자신이 정한 영역에 주의를 집중할 수 있다. 아마도 교사는 아이들을 한 명씩 불러서 전날의 내용에서 의문스러운 풀이과정들을 검토하도록 할 수 있다. 교사는 더 작은 수로 좀 더 많은 연습을 필요로 하는 아이들과는 개별적으로 활동할 수 있다. 또는 교사는 어떤 새로운 생각으로 활동할 기회가 주어진다면 새로운 사고방식으로 이동해 갈 준비가 된 것으로 생각되는 아이들을 소모둠으로 만들 수도 있다. 이러한 선택들은 현재의 아이들의 이해 정도에 달려있으며, 이 시간동안 교사의 의도에 초점을 맞추는 가장 좋은 방법은 교사만이 판단할 수 있다.

하루 일과가 끝났을 때, 교사는 주어진 문제들에 대한 아이들의 문제해결 방법들을 살펴볼 시간을 갖도록 한다. 아이들의 활동 결과물은 보충이 필요한 아이들과 독립적으로 더 활동을 해 나갈 수 있는 아이들을 결정하는데 도움을 준다. 아이들은 피드백 받기를 좋아한다. 아이들은 교사가 자신의 활동 결과물을 살펴보았다는 것을 보여주는 작은 확인 표시가 있는 활동지를 되돌려 받는 것을 고맙게 생각한다. 틀린 표시가 있는 활동지는 "실수를 통한 학습"의 정신에 입각하여 개별적으로 논의될 수 있다.

수학

이 시간은 학생들에게 다음을 할 기회를 제공할 것이다.

- 아이들이 이번 가을에 소개 받았던 조합문제들과 분리문제들을 더 많이 해결해 봄으로써 자리값 개념을 좀 더 심화시키기. 덧셈과 뺄셈의 효과적인 전략을 발전시키는 것에 초점이 두어 질 것이다. 다음과 같은 효과적인 전략들이 있을 수 있다.

①

28 + 54

20 + 50 = 70
8 + 4 = 12
70 + 12 = 82

②

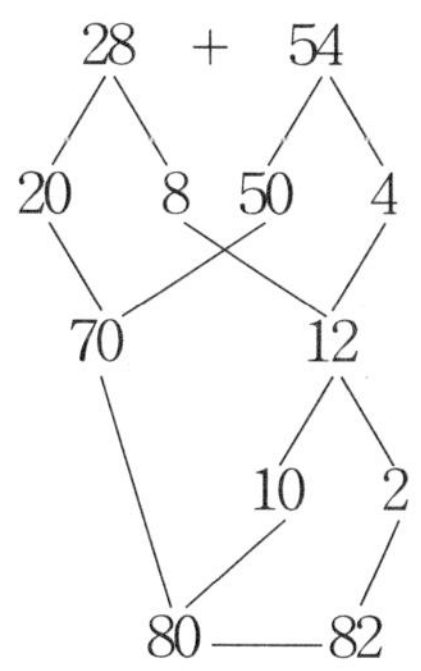

③

28 + 54

30 + 54 = 84
84 − 2 = 82

- 목표수로 100을 설정해 활동하고 1 − 100 수배열표에서 자신의 방법을 찾도록 한다.
- 아이들이 기초셈[31]에 대해 이해하고 있는 것을 이용해서 더 큰 수들 사이의 관계를 이해하도록 한다. 예를 들어, 3 + 4 = 7을 알고 몇 십들에 대해 알고 있는 아이는 30 + 40 = 70이라는 아이디어로 도약할 수 있다.
- 미지수(가수를 모르는 경우)가 포함된 몇몇 새로운 형태의 이야기문제를 다룬다.

31) 현재 우리는 곱셈구구라는 용어만 사용하고 있지만, 1차 2차 교육과정 당시에는 덧셈구구, 뺄셈구구 등의 용어도 사용하고 있었다. 여기서 기초셈이란 사칙연산의 각 구구를 모두 총칭한다.

아이들의 이해 지속시키기

한 해의 이 시기쯤 교사는 다시 한 번 받아올림과 받아내림이 있는 덧셈 뺄셈의 전통적인 알고리즘을 가르치고자하는 유혹에 빠질 수 있다. 특히 자신만의 효과적인 전략을 아직 고안해 내지 못한 아이들에게는 말이다. 나는 교사들이 이러한 시도를 하지 않기를 권한다. 왜? 아직 자신만의 효과적인 전략을 만들어내지 못한 아이들은 아마도 최소한 이러한 과정들을 이해는 하고는 있을 것이다. 이 아이들은 기계적인 절차에 혼란스러워 하고 낙담하기 쉽다. 이 아이들은 이러한 방법들을 이해하지도, 기억하지도 못하는 것 같다. 이 아이들은 우리가 어린 아이들에게서 자주 보는 실수를 잘하는 아이들이다.

$$\begin{array}{rr} & 28 \\ + & 54 \\ \hline & 712 \end{array} \qquad \begin{array}{rr} & 54 \\ - & 28 \\ \hline & 34 \end{array}$$

특히 이러한 아이들과 함께 할 때, 나는 이들이 이미 알고 있는 것에 초점을 두려고 노력한다. 이 아이들이 덧셈과 뺄셈에 대해 깊은 이해를 하였는지 그리고 알맞은 방법으로 문제를 해결할 수 있는지 주목한다. 이 아이들은 아직도 여전히 세기를 하고 있을 것이고 계속 그렇게 할 필요가 있을 수 있다. 이 아이들은 학급 토의와 많은 문제해결의 기회를 통해 문제를 해결하는 보다 효과적인 방법을 접하게 될 때 새로운 이해로 옮겨가기 시작할 것이다.

교사의 임무는 모든 아이들이 수학에 관해 이해를 하도록 계속적으로 격려하는 것이다.[32)] 아이들에게 절차를 주입시켜서 결과적으로 이해와는 단절되게 하는 것이 아니라, 교사는 십진기수법을 이해할 수 있는 많은 기회를 제공할 의무가 있음을 스스로 상기할 필요가 있다.

교과서

만약 교사가 각 장에 덧셈과 뺄셈 문제들로 가득 차 있는 수학 워크북(익힘책)을 사용하고 있다면, 이 문제들 중에서 몇 개만을 선택해서 다음에서 설명하는 이야기문제를 위한 수들로 이것들을 활용한다. 교사가 아이들을 위한 이야기문제를 만들 때 이들 수들을 포함시킴으로써, 교사는 수학 책에서 다루어야 할 개념들을 깊이 있게 취급하고 있다고 솔직히 말할 수 있다.

실생활에서 문제를 해결할 때 우리는 잘 만들어진 방정식을 접하는 것이 아니라는 것을 명심해야 한다. 반면에 우리는 반드시

32) 모든 아이들을 위해서 수업을 하는 것이지 중간 수준의 아이를 위해서 수업을 하는 것이 아니다. 모든 아이를 위한 수업을 위한 교사의 교수·학습 관행에 대한 논의는 "모든 학습자가 수학수업에 참여하는 교수·학습 행위(김진호 (2010), 초등수학교육, 13(1), 13−24)"를 참고하기 바란다.

- 문제 상황을 이해해야 한다.
- 사용할 알맞은 연산과 수를 선택해야 한다.
- 연산을 수행해야 한다.
- 답이 맞는지 확인해야 한다.

상황이 없는 계산 문제들을 해결하는 것은 아이들에게 인생에서 성공할 필요가 있다는 경험을 제공해 주지는 않을 것이다. 따라서 아이들에게 평생 학습을 위한 도구를 개발하는 방법들을 가르치는 것이 교사의 전문적인 책무라는 점을 명심하기 바란다.

오늘의 수와 달력 만들기

오늘의 수 일과활동에서, 교사가 규칙을 정할 때 몇 개의 날짜를 포함시킨다. 다음과 같은 아이디어들을 사용해서 자리값에 대한 이해를 독려한다.

- 100으로 시작한다. (이 규칙은 100+5+5+10+2=122와 100+11+11=122와 같은 수식들을 이끌어 낼 것이다.)
- 두 개의 가수만을 사용한다. (이 규칙은 아이들이 100+22와 같은 수식을 생각하도록 촉진하고, 99+23=122나 101+21=122나 심지어는 90+32=122로도 옮겨 갈 수 있을 것이다. 이런 규칙을 활용해서 수들 사이의 관계를 살펴보고 하나의 수식이 다른 수식을 어떻게 이끌어 낼 수 있는지에 주목한다.)
- 200으로 시작한다.

또한 아이들이 흥미 있어 하는 방식으로 이것을 몇일 동안 지속하도록 한다.

그리고 매달 시작할 때, 아이들에게 집에 가져갈 달력을 만들 시간을 준다.

덧셈과 뺄셈 문제의 재도입

하루는 결합 문제를, 다음날은 분리 문제를 재도입하는 것으로 시작한다. 아이들이 각 문제를 이해했는지 확인한 후 각 아이의 자리로 돌아가 문제를 풀도록 한다. 글과 숫자와 그림을 통하여 자신들의 사고를 보여주는 것이 중요하다는 것을 이야기해 준다.

덧셈 문제는 아이들이 흥미를 찾을 만한 맥락에서 36+25와 같은 수들을 사용한다. 교사는 아마도 36+35의 수들(또는 아이들이 그 관계를 습득하였는지를 알 수 있는 몇몇 다른 관련 있는 수식들)을 포함하는 추가 문제를 제공하는 것이 좋다. 교사가 첫 번째 수식을 마친 각각의 학생들을 살피는 동안, 활동을 일찍 마친 학생들에게 추가문제를 제공해 준다. **뺄셈** 문제는 아마도 32－14가 될 것이고 이에 더하여 추가 문제는 42－16의 수를 포함한 문제를 준다.

이들 문제에 대한 해결방법을 활용해서 아이들이 현시점에서 큰 수에 대해 어떻게 생각하는지를 알아보는 척도로 삼는다. 더욱이 각 문제에 대해 토론을 함으로써 아이들이 각 문제를 해결하는 여러 가지 방법들을 이해해 가고 있는지 확인한다. 교사가 자신들의 방법을 칠판 위에 판서해 두었을 때, 자신들이 이 문제를 푼 방법을 교사에게 말해 보도록 요청한다. 교사는 아마도 직접 모델링(문제의 모든 소재를 그리고 하나씩 세어나가는 것)을 포함한 해결방법으로 시작하는 것이 좋고, 그러고 나서 세어 올라가기[33](또는 세어 내려가기)[34] 방법으로 옮겨가고 마지막으로 아이들이 수만을 이용하는 방법을 추가한다. (그림 6－1 참고.)

그림 6－1
아이들은 직접 모델링, 세어 올라가기, 세어 내려가기, 그리고 수만을 사용한 풀이 방법을 이용해서 자신들이 문제를 해결한 방법을 말한다.

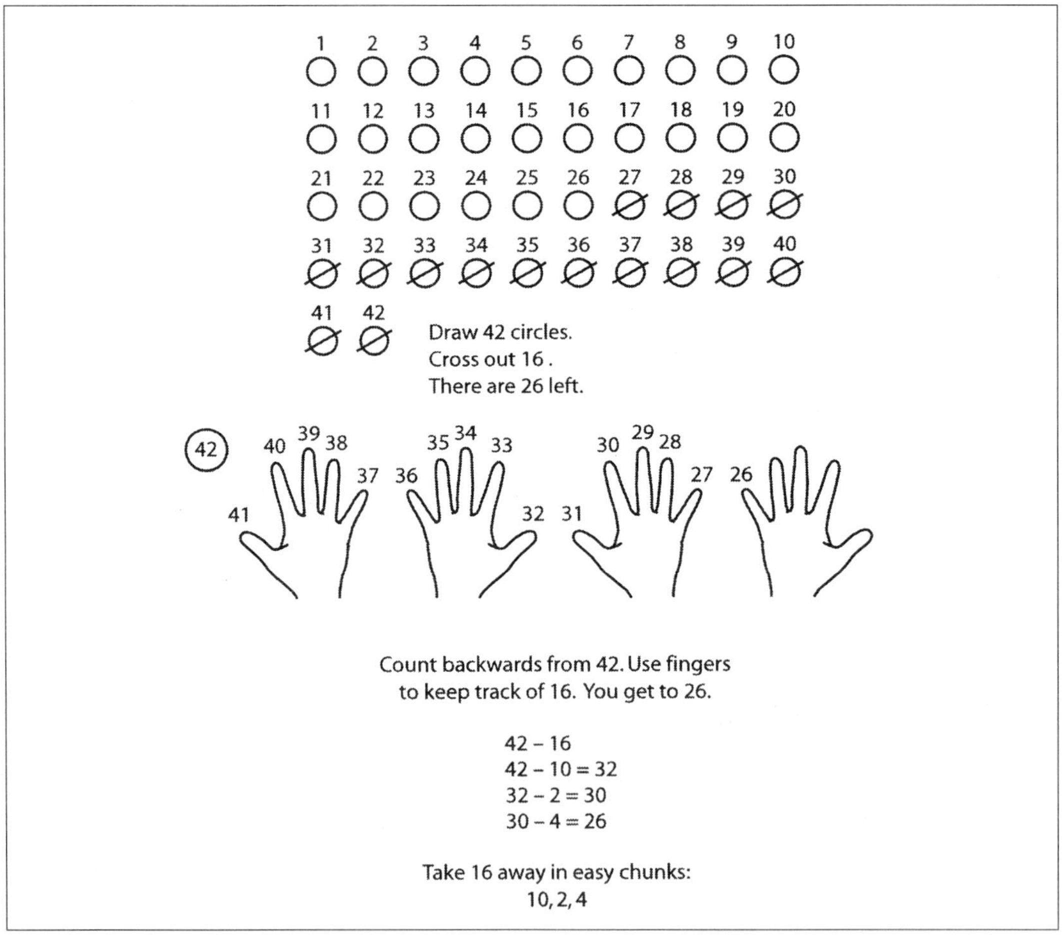

33) 세어 올라가기(counting up)은 4와 2의 차를 구해야 하는 상황에서 차를 구하기 위해서 감수에서 피감수까지 세어 올라가는 방법을 의미한다.

34) 세어 내려가기(counting down)은 4와 2의 차를 구해야 하는 상황에서 차를 구하기 위해서 피감수에서 감수까지 세어 내려가는 방법을 의미한다.

그러고 나서, "Yolanda가 한 이 풀이 방법에서 Yolanda가 사용한 수(수만을 사용한 풀이과정을 지적하면서)들이 또한 Marco의 해결방법(직접 모델링 해결방법을 지적하면서)에서 어디에 있는지 알 수 있는 사람 있어요?"라고 말할 수 있을 것이다.

이야기문제 메뉴

아이들에게 두자리 수 문제를 해결하는 많은 연습을 하도록 하기 위해 교사 스스로 몇몇 이야기문제를 만들 필요가 있다. 다음과 같은 문제가 될 수 있다.

- 덧셈과 뺄셈을 모두 포함하는 이야기문제
- 받아올림이나 받아내림을 필요로 하는 수식(numeric content)
- 답이 100보다 작게 하기
- 메뉴를 위해서 최소한 12개의 서로 다른 문제 만들기

다음은 현장학습에 기초를 둔 간단한 이야기 상황을 사용한 예이다. 교사는 아이들에게 친숙한 상황을 토대로 문제를 만드는 것이 좋다.

> 우리가 우리 학급과 다른 2학년 학급을 세었을 때 아이들 39명, 어른 16명이 현장학습에 참석하고 있었다. 우리 학교에서 Hidden Villa에 간 사람은 모두 몇 명입니까?
>
> Hidden Villa에서 우리는 한 나무에서 체리 토마토가 36개 있는 것을 알았다. 이중에 27개를 따서 우리 학급의 아이들과 어른들에게 주었다. 나무에 남은 토마토는 몇 개입니까?

아이들은 이들 문제들을 어느 것이든지 순서에 상관없이 풀 수 있다. 아이들이 이들 문제를 풀었을 때 교사는 더 이상 아이들의 문제를 하나씩 점검하지 않을 것이라는 점을 상기시킨다. 아이들 자신이 자신의 풀이를 확인하도록 격려하고, 짝에게 또한 확인하도록 한다. 교사는 적어도 모든 아이들이 하기를 원하는 하나의 덧셈 문제와 뺄셈 문제를 선택한다.[35] 그러고 나서, 이들 문제 각각의 해결 방법에 대해 전체 학급토론을 한다. 아이들은 친구들이 이들 문제를 해결한 방법을 들을 더 많은 기회를 갖게 된다.

---

35) 수학지식은 서로서로 관계를 맺고 있는 지식체이다. 초등 수학교과서에서처럼 덧셈 따로, 뺄셈 따로, 그러고 나서 둘의 관계를 살피는 접근보다는 이처럼 덧셈과 뺄셈을 동시에 고려하는 통합적 접근이 필요하다.

학생들이 쓴 이야기문제

아이들이 교사가 만든 문제를 가지고 며칠 동안 활동했을 때, 새로운 생각을 소개한다. "이 다음 문제들에서 선생님이 수를 제시할 것이에요. 여러분들은 이야기를 제시해 보세요."라고 말한다. 아이들이 교사가 제시한 수에 어울리는 이야기를 쓴 뒤에, 아이들이 그 문제를 푼 방법을 설명하도록 한다. (그림 6-2, 그림 6-3, 그림 6-4 참고.)

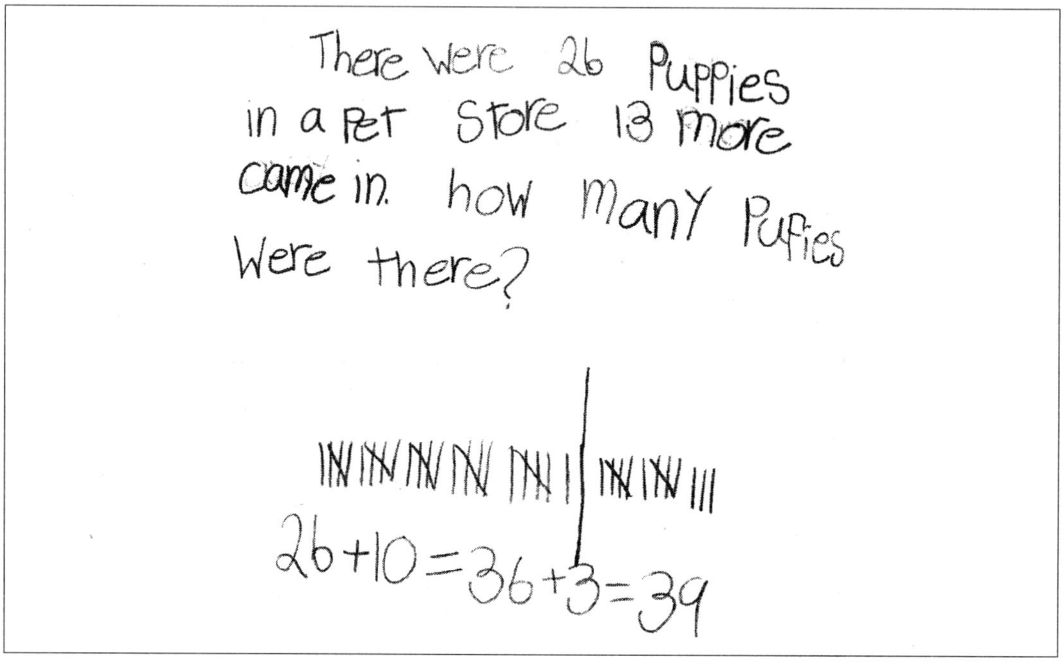

그림 6-2
Katie는 26+13에 어울리는 문제를 적고 빗금표시와 수로 풀이하는 두 가지 방법을 보였다.

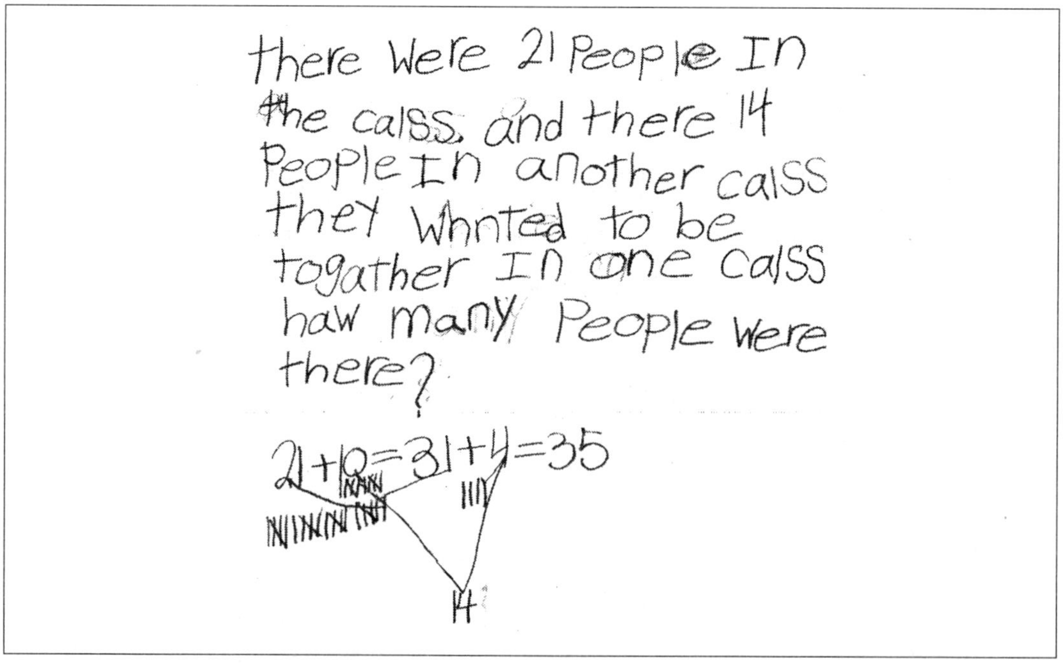

그림 6-3
Katie는 21+14에 대해서도 비슷한 접근을 활용하였다.

그림 6−4
Katie는 수만을 이용한 방법해서 뺄셈을 하기를 편안해 한다. Katie가 사용한 빗금 표시는 자신의 접근을 설명해 주는 보조 수단이다.

이 생각을 소개하기 위해 3+4=7과 같은 수식을 칠판에 적는다. 아이들에게 이 수식을 포함하는 상황에 관해 생각해 보도록 한다. 몇몇 자원자들이 자신들의 생각을 공유하도록 한다. 그러고 나서, 17+8=25와 같은 더 큰 수를 사용한 다른 수식을 칠판에 판서한다. 이 과정을 반복하여 많은 이야기를 만든다. 중요한 것은 아이들이 만든 이야기가 제시된 수들과 맞아야 한다는 점을 강조한다.

다음으로 몇 개의 덧셈식과 뺄셈식을 칠판에 적는다. 그러나 이 시간에는 답을 제시하지 않는다. 교사는 "오늘 선생님은 여러분들이 이 식들 중의 하나에 어울리는 이야기를 썼으면 합니다. 글이나 그림을 이용하여 이야기를 표현해도 좋아요. 이야기를 다 쓴 다음에는 그 문제를 푸는 방법을 설명하세요. 하나의 이야기를 다 끝내면, 짝에게 자신이 한 것을 봐 달라고 이야기 합니다. '내 이야기와 내가 답을 구한 방법을 이해 할 수 있겠니?'라고 꼭 물어보세요. 선생님은 수업시간 끝날 때 쯤 교실을 돌아다니며 여러분들의 생각을 살펴보도록 하겠어요." 와 같이 말할 수 있다.

100 탐구하기

금년 초에 교사는 아이들에게 10의 여러 가지 특징들에 대해 알도록 하였다. 이제 100을 가지고 마찬가지 활동을 할 것이다. 활동들을 선택할 때, 교사가 아이들을 관찰한 것을 토대로 활동들과 시기를 정한다.

- 아이들이 교사가 제공한 활동들의 유형과 수들에 적극적으로 참여하는가? 교사가 보기에 일부 아이들이 그렇지 않다면, 몇 가지 활동들을 추가한다.
- 교사가 아이들이 어떤 활동에 내재되어 있는 수학적 가능성들을 파헤치도록 격려하고 있는가? 아이들을 몰아붙이는 실수를 범하지 않도록 한다. 아이들이 게임을 하거나 활동을 하는 처음 얼마간, 아이들은 규칙과 절차에 초점을 맞춘다. 아이들에게 수학적인 활동을 할 수 있는 시간을 준다. 좋은 발문을 하고, 교사가 이 학생들 사이를 궤간순회 할 때 아이들의 사고에 관심을 보여 아이들이 이해로 다가갈 수 있게 격려한다.

1 달러 만들기 경주

동전은 아이들에게 1보다 큰 양을 세도록 한다. 그리고 1 다임(10센트 동전)은 10페니와 같은 값을 가지기 때문에 동전을 가지고 하는 활동은 2학년 아이들이 1보다 큰 양을 표현할 수 있는 추상적인 개념을 다루는데 도움이 된다. 이 활동은 가을에 **1 쿼터 만들기 경주**로써 소개되었었다.

준비물(2인 1 모둠당)

- 30개 이하의 페니
- 5개 또는 6개의 다임과 니켈
- 쿼터 몇 개
- 1달러 지폐(진짜 또는 가짜 돈)
- 주사위 한 쌍

교수·학습 지침

이 게임은 단순하면서도 쉬운 교환 게임이다. 놀이자 1은 두 개의 주사위를 굴리고 두 수의 합을 구한 다음 동전으로 그 수에 맞는 양의 돈을 가져간다. 놀이자 1은 교환하고 싶은 것이 있는지 결정하고 주사위를 놀이자 2에게 넘기고 놀이자 2는 같은 방법으로 놀이를 한다. 먼저 1달러를 갖는 사람이 이긴다. 교사와 아이들이 게임이 끝나는 규칙을 정할 수 있다. 주사위를 굴리는 것은 승자가 정확하게 1달러가 될 수 있게도 하지만 반면에 그 이상이 될 가능성을 포함한다.

이 게임을 가르칠 때 천천히 그리고 주의 깊게 한다. 한 학생이 교사와 함께 시범을 보이면서 학급구성원들에게 이 게임을 하는 방법을 설명한다. 교사가 동전을 쌓아감에 따라서, 자주 멈춰서 학급구성원들이 교사가 가지고 있는 동전들의 전체 합이 얼마인지를 교사가 계산하는 것 그리고 교사의 것과 시범 중인 아이의 것을 비교하는 것을 돕도록 한다. 교사와 아이 각자가 1달러가 되려면 얼마나 더 있어야 하는지를 골똘히 생각하도록 한다.

둘 중의 한 사람이 1달러를 얻기 전에 실연해 보는 것을 끝내도 좋다. 그러나 시간을 갖고 아이들에게 "여러분들 중에 선생님이 왜 멈춰서 동전의 양에 관해 이야기 하는지 이유를 아는 사람 있나요?"라고 물어 본다. 누구도 대답을 못한다면, 이 게임은 재미있지만, 참된 학습은 동전들의 가치를 이해하는데 있고 그리고 아이들이 이것들을 비교하는 방법들을 이해하는데 있음을 지적해 준다.

이 게임을 할 때, 아이들은 동전을 교환할 시기를 선택해야 한다. 전형적으로 아이들은 페니로 주사위의 합을 세어나가는 것으로 시작한다. 그러고 나서 더 큰 값의 동전으로 바꿔나간다. 실제 도전은 임의의 주어진 시기에 동전들의 전체 가치를 이해하는데 있다. 교사는 아이들이 자신들의 동전의 값을 계산하는 것을 보고, 어떻게 1달러에 접근하는지 물어봄으로써 아이들에 대해 많은 것을 배우게 될 것이다.

1−100 수배열표의 규칙

이 활동을 통해서 아이들은 큰 수 사이의 중요한 관계를 이해하도록 돕는 1−100 수배열표에서의 규칙을 알 수 있다.

1	2	3	4	5	6	7	8	9	10
11	12	13	14	15	16	17	18	19	20
21	22	23	24	25	26	27	28	29	30
31	32	33	34	35	36	37	38	39	40
41	42	43	44	45	46	47	48	49	50
51	52	53	54	55	56	57	58	59	60
61	62	63	64	65	66	67	68	69	70
71	72	73	74	75	76	77	78	79	80
81	82	83	84	85	86	87	88	89	90
91	92	93	94	95	96	97	98	99	100

준비물

- 10×10 칸의 투명 주머니가 붙어 있는 벽보용 1－100 수배열표(수가 적혀 있지 않음)
- 1부터 100까지 써 있으면서 투명 주머니에 들어갈 수 있는 크기의 수 카드
- 특정한 수들을 강조할 수 있는 방법 (유색의 투명 정사각형들이 좋지만, 색점들을 사용하거나 심지어는 플라스틱 색 타일을 사용할 수도 있다.)
- 1－100 수배열표 (부록 참고)

교수·학습 지침

수업을 시작하기 전에 1부터 15까지의 수를 벽에 붙어있는 투명 주머니에 넣어둔다.

첫 번째 활동 : 수업

순서 없이 한 번에 한 개의 수 카드를 집는다. 자원자들에게 앞으로 나와서 그 수를 알맞은 투명 주머니에 넣도록 한다. 그러고 나서 자원자에게 그 수가 들어갈 자리를 어떻게 알았는지 말하게 한다. 시간을 갖고 아이들이 자신이 선택한 것에 대해 설명하는 것을 즐긴다.

두 번째 활동 : 수업

교사가 전체 수배열표를 완성하고 나면, 수배열표 위에 있는 수 중 몇몇을 설명할 규칙을 마음속에 생각해 둔다. 예를 들면 다음과 같은 것이 있을 수 있다.

- 각 자리수의 숫자가 같은 모든 두 자리수
- 적어도 한 자리수의 숫자가 3인 모든 수

이 게임을 소개하기 위해서, 교사가 정해 둔 규칙을 아이들에게 말해 주고, 아이들이 교사에게 교사가 어떤 수들을 유색 투명 정사각형들이나 다른 방법으로 강조해야 할지 말하도록 한다. 일단 아이들이 수배열표 위에서 패턴을 만들어내는 규칙에 대해 기본적인 생각을 갖게 되면, 교사는 규칙을 미리 알려주지 않고 이 놀이를 할 수 있다.

이 놀이 형태에서, 아이들에게 수를 추측하게 한다. 아이들이 추측한 수가 규칙에 맞는다면, 유색의 투명 정사각형들을 수배열표 위에 놓아 그 수를 강조한다. 처음에는 아이들이 임의로 추측하지만 점점 정확한 추측을 할 수 있게 될 것이다. 학급구성원들이 자신들의 규칙들을 정하면서 활동을 할 때, 아이들은 "규칙을 만드는 사람"을 번갈아 가며 할 수 있다.

세 번째 활동 : 후속 개별 활동과 메뉴를 위한 아이디어

준비물

- 1－100 수배열표 아래 글을 쓸 수 있는 줄들이 있는 1－100 수배열표(부록 참고)

1－100 수배열표 위의 패턴

1	2	3	4	5	6	7	8	9	10
11	12	13	14	15	16	17	18	19	20
21	22	23	24	25	26	27	28	29	30
31	32	33	34	35	36	37	38	39	40
41	42	43	44	45	46	47	48	49	50
51	52	53	54	55	56	57	58	59	60
61	62	63	64	65	66	67	68	69	70
71	72	73	74	75	76	77	78	79	80
81	82	83	84	85	86	87	88	89	90
91	92	93	94	95	96	97	98	99	100

교수·학습 지침

아이들이 한 가지 규칙을 생각하고 각자 가지고 있는 1－100 수배열표 위에 이 규칙에 맞는 수들을 색칠한다. 아이들은 자신들의 규칙을 이 수배열표 아래에 적은 후 이 활동지를 교사에게 제출한다. 그러면 교사는 이렇게 완성된 활동지를 5장에서 10장 정도씩 스테이플로 묶는다.

(각각의 활동지 모음(이하 책)을 다른 색도화지로 표지를 만들어 구분해 둔다.) 이 책의 윗부분과 아랫부분이 안전하도록 이 책의 왼쪽 가장자리에 스테이플 한다. 각 책의 각 페이지에 위와 아래 부분에 순서대로 쪽수를 매긴다.

이제 1－100 수배열표 활동지에서 수배열표와 규칙을 써 놓은 부분이 분리되도록 완성된 책을 자른다. 책의 수배열표 부분이 있는 곳의 표지에 **패턴 책**이라고 쓰고 아이들의 설명이 써 있는 부분의 표지에는 **규칙 책**이라고 적는다.

메뉴 활동으로서 아이들은 패턴 책의 한 부분에서 흥미 있는 하나의 수 패턴을 선택하고 묶여 있지 않은 1－100 수배열표 위에 이 패턴을 복사하고 그러고 나서 자신들이 이 규칙에 대해 생각하는 것을 쓸 수 있다. 아이들은 자신들의 답을 확인하기 위해 **규칙 책**을 토대로 자신의 생각을 검토해 본다. (그림 6－5 참고.)

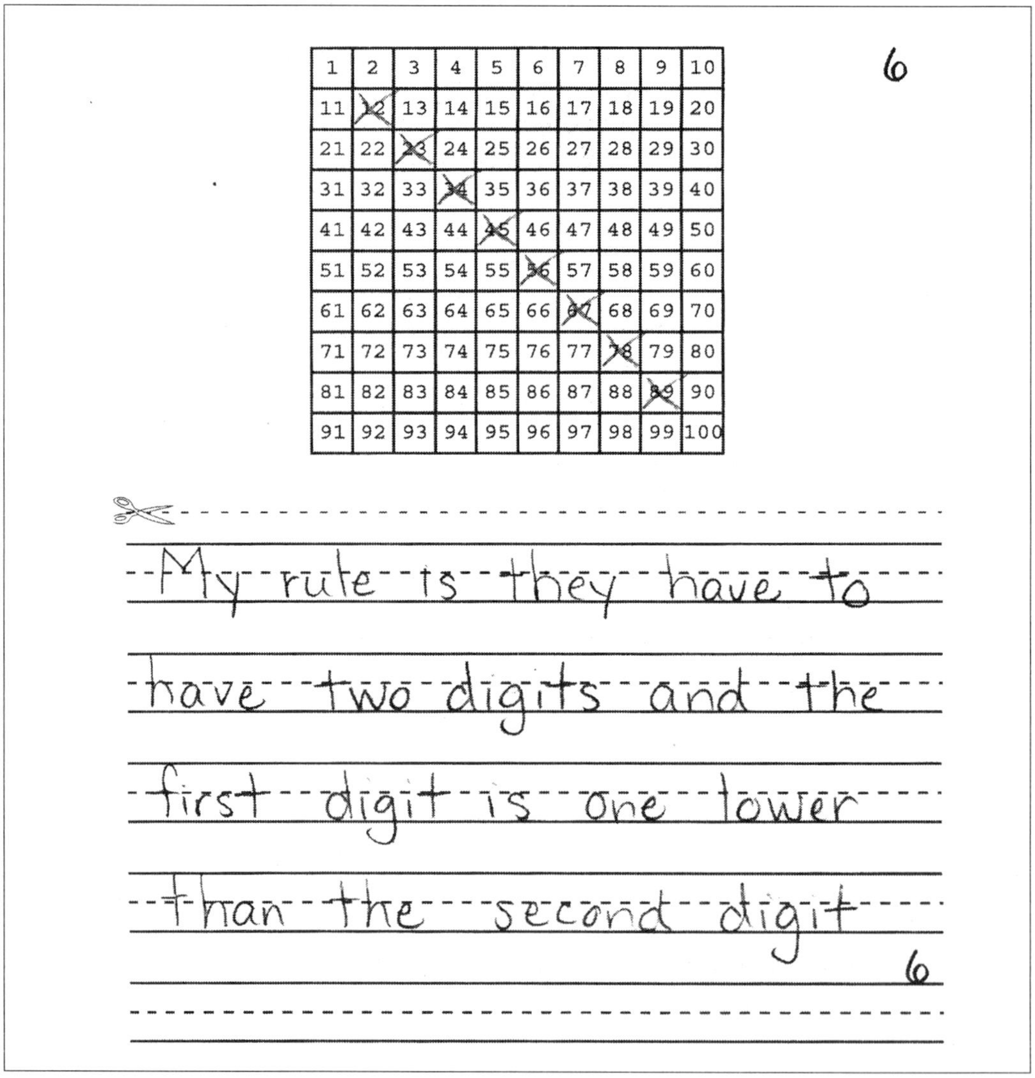

1	2	3	4	5	6	7	8	9	10
11	12	13	14	15	16	17	18	19	20
21	22	23	24	25	26	27	28	29	30
31	32	33	34	35	36	37	38	39	40
41	42	43	44	45	46	47	48	49	50
51	52	53	54	55	56	57	58	59	60
61	62	63	64	65	66	67	68	69	70
71	72	73	74	75	76	77	78	79	80
81	82	83	84	85	86	87	88	89	90
91	92	93	94	95	96	97	98	99	100

6

My rule is they have to have two digits and the first digit is one lower than the second digit

6

▶ **그림 6－5**
한 아이의 개인적인 패턴 활동지. 아이들은 이 활동지의 위 부분으로 **패턴 책**을 그리고 아래 부분으로 **규칙 책**을 만들 수 있다.

두 자리 수 덮기

Stenmark, Thompson, 그리고 Cossey(1986)이 집필한 『*Family Math*』라는 책에 소개되어 있는 1－100 수배열표를 사용하는 **두 자리 수**라는 게임이 있다. 모든 아이들이 이 게임을 할 수 있는 기회를 가진 후, 이 게임은 메뉴 활동이 될 수 있다. 이 게임의 변형이 또한 아래에 소개되어 있다. 이들 변형 요소들을 추가하여 아이들의 흥미를 유지시킨다. 이 게임에 대해 이야기하는 것을 통해 아이들의 사고를 확장하는 아래의 토론들을 본다.

준비물

- 교사가 가지고 있는 쌓기나무, 블록과 같은 크기의 정사각형이 있는 1－100 수배열표. 개인별로 하나씩
- 블록이나 쌓기나무 100개. 일부는 10개 묶음으로 되어 있고 나머지는 낱개로 있도록 한다.
- 2명당 한 개의 주사위

교수·학습 지침

각 놀이자는 돌아가며 주사위를 굴린다. 만약 3이 나오면 그 놀이자는 3개의 10개 묶음 또는 3개의 낱개 블록 중 한 가지만을 가져와서 자신의 1－100 수배열표 위에 놓는다. 각 놀이자가 **정확히 일곱 번씩** 주사위를 굴린 다음 100을 넘지 않으면서 수배열표를 거의 다 채운 사람이 이긴다.

이 놀이는 아이들이 확률 영역을 고려해 볼 수 있는 기회를 제공하고 확률에서 요구되는 기능들을 경험할 수 있도록 한다. 이 활동을 통해서 놀이자들이 또한 가져야 할 블록이 낱개블록인지 10개 묶음인지를 결정해야 하기 때문에 어림 기술을 발달시킬 수 있다.

전체 학급토론을 통해서 사고 확장하기

두 자리 수 덮기는 또한 아이들에게 1－100 수배열표를 활용하여 덧셈과 뺄셈 문제들을 해결해 볼 수 있는 추후 학습 기회를 제공해 준다. 아이들이 이 게임을 몇 차례 해 본 후, 교사는 이 토론을 한다.

1－100 수배열표를 준비하는 것으로 시작해서, 모든 아이들이 이를 볼 수 있게 한다. 이 수배열표는 처음에 83개의 숫자들이 덮여 있어야 한다. "선생님의 이 수배열표는 선생님이 주사

위를 5번 굴리고 난 후에 만들어진 것이라고 가정해 보세요."라고 말한다. 그러고 나서 다음과 같이 묻는다.

"지금까지 선생님이 덮은 숫자는 몇 개입니까?"
"10씩 몇 줄 덮였습니까?"
"낱개는 얼마나 덮였습니까?"

아이들이 대답한 뒤, 다음과 같이 묻는다. "백을 정확히 모두 다 채우려면 선생님은 몇 개 블록이 더 필요합니까?" 비록 일부의 아이들이 빈 칸을 하나씩 모두 세어서 대답을 할지라도 다음과 같이 말하는 학생에 귀 기울여 준다. "저는 90이 되려면 7개가 더 필요하다는 것을 알아요. 그러고 나서 10개가 더 있어야지 백이에요." 칠판에 83+7=90, 90+10=100, 7+10=17이라고 판서한다.

다른 아이는 아마도 "10개가 더 있으면 93이 되고 여기에 7개가 더 있으면 100이 되요."라고 말할 수도 있다. 이 때에는 83+10=93, 93+7=100, 10+7=17이라고 판서한다.

이런 종류의 제안을 하는 아이가 아무도 없다면, 아이들이 자신들의 생각을 모을 시간을 충분히 주었는지 판단해 보고, 교사가 이 제안들을 해 준다. 그러고 나서 교사의 제안을 이해한 아이가 있는지 알아보기 위해 다른 상황(예를 들어 78개를 덮은 경우)으로 추후 활동을 한다.

소모둠 내에서 사고 확장하기

다른 날, 교사는 서너 명의 아이들이 모둠을 지어서 유사한 문제 상황들을 토론하도록 하는 것이 좋다. 교사는 조합 문제를 해결할 때 이어세기, 하나씩 세기 전략을 전형적으로 사용하지만 보다 효과적인 전략들을 사용하기 바로 직전인 것 같은 아이들을 선택적으로 부를 수 있다.

이 시간, 이 소모둠에 있는 모든 아이들에게 1－100 수배열표 주고 각자, 예를 들어, 79개의 블록으로 덮도록 한다. 아이들에게 100이 되려면 몇 개의 블록이 더 필요한지를 알아낼 수 있는 방법에 대해 묻는다. 즉 "여러분이 이 문제를 푼 방법을 적어 보세요. 우리가 어제 칠판에 썼던 것과 같은 수식들을 사용해도 좋아요."라고 말한다. 아이들이 활동을 할 때 아이들이 문제를 해결하는 방법에 주목한다. 하나씩 세기 방법을 한다고 해서 낙담하지 않는다. 그러나 한 아이가 이 방법을 사용한다면, 이 아이에게 답을 확인할 수 있는 또 다른 방법을 찾아보라고 요청한다.[36] 몇몇 아이들은 새로운 전략을 시도하기 전에 답이 무엇인지 알아서 안심할 필요가 있다. 1－100 수배열표는 아이들이 의지할 수 있는 강력한 시각자료이다. 그리고 이

36) 주어진 문제를 해결할 때 서로 다른 두 가지 방법으로 풀어보라고 요청한다. 현행 초등수학 교과서의 "탐구 활동"에서 주로 다루는 아이들의 여러 가지 방법으로 문제를 해결하는 능력은 향상될 수 없을 것으로 본다.

수배열표는 10씩 한 줄로 조직되어 있기 때문에, 이것을 이용해서 이런 종류의 문제의 해결하는 것은 이 아이가 좀 더 효과적인 문제해결 전략들로 옮아가야 할 필요가 있는 아이들에게 안성맞춤이다. 아이들이 반응하는 방법에 따라 아이들의 준비상태에 대해 교사가 올바르게 추측하고 있는지를 교사는 알 수 있다. 아이들이 하나씩 세기 방법으로 돌아간다면, 이것이 아마도 이들이 필요해 하는 것이기 때문일 것이다. 따라서, 이것에 대해서 지나치게 압박을 가하면 안 된다.

여러 가지 두 자리 수 변형들

변형 1 - 두 자리수 활동의 역

이 놀이는 1－100 수배열표를 모두 덮은 채로 시작한다. 이 놀이의 목표는 가능한 한 0에 가깝게 하는 것이다. 놀이자가 주사위를 던졌을 때 놀이자는 굴린 수 만큼 낱개 블록을 가져올 것인지 10개 묶음을 가져 올 것인지 정해야 한다. (예를 들어, 주사위를 굴려서 4가 나오면 낱개 블록 4개 또는 10개 묶음 블록 4개를 치울 수 있다.)

각 놀이자는 정확히 7번씩 놀이를 한다.

변형 2 - 달러 자리 수

다임과 페니를 사용해서 기록한다. 이 놀이의 목표는 정확히 7번 번갈아 가면서 놀이를 하여 1달러를 넘지 않고 1달러에 가깝게 도달하는 것이다. 각 놀이자는 주사위를 굴린 수 만큼 페니나 다임을 가져간다. 놀이자는 한 번에 페니와 다임을 동시에 가져갈 수는 없다. 놀이자가 선택할 때마다 페니 10개는 다임 1개로 바꿀 수 있다.

변형 3 - 달러 자리 수의 역

이 놀이의 목표는 놀이의 마지막에 돈을 가장 적게 갖는 것이다. 아이들 모두 다임 10개를 가지고 시작하고 주사위를 굴린 수 만큼 다임이나 페니를 없앤다. 놀이자는 언제든 다임 하나를 페니 10개로 바꿀 수 있다. 각 놀이자는 정확히 7번만 놀이를 하여야 한다.

그 밖의 활동

한 게임을 반복해서 놀 수 있는 기회를 제공해 주고 그리고 게임을 하면서 한 생각들을 깊이 있게 이해할 수 있도록 하는 토론을 하는 것이 수학적 성장에 꼭 필요하다. 따라서 매일 새로운 것을 제공해야 한다는 강박관념에 휩싸이지 않아도 된다. 그러나 교사가 아이들이 이 장에서 논의된 개념들을 접할 수 있는 또 다른 많은 아이디어들을 필요로 한다면, 아래에 소개되어 있는 두 가지 중요한 자료를 참고하기 바란다.

Teaching Arithmetic: Lessons for Addition and Subtraction, Grades 2 – 3[37)]

(Tank and Zolli 2001)

이 책은 한 해의 이 시기쯤에 아이들에게 특히 적합할 만한 많은 게임들을 설명하고 있다. 100 만들기는 그 중의 하나일 뿐이다.

100 만들기

준비물

- 칠판 또는 OHP
- 학생들이 4 × 4인치 칸을 그릴 수 있는 종이
- 부분만 채워진 칸이 있는 종이 (아래 그림 참고)

교수·학습 지침

모든 아이들이 볼 수 있는 크기의 4 × 4인치 칸을 칠판위에 그린다. 더해서 100이 되는 두 수들이 있도록 각 칸에 수를 써 넣는다. (아래 참고.)

자원자들을 앞으로 나오게 하고 더해서 100이 되는 두 수에 ○표를 하도록 시키는 것으로 이 활동을 소개한다. 아이들이 모두 이 놀이를 이해했다고 생각되면, 아이들끼리 칸을 새로 그려서 해결하도록 한다.

30	50	10	90
70	80	50	30
20	40	60	70
100	0	90	10

35	81	19	38
65	38	72	12
62	85	88	39
22	78	15	61

변형 : 부분적으로 채워진 4인치×4인치 종이를 활용한다. 아이들이 채워지지 않은 칸들에 수들을 첨가하고 더해서 100이 되는 두 수들에 ○표 한다.

37) 이 책은 "구성주의 수학교실: 2학년 덧셈과 뺄셈"으로 번역될 예정임.

포 스트라이크이면 아웃

이것은 또 다른 재미있는 놀이이다. 이것 역시 조금만 준비하면 계속해서 반복할 수 있는 놀이이다. 이 놀이를 하는 방법은 다음과 같다.

1. 0에서 9까지의 수를 칠판에 쓴다.
2. 작은 종이에 수식을 쓰고 아이들이 보지 못하도록 한다. 교사가 생각하기에 37+26=63처럼 아이들이 풀기에 적합한 것이라고 생각되는 것을 쓰도록 한다.
3. 각 자릿수에 빈칸을 사용하여 칠판에 다음과 같은 보기를 쓴다.

   $$\square\square + \square\square = \square\square.$$

4. 아이들에게 각 자릿수를 말해보라고 한다. 한 아이가 말한 수가 수식에 있다면 보기 밑줄의 알맞은 자리에 수를 써넣고 0부터 9까지의 수 목록에서 그 자릿수를 지운다. 누군가 3을 말했다면 교사가 가지고 있는 수식은 다음과 같은 형태가 될 것이다.

   $$3\square + \square\square = \square 3.$$

   이 아이가 교사의 수식에 있는 수를 선택하는 한 계속해서 이 아이에게 수를 선택할 수 있도록 한다. 이 아이가 수식에 없는 수를 선택했다면(예를 들어 9) 학급구성원들은 "원 스트라이크"가 되고, 기회는 다른 아이에게 넘어간다. ×를 사용하여 스트라이크의 수를 표시한다.
5. 지금까지 시도했던 수들을 기억하기 위해서 교사의 0-9까지의 수 목록에서 알맞지 않은 수들을 지운다.

이 놀이를 진행하는 예는 다음과 같다.

새로운 아이가 6을 말했다고 가정하자. 이제 등식은 $3\square + \square 6 = 63$ 의 모양이 되었다. 이 아이가 다음으로 추측한 수가 1이라면, 교사는 두 번째 스트라이크를 주고 다른 아이에게 순서를 넘긴다. 다음으로 추측한 수가 운 좋게도 7이라면, 이 수식은 $37 + \square 6 = 63$ 이 된다. 범위가 좁혀짐에 따라 아이들은 생략된 수가 2라고 정확하게 추측할 것이며 그 결과 아이들이 이긴다. 그러나 아이들이 틀린 수를 선택했다면 놀이는 새로운 사람에게 넘어가고 포 스트라이크(이 경우는 교사가 이긴다.)가 될 때까지나 알맞은 수를 선택하여 아이들이 이기는 결과가 될 때까지 진행한다.

이 놀이는 많은 다른 형태의 수식에 효과적으로 반복하여 활용할 수 있다. 교사 마음속에

있는 수식과 보기 밑줄이 일치해야 한다. 예를 들면,

2 + 8 = 10 에 대해서는	□	+	□	=	□□
12 + 7 = 21 에 대해서는	□□	+	□	=	□□
100 − 25 = 75 에 대해서는	□□	−	□□	=	□□
8 + 8 = 10 에 대해서는	□	+	□	=	□□
35 + 29 = 64 에 대해서는	□□	+	□□	=	□□
22 + 78 = 100 에 대해서는	□□	+	□□	=	□□□

교사가 이 놀이를 몇 차례 시범보인 후, 교사 대신 아이가 나와서 수식을 제공하고 다른 아이들은 게임을 하도록 한다. 이 후에는 아이들이 2인 1모둠을 구성해서 보기 빈칸과 수식을 서로 만들어서 이것을 짝 활동으로 할 수 있다.

Putting Together and Taking Apart: Addition and Subtraction
(Russell, Economopoulos, and Wypijewski 1997)

이 책은 한 해의 이맘때 2학년 학생들에게 알맞은 이야기문제들과 놀이들에 관한 많은 자료를 담고 있다. 내가 2학년 봄에 아이들을 가르칠 때 이 책은 중요한 참고자료 중의 하나이다. 다음 활동은 이 책에서 소개하는 한 가지 활동에 불과하다. 이 활동을 선택한 것은 설명하기 간단하고 조금만 준비하면 되기 때문이다. 다른 활동들은 좀 더 손이 많이 가지만 이 활동들을 하는데 필요한 모든 준비물들이 이 책의 뒷부분에 있는 부록 영역에 안내되어 있어서 활용할 수 있어서 나는 이 자료들을 적극적으로 추천한다!

100되기

준비물

- 학생 2인 1 모둠당 주사위 2개씩(각 주사위의 6개의 면에 5, 10, 15, 20, 25, 30이라고 수를 적는다. 쌓기나무나 작은 정육면체에 이들 수를 적어서 사용해도 좋다.)
- 각 학생들이 사용할 놀이조각(말): 쌓기나무, 바둑돌 등
- 2인 1 모둠이 사용할 놀이판(1－100 수배열표)
- 백지

교수·학습 지침

2인 1 모둠의 두 사람이 번갈아가며 주사위 두 개를 굴린다. 각자의 합을 구한다음 그 수만큼 1－100 수배열표 위에서 이동한다. 각 놀이자는 주사위를 굴린 다음 자신들이 굴린 수를 기록한다. 주사위 두 개를 한 번 굴릴 때 마다 새로운 두 개의 가수가 발생하고 이 두 수를 앞서 얻은 수 열들에 첨가한다. 예를 들어, 첫 번째 주사위를 굴린 후, 10과 5를 굴린 사람은 10＋5라고 적고 자신의 말을 15에 올려놓는다. 다음에 주사위를 굴려서 20과 10이 나왔다면, 이 아이는 10＋5＋20＋10이라고 쓰고 말을 45에 올려놓는다. 놀이자가 100을 만들었을 때 모든 수를 더해봄으로써 말이 잘 움직였는지 확인한다. 전체 합은 반드시 100이 되어야 한다.

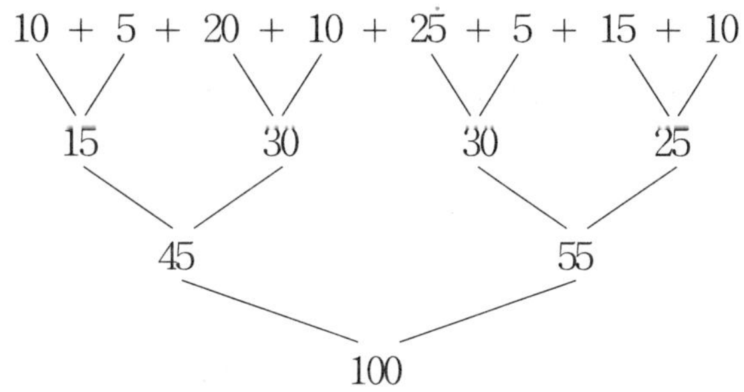

각 놀이자는 100에 도달할 때까지 놀이를 계속 진행한다. 2인 1 모둠의 각 구성원들은 각 이동을 점검하면서 이 수식을 계산하여 현재까지 굴려서 나온 각 회의 주사위들의 합이 100이 되는지를 알아본다. 각 모둠 구성원들은 또한 각자의 활동을 점검하여 오류가 없는지 확인한다.

새로운 종류의 이야기문제들

덧셈과 뺄셈에 관해 완전한 감각을 형성하기 위해 아이들은 다양한 상황을 포함한 문제들을 해결할 필요가 있다. 아래에 교사가 소개할 수 있는 새로운 이야기문제들이 몇 개 있다. 교사는 이것들을 토대로 새로운 메뉴를 만들고 또한 예전 문제들을 다시 살펴 볼 수 있는 기회를 가질 수 있다.

미지수가 변한 문제들

실생활에서 우리는 때때로 변화된 값을 구해야 할 때가 있다. 예를 들면

> 마리아는 야구카드 3장을 가지고 있었는데 지금은 10장이 되었다. 마리아에게 야구카드는 몇 장이 더 생긴 것인가? (3 + □ = 10)

또는

> 마리아는 야구 카드 몇 장을 가지고 있었다. 그런데 야구카드 7장이 더 생겨서 10장이 되었다. 마리아가 처음에 가지고 있던 야구카드는 몇 장인가? (□ + 7 = 10)

이 두 예는 첨가를 포함한다. 이 외에도 교사는 아이들이 미지수가 변하는 구잔 문제를 해결하기를 원할 것이다. 예를 들면

> 데이비드는 구슬 10개를 가지고 있습니다. 이 중 몇 개를 잃어버리고 구슬 4개가 남았습니다. 데이비드가 잃어버린 구슬은 몇 개입니까? (10 − □ = 4)

또한

> 데이비드는 몇 개의 구슬을 가지고 있습니다. 이 중에 6개를 잃어버리고 4개가 남았습니다. 데이비드가 처음에 가지고 있던 구슬은 몇 개 입니까? (□ − 6 = 4)

각 상황을 위해 제공된 이 수식들이 관련된 수학을 표현하고 있을지라도, 아이들은 이런 형태의 문제들을 해결하는데 여러 가지 서로 다른 방법들을 찾아 낼 수 있을 것이다. 중요한 것은 각 아이가 그들 자신이 이해하는 방법을 한 가지씩 가지고 있다는 것이다.

교사가 이러한 새로운 문제 상황을 소개할 때 더 작은 수를 포함하는 문제들로 시작하는 것이 좋다. 학기 초반부에 이야기문제들을 소개할 때 아이들이 활동을 시각화할 수 있도록 한다. 이후에 더 큰 수를 포함하도록 한다.

아이들이 이 문제들을 쌓기나무나 다른 셈도움물들을 이용해서 모델화 할 수 있다는 것을 아이들에게 상기시켜준다. 이러한 종류의 사고는 저학년 아이들에게 매우 도전적이 될 수 있다. 저학년 아이들은 수식만으로 해결하기 이전에, 문제 속의 행위들을 시각화하는 많은 기회

를 가질 필요가 있다.

다양한 형태의 이야기문제 상황들에 대한 완벽한 논의는 『*Math matters: Understanding the Math You Teach*』(Chapin and Johnson 2000)의 "덧셈과 뺄셈" 장을 참고하기 바란다.

100에 관한 이야기문제들

일단 아이들이 미지수를 포함한 문제에 익숙해져 있다고 판단되면, 교사는 100이라는 양에 중점을 둔 문제들을 소개할 수 있을 것이다. 이러한 몇몇 문제들은 바로 첨가 또는 구잔의 상황이 될 수 있다. 예를 들어

> 나는 15센트를 가지고 있습니다. 55센트가 더 생겼다면 내가 지금 가진 돈은 모두 얼마이겠습니까?
>
> 나는 100페니를 가지고 있습니다. 이 중에서 40페니를 써버렸다면 얼마가 남았을까요?

그리고 다음과 같은 문제들도 포함할 수 있다.

> 나는 학교의 백번째 날에 100개의 막대사탕을 모으려고 합니다. 지금 가지고 있는 막대사탕이 65개입니다. 모두 모으려면 몇 개가 더 필요합니까?

또는

> 마리아와 엘리오는 막대사탕 막대를 100개 모으려고 합니다. 마리아는 30개를 가지고 있고 엘리오는 65개를 가지고 있습니다. 두 사람의 막대로 100개를 모을 수 있습니까? 그렇지 않다면 몇 개가 더 필요합니까?

또는

> 에밀은 스티커 100개를 가지고 있습니다. 그 중에서 몇 개를 케네사에게 주어 지금은 88개가 남았습니다. 에밀이 케네사에게 준 스티커는 모두 몇 개입니까?

뺄셈의 벽 두드리기

대부분의 2학년 아이들은 덧셈보다 뺄셈이 더 어렵다고 생각한다. 사실 몇몇 아이들에게는 큰 수의 뺄셈이 수학을 학습하는 과정에서 직면하는 첫 번째 장벽이다. 따라서 심지어 큰 수의 덧셈 문제에 대한 매우 효과적인 전략을 고안한 학생이라 할지라도, 뺄셈문제를 해결할 때에는 그 확신이 줄어든다. 예를 들어, Martha는 보통 다음과 같은 방법으로 덧셈문제를 해결했다.

```
29   +   45
/\       /\
20  9   40  5

20 + 40 = 60
 9 +  5 = 14
60 + 14 = 74
```

그러나 Martha는 뺄셈문제를 풀 때에는 먼저 일의 자리에서부터 거꾸로 세어나가기로 풀었다. (다음 참고.)

(35), 34, 33, 32, 31, 30 29, 28, 27, 26, 25, 24, 23, 22, 21, 20, (19)

Martha는 손가락을 사용하여 5개씩 묶으면서 거꾸로 세었다.

비록 Martha의 방법이 뺄셈을 하는 효과적인 방법이 아니라 할지라도, 이 해결방법은 주어진 문제에 대한 좋은 이해와 뺄셈 연산을 보여주고 있다.

만약 2학년 아이들에게 잘 이해하지 못한 알고리즘을 무모하게 암기하도록 강압하지 않았다면, 많은 아이들이 결국 자신들이 이해한 정확하고 효과적인 방법을 고안해 낼 것이다. 아래에 있는 것들은 늦은 봄 2학년 아이들에게 32－19라는 수식에 대한 수식을 먼저 작성하고 이들이 이 문제를 해결한 방법을 보여 달라고 요청하였을 때, 이들이 고안해 낸 몇 가지 예들이다.

Katie의 이야기 : 나는 우표 32개를 찾았다. 그리고 나서 그중에서 19개를 잃어버렸다. 지금 나에게 남은 우표는 몇 장입니까?

Katie는 이 문제를 먼저 32에서 10을 빼고 낱개로 9를 빼는 전략을 사용했다.

$$32 - 10 = 22$$
$$22 - 9 = 13$$

이 방법은 대부분의 아이들이 사용할 것이라고 기대했던 전략이다. 그러나 내가 나머지 활동지들을 검토했을 때 이 문제에 대해 생각하는 놀라울 만큼 다양한 방법들이 있다는 것을 알게 되었다.

Ali의 이야기 : 나비 32마리가 있다. 그 중에서 19마리가 날아갔다면 남은 나비는 몇 마리입니까?

Ali는 이 문제의 32를 10+20+2로 재구성해서 해결하였다. 그리고 나서 Ali는 20에서 19를 빼었고 1이 남았다. 다음에는 원래의 수 32로부터 나온 10+2에 1을 간단히 더해 정답인 13을 도출해 내었다.

Nic의 이야기 : Nic은 풍선 32개를 가지고 있었다. 이 중에서 19개를 여동생에게 주었다면 몇 개의 풍선이 남았습니까?

Nic은 30에서 2를 떼어 놓았다. 그리고 나서 다음과 같은 연산을 하였다.

$$30 - 10 = 20$$
$$20 - 9 = 11$$

그리고 Nic은 이전에 떼어놓은 2를 더해 다음과 같은 정답을 구했다.

$$11 + 2 = 13$$

Tom의 이야기 : 학교의 벽에 32장의 그림이 있었다. 그 중에서 19장은 집으로 가져갔다. 벽에 남아있는 그림은 모두 몇 장입니까?

Nic과 같이 Tom은 30옆에 2를 떼어 놓았다. 그리고 다음과 같은 연산을 하였다.

$$30 - 9 = 21$$

그러고 나서, 21을 10+10+1로 재구성하였다. Tom은 이미 9개의 그림을 제거하였고 이제 10개를 더 제거하는 것은 쉽다. Tom에게 남은 것은 10+1(21을 재구성했던 것 중에 남은 것)+2(처음에 옆에 떼어 놓았던 2) 이다. Tom도 역시 정답 13을 구했다.

Kelly의 이야기 : 나무에 잎 32개가 있었다. 바람이 불어 19개가 날아갔다. 나뭇잎은 몇 장 남아 있습니까?

Kelly는 이 문제를 해결하는데 다음과 같은 연산을 사용하였다.

$9 - 2 = 7$

$30 - 10 = 20$, 따라서

$20 - 7 = 13$! (놀라운 것은 바로 켈리의 것이다.)

이 해결방법을 처음 봤을 때 나는 켈리의 정답이 우연히 나온 것이라고 생각했었다. 큰 수가 피감수의 일부분일지라도, 일반적인 뺄셈 실수는 큰 수에서 작은 수를 빼는데서 발생한다. 그래서 나는 좀 더 면밀히 살펴보고 Kelly가 자신이 하고 있는 것을 이해하고 있기 때문에 이 Kelly의 방법이 작용한다는 것을 볼 수 있었다.

9에서 2를 뺌으로서, Kelly는 효율적으로 32를 30으로 19를 17로 만들었다. Kelly는 피감수 32와 감수 19 모두를 2씩 줄였다. 그리고 10을 빼 20이 되고 다시 7을 빼서 13을 만든 것이다. (이 부분이 바로 내가 놀란 부분이다.)[38]

나는 아이 자신의 사고로 이해하기 위하여 아이가 활동하는 것을 주의 깊게 살피는 것이 중요하다는 것을 설명하기 위해 Kelly의 예를 포함시켰다. 처음에 나는 Kelly가 하는 것을 정말 이해하지 못하였었고 Kelly의 방법은 내가 문제를 푸는 방식이 아니었기 때문에 마음에 들지 않았었다. 나는 내가 그 문제에 관해 사고하는 나의 방식에서 벗어났을 때야 비로소 Kelly의 논리적인 해결방법을 이해하였다. 나는 Tom의 방법에서도 같은 고민을 하였었다.

모든 2학년 아이들이 뺄셈 문제를 해결할 때 그러한 효과적이고 독창적인 풀이과정을 사용

38) 아이의 창의성을 즐기기 바란다.

하는 것은 아니다. 그러나 우리가 아이들에게 이런 이해를 발달시킬 시간을 좀 더 준다면 2학년 아이들과 3학년 아이들이 뺄셈 장벽에 부딪히는 것을 줄일 수 있을 것이다. 이런 해결책은 갑자기 나타나는 것이 아니고 오히려 우리의 십진 체계와 뺄셈 연산에 대한 깊은 이해로부터 나온다는 것을 알 필요가 있다.

덧셈으로 뺄셈을 할 수 있는가? 두 가지 뺄셈 모델

위에서 이야기한 선략들은 보두 뺄셈의 구산 보델이다. 이 보델은 한 양을 전제 양으로 시작하여 이 양에서 일정량을 빼내는 상황을 포함한다.

반면 구차 모델에서는 두 양의 차이를 알아내는 것을 상황을 포함한다. 몇몇 이야기 상황은 이 모델에 보다 가깝다.

> 엄마의 키는 63인치이고 딸의 키는 48인치입니다. 엄마는 딸보다 얼마만큼 더 큽니까?

우리는 이 문제를 구잔의 방법으로 풀 수 있다. 63－48＝15. 그러나 이 상황에 대해 다르게 생각하는 방법은 48＋□＝63이다. 사실 이 수식은 이 문제 상황에서 발생한 것을 보다 정확하게 표현한 형태일 것이다. 그리고 아이들이 이런 종류의 문제를 해결할 때 작은 수부터 시작하여 큰 수에 이를 때까지 증분만큼 더해나가면서 해결해 가는 것을 자주 볼 수 있다.

$$48+2=50$$
$$50+10=60$$
$$60+3=63$$

따라서 답은 2＋10＋3＝15이다.

중요한 것은 아이들이 자신에게 유용한 방법을 찾도록 하는 것이다. 『*Teaching Arithmetic: Lessons for Addition and Subtraction, Grades 2－3*』(Tank and Zolli 2001)의 146쪽에서 평가와 관련된 자료들이 있다.

다른 문제해결 상황

아이들이 효과적인 문제해결 전략들을 발달시킬 수 있는 다양한 기회를 줄 수 있는 한 가지 방법은 많은 서로 다른 상황들을 찾아내는 것이다. 아래에 이와 관련된 몇 가지 아이디어가 있다. 교사들은 여기에 내가 소개한 방법들 보다 더 많은 방법들을 알고 있을 것이다.

점심 급식자수 세기

매일 점심을 학교 식당에서 제공하는 것을 먹는 아이들의 수와 관련된 문제를 만든다. 예를 들어 "28명의 아이들이 있고 19명은 식당에서 점심을 먹는다고 합니다. 도시락을 가져온 아이들은 몇 명입니까?"

달력날짜

오늘이 2월 14일이라면 2월은 며칠이 남아 있습니까?

오늘의 수

오늘이 올해의 130번째 날이고, 수업일수는 180일이라면 이번 학년은 며칠 남았는지 학생들에게 물어본다.

온도 읽기

날씨의 큰 변화가 있을 때 추운 날과 따뜻한 날의 온도를 비교한다. 만약 교사에게 온도계가 없다면 지역 신문의 자료를 이용한다. 세계의 여러 도시의 자료가 신문에 있다면, 교사는 아이들에게 학교가 있는 지역의 온도와 다른 한 지역의 온도를 비교하여 그 차를 알아내도록 격려한다.

쪽수

교사가 아이들에게 95쪽의 책을 읽어주고 있는데 지금 이 책의 75쪽까지 읽었다면, 얼마나 더 읽어야 하는지 물어본다.

2학년 학생 수 세기

만약 교사가 담당하고 있는 학급 학생수가 27명이고 다른 2학년 학급의 학생수가 26명이라면, 이 두 학급의 학생 수는 모두 몇 명인지 물어본다. 다른 학년도 이와 같이 계산하도록 한다. 그리고 2학년 학생 수를 5학년 및 다른 학년의 학생 수와 비교하도록 한다. “어떤 경향이 볼 수 있어요?”라고 묻는다.

돈 : 학급 벼룩시장

만약 교사가 장기적인 프로젝트를 찾고 있다면 아래에 아이들에게 동기부여해 줄 수 있는 것이 하나 있다. 아이들에게 집에서 더 이상 사용하지 않는 물건들은 가져오도록 한다. 벼룩시장을 열고 아이들은 친구들이 기부한 물건을 “구매”(그리고 실제로 집으로 가져간다.)한다. 아이들이 물건을 구매할 때마다, 놀이용 돈 1달러를 받는다. 아이들은 물건을 “구매”할 기회를 두세 번 갖는다. (모노폴리에 사용하는 돈이나 달러 지폐와 유사한 놀이용 돈을 사용한다. 나는 학교장 사진으로 Gorge Washington의 그림을 대체한 “지폐”를 사용하기를 좋아한다.)

벼룩시장을 계획하기 몇 주 전 아이들의 가정으로 안내장을 보내어 2학년 아이들이 좋아할 만 한 낡은 책, 더 이상 가지고 놀지 않는 장난감 등을 기부 받는다.

물건을 정리하고 가격을 매기는데 각 물건의 가격은 1달러를 넘지 않도록 한다. 진짜 동전들을 “계산대” 위에 놓아둔다. 그래서 아이들이 구매시 발생하는 적절한 거스름돈의 액수를 알 수 있도록 한다. <주의> 거스름돈은 항상 이 돈을 수로 적은 상품권의 형태로 주어진다. 모든 진짜 돈은 계산대에 있도록 한다.

일단 벼룩시장이 준비가 되면, 아이들은 돌아가면서 상점 계산원과 손님 역할을 한다. 처음에 아이들은 돈 1달러를 받고 쇼핑을 한다. 상점주인과 계산원은 구매자에게 주어야 하는 거스름돈을 상품권에 기입하고 계산원은 그 금액에 맞는 영수증을 발급한다. 가격이 1달러를 넘는 비싼 물건을 사기를 원하는 손님은 그 물건을 두고 가진 돈이 2달러가 되었을 때 2회차에 구매한다. 첫 번째 구매에서 상품권을 받은 아이들은 이것을 2회차에 받은 새 1달러와 합쳐서 사용할 수 있다. 2회차 또는 3회차 후에 사용하지 않는 모든 상품권들은 “은행”으로 반환하고 구매하지 않은 물건은 지역 자선단체에 기부할 수 있다(또는 조심스럽게 쓰레기 처분한다.).

기타

아이들에게 유의미한 수들로 덧셈과 뺄셈을 할 수 있는 기회를 주려고 늘 주의한다. 우리가 이것들을 연습할 수 있는 기회를 가졌을 때 우리 모두는 이 기능들을 향상시킬 수 있다. 많은 서로 다른 상황들에서 같은 기능을 사용하는 것이 이 활동을 늘 새롭고 흥미롭게 해 준다.

부모들의 이해 돕기

교사는 부모들이 교사가 교실에서 하고 있는 것을 이해하고 지지해 주기를 원한다. 만약 교사가 이번 학년 초에 3장에 제시한 "부모님께 드리는 편지"를 집으로 보내지 않았다면, 이 시기가 편지를 보낼 시점이다. 만약 이전에 가정으로 편지를 보냈었다면, 현재 아이들이 하고 있는 것에 대해 교사가 관찰한 것을 바탕으로 그 편지를 더 개선시켜 다시 보낸다.

평가하기

그림 6-6부터 그림 6-9는 이 단원의 마지막 부분에 사용하기 위한 간단한 평가들을 보여준다(부록 참고). 이런 평가들을 소개하는 시기까지 아이들은 이런 종류의 이야기문제들을 쓰고 해결할 많은 기회를 가질 것이기 때문에 도입활동은 짧게 해도 된다. 하루는 덧셈 문제를 하고 다른 날은 뺄셈 문제를 하도록 한다. 능력을 평가할 때 다음의 징후들을 살펴본다.

- 아직까지 수세기를 활용해서 문제를 해결하는 아이들
- 이어세기 전략을 사용할 수 있는 아이들
- 10의 묶음들을 사용한 수만을 사용한 풀이과정을 사용하는 아이들

다시, 교사가 뺄셈에서 보다 덧셈에서 더 효과적인 전략들을 관찰할 수 있다고 해서, 놀라지 않기 바란다.

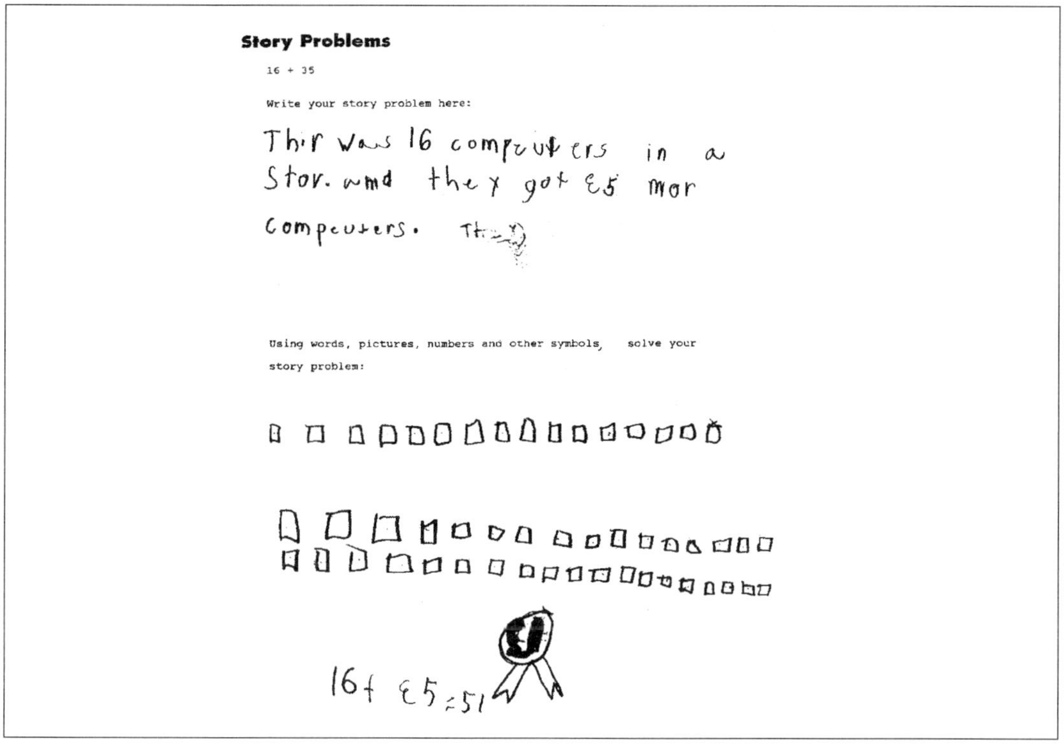

Story Problems

16 + 35

Write your story problem here:

Thir was 16 compruters in a Stor. amd they got 35 mor compeuters. Th

Using words, pictures, numbers and other symbols, solve your story problem:

16+35=51

◀

그림 6-6

Martin은 덧셈 상황 중 첨가 상황에 맞는 이야기를 적었고, 각 컴퓨터를 정사각형으로 그리는 직접 모델을 만들어서 이 문제를 정확하게 풀었다. Martin의 활동을 통해서 그가 첨가 상황을 이해하고 있음을 알 수 있지만, 그의 풀이과정은 효과적이지 못한 세기 전략이다.

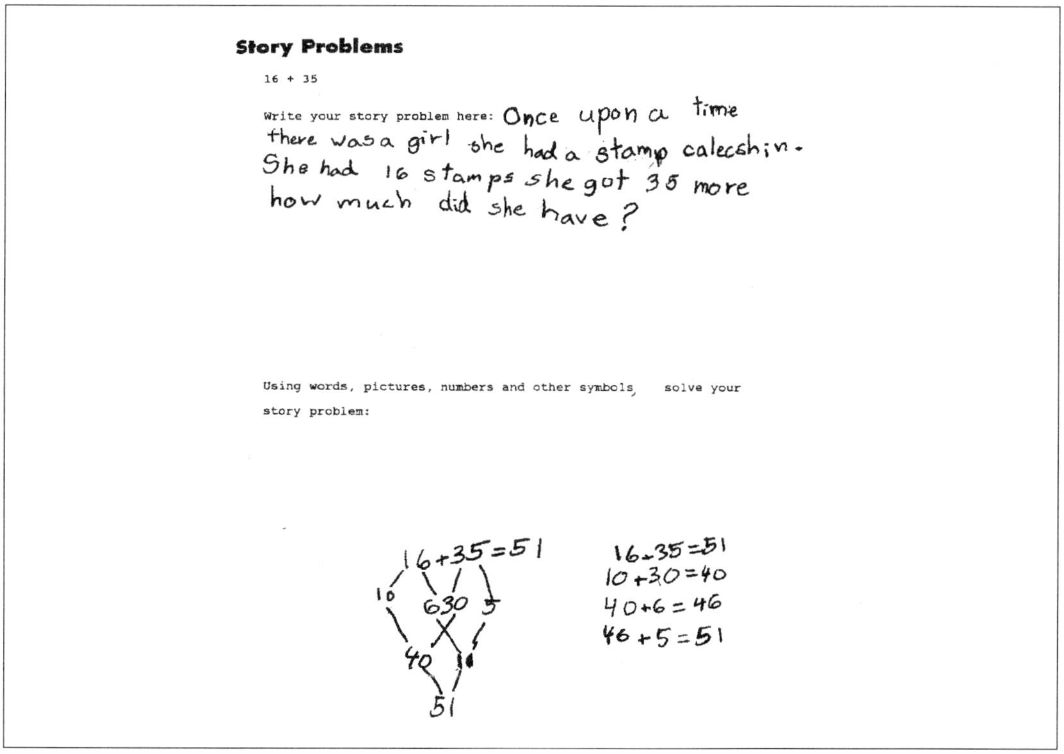

Story Problems

16 + 35

Write your story problem here: Once upon a time there was a girl she had a stamp calecshin. She had 16 stamps she got 35 more how much did she have?

Using words, pictures, numbers and other symbols, solve your story problem:

16+35=51

10 6 30 5

40 11

51

16+35=51

10+30=40

40+6=46

46+5=51

◀

그림 6-7

Maddy는 첨가 상황에 맞는 이야기를 만들 수 있었고, 그러고 나서 자신의 문제를 해결하기 위해서 두 가지 약간 다른 방법을 찾아냈다. 즉, 그는 주어진 수들을 십의 자리 수와 일의 자리 수로 분해해서 이것들을 조합하기 쉽게 했다.

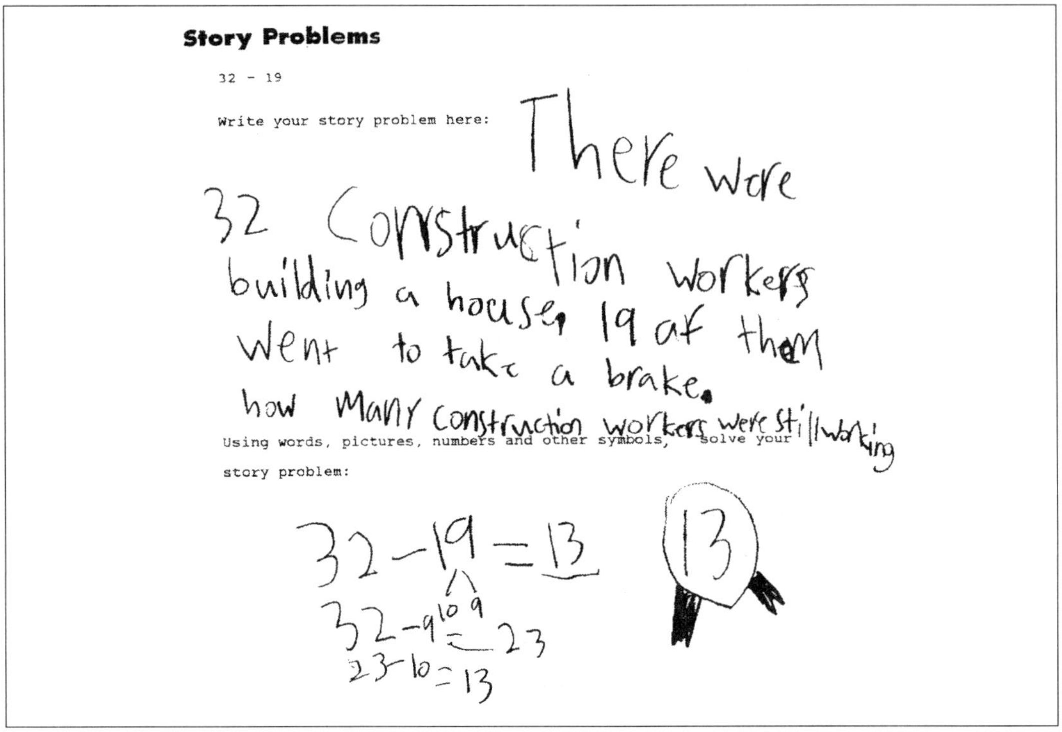

그림 6-8
Aaron은 구잔 상황에 맞는 뺄셈 문제를 적었고, 그러고 나서 19를 10과 9로 분해해서 뺄셈을 쉽게 하였다.

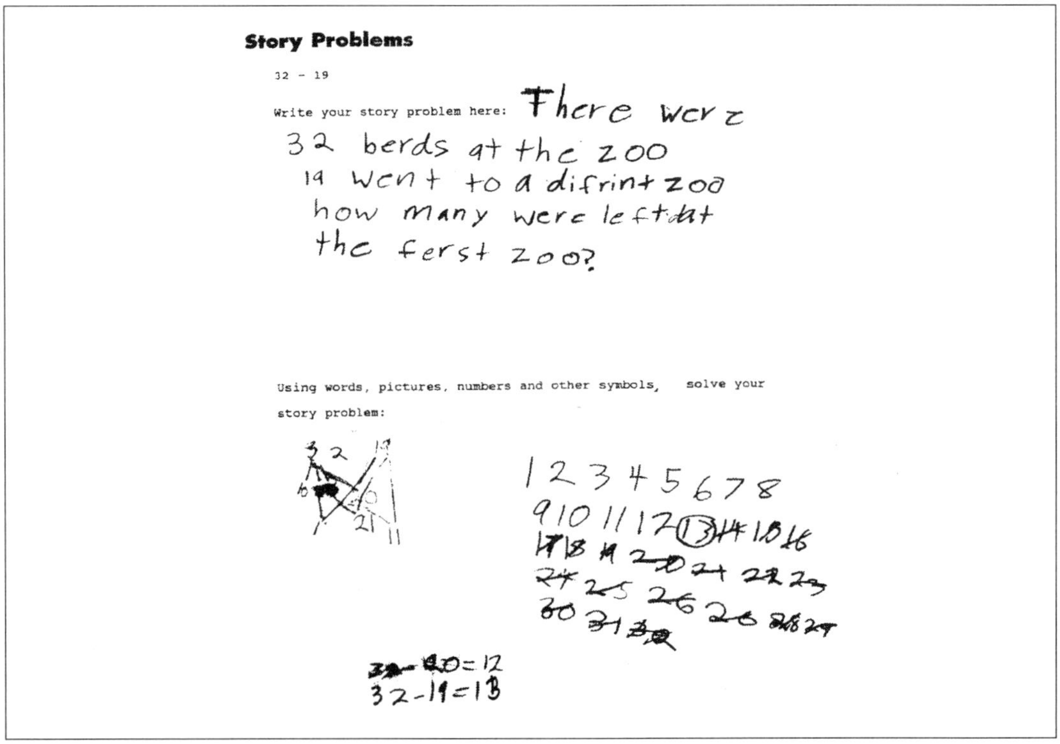

그림 6-9
Flora는 뺄셈 문제를 세 가지 방법으로 풀었다. 이 세 가지 방법은 두 수를 모두 십의 자리 수와 일의 자리 수로 분해하는 방법, 32로부터 거꾸로 세는 방법, 그리고 19를 친숙한 수인 20으로 바꾸는 방법이다. Flora이 사용한 다양한 전략들은 훌륭한 수 감각을 보여준다.

제 7 장

4월

한 해 동안 다양한 활동들을 하면서 얻은 결과물들 검토하기

4월은 교사와 아이들이 올 해 성취한 것을 검토하고 남은 기간 동안 교사가 학급구성원들에게 제공하고자 하는 것에 대해 생각하는 시기이다. 교사만이 교사가 담당하고 있는 학급을 이끌 방향을 결정할 수 있다. 교사는 이번 달에 덧셈과 뺄셈 활동을 마치고자 할 수도 있다. 아이들이 수학적 개념들을 탐구하도록 많은 시간을 제공하는 것은 지속적인 이해를 발전시키는 데 있어서 중요하다. 교사가 생각하기에 아이들에게 가장 유용할 것이라고 판단되는 것을 토대로 4월에 할 계획을 세운다. 하지만 교사가 계획한 것들이 나아가야 할 방향을 잘 잡은 것인지 알아보기 위해서 교육과정을 검토해야 한다.

아이들이 뭔가 새로운 것을 받아들일 준비가 되어 있다면, 이달에는 10월에 활용한 활동들을 설명한 3장에 있는 범주형 자료 수집 단원을 사용하거나 수로 이루어진 자료 수집 단원을 사용해서 곱셈을 소개하는 것을 생각해 본다. 그렇지 않다면, 수학을 다른 교육과정 영역들과 통합하는 것을 포함하는 방식으로 방향을 돌려도 된다. 예를 들어, 모델 마을을 만드는 것은 재미있으면서 만족스런 방식으로 수학, 국어, 사회를 함께 가르칠 수 있다.

부모와 함께 이 마을을 만들면 아이들에게 성취감을 증폭시켜 줄 수 있다. 이러한 활동들에 대한 몇 가지 제안들을 이 장의 뒷부분에 목록으로 올리겠다.

4월에, 교사와 아이들이 책상에 앉아서 표준화된 시험을 준비해야만 하는 운명이라면, 이 책의 시험 준비를 위한 부분으로 넘어가도 좋다(198쪽).

학습 환경

교사가 취한 이론적 방향이 무엇이든지, 교사는 올해 이 시기에 2학년 아이들 사이에서 발생한 미묘한 사회적 변화를 알아차려야 한다. 봄에, 2학년 아이들은 종종 2학년 아이들이라고 하기에는 "너무 크다"라는 생각이 든다. 아이들은 선생님에 대한 관심이 줄어들고 서로에게 더 관심을 갖게 된다. 이 초점의 이동은 교사를 당황하게 만들 수도 있다. 이러한 변화가 2학년 아이들에게서 봄에 볼 수 있는 자연스런 상황이라는 것을 알면 그 상황에서 마음을 덜 상할 수 있다. 이러한 새로운 "외부에 대해 보는" 태도는 개인적으로 교사를 거부하는 것이 아니라 아이들이 성장하고 있다는 표시이다. 그들은 그들의 성장속도에 맞게 좋은 결정을 할 기회를 더 많이 갖고 그들의 학습에 책임질 필요가 있다.

수학

오늘의 수와 달력 만들기

이달에는 가끔씩 세로셈을 소개하는 기회로 매일하는 **오늘의 수**를 사용한다. 예를 들어, 한 아이가 통상적인 가로셈 형식의 90+45=135를 사용하는 대신에 "구십 더하기 사십오"라고 말한다면, 이 수식을 아래와 같이 세로셈의 형식으로 판서해 준다.

$$\begin{array}{r} 90 \\ +\quad 45 \\ \hline 135 \end{array}$$

"브렌다의 아이디어를 수학 기호를 사용해서 표현하는 다른 방법이 있습니다. 이것은 여러분이 90과 45를 더하여 합이 135가 되는 것을 말할 때 사용할 수 있는 다른 방법입니다. 누가 이 수식을 풀어볼 사람 있어요?"라고 말한다.

한 학생이 다음과 같이 말하기 쉽다. "90과 40을 더했습니다. 이것은 130이 됩니다. 40에서 10을 하나 가져와 90에 더해서 100을 만들었습니다. 그리고 40에서 10을 가져온 후 남은 30을 100과 더했습니다. 그러고 나서 저는 여전히 남아 있는 5를 갖고 있고, 그래서 그것을 130에 더합니다. 그러면 135가 됩니다." 다른 아이도 이 수식을 해결하는 유용한 다른 방법을 가지고 있을 것이다.

이들은 세로셈의 형식으로 쓰여진 식에서조차 전형적인 받아올림과 받아내림의 필요성을 못 느끼기 때문에, 아마도 이들은 이 방법들을 사용하지 않을 것이다.

세로셈 형식으로 세 수를 더하는 덧셈식을 판서해서 이 논의를 계속한다. 아이들이 주어진 문제를 풀기 위해 세 수를 모두 함께 더해야 한다는 점을 이해할 수 있도록 도와준다. 이들이 주어진 과제를 완성한 방법에 대한 아이디어를 경청한다.

대부분의 수식들을 적을 때는 가로셈의 형태를 유지한다. 이렇게 함으로써, 아이들은 좀 더 쉽게 이 기호들이 표현하는 양에 초점을 맞출 것이다. 하지만 때때로 세로셈을 사용해서 아이들이 세루셈에 익숙해질 수 있도록 한다.

아이들은 이 달에 4월 달력을 만들어야 한다는 것을 잊지 않는다.

곱셈 소개하기

일부 아이들은 이미 **오늘의 수**에 관한 수식을 쓸 때, 곱셈을 이미 경험했을 것이다. 예를 들어, 어느 날 우리 반에서, Edwin이 다음 수식을 제안했다.

$$(4 \times 13) + (3 \times 5) = 67$$

나는 다른 아이들이 이 수식을 푸는데 어려움을 갖는 것을 알고, Edwin에게 4×13이 무엇인지를 이해하는 방법을 설명해 달라고 했다. Edwin은 이 수식 중 이 부분에 관한 답을 제대로 알지는 못했지만, 그 수식을 푸는 것에 확신에 차 있었다. Edwin은 15+15+15+15+7=67의 수식을 가지고 설명하기 시작했다. 그리고 15를 7+8+7+8+7+8+7+8+7=67로 분해했다. 그리고 나서 7과 8을 다음과 같이 다시 분해했다.

$$3+4+4+4+3+4+4+4+3+4+4+4+3+4+4+4+3+4=67$$

Edwin은 "그리고 이것이 나의 수식이 옳다고 내가 생각한 방법입니다. 4를 모두 세어 보았더니 13개 된다는 것을 알았습니다. 그리고 이것이 4×13이 됩니다. 왜냐하면 이것은 13×4와 같은 의미이기 때문입니다. 그리고 나서 같은 방법으로 3의 개수를 세었어요. 모두 5개가 있으므로 3×5라고 썼습니다. 이것이 제가 해결한 방법입니다."[39]라고 말했다.

39) 다시 한 번 아이의 창의성에 대해 즐기기 바란다. 아이의 사고를 폐쇄적으로 이끄는 교수・학습 행위를 실행하고 있지 않은지 반성해 볼 때이다. – 구성주의 수학교실 : 1학년(2010, 교우사) 중 역자서문 참고.

Edwin의 방법은 곱셈에 있어서 주요 아이디어들 중의 하나인 동수누가로서의 곱셈을 매우 잘 이해하고 있음을 보여 준다. 아이들이 수에 관해서 깊이 생각해 볼 수 있는 기회를 가질 때, 이 방법은 또한 아이들이 얼마나 창의적인지를 보여준다.

2학년 아이들은 종종 곱셈을 "증가"의 방법으로 보고, 이것에 대해 좀 더 흥미를 갖는다. 곱셈 구구의 빠른 회상은 2학년 기능이 아님을 유념한다. 이 과제는 더 높은 학년 아이들에게 훨씬 현실적이다. 하지만, 2학년 아이들은 곱셈의 개념적 이해를 발전시키기 시작할 수 있다. 사실, 이들은 곱셈이 큰 수의 뺄셈 보다 더 좋은 지적 대상이라는 것을 종종 발견한다. 곱셈은 덧셈과 밀접한 관계를 가지고 있고, 뺄셈과 달리 역으로 사고하지 않는다.

2학년 곱셈은 다음에 초점을 둔다.

- 아이들이 곱셈이 동수누가(2+2+2=6과 2×3=6이 같은 개념이라는 것)와 관련 있음을 알 수 있도록 돕는다.
- 아이들이에게 곱셈의 여러 가지 서로 다른 시각적 모델을 제공하고 사용할 수 있는 기회를 제공한다.
- 아이들이 곱셈의 개념을 적절한 수학 기호들과 연결시키는 것을 돕는 언어를 개발한다.

오늘 우리 반에 있는 발의 수는 얼마입니까? 묶음으로 되어 있는 것들[40)]

아이들이 동량의 묶음들을 더하는 것에 관해 생각해 보도록 하는 수업자료가 하나 있다.

아이들에게 한 반의 한 모둠에 4명의 학생이 앉아 있다면 모두 몇 개의 발(다리, 눈, 귀)이 있는지 알아보는 질문으로 시작한다. 자원자들에게 자신들의 추론에 대해 설명하도록 한다. 교사는 그 모둠의 아이들을 따라 2씩 세거나, 2+2+2+2=8, 또는 4+4=8과 같은 수식을 사용하는 것을 쉽게 볼 수 있다. 그러고 나서 더 큰 과제를 제시한다. "오늘 우리 반에는 모두 몇 개의 발이 있을까요?" 출석한 학생 수를 확인한 후, 구한 답을 나타내기 위해 단어, 그림, 수, 또는 다른 기호를 사용할 수 있음을 상기시켜준다. 교사가 궤간순회 하는 동안 아이들이 주어진 과제를 해결할 시간을 주고, 아이들이 사용한 여러 방법들을 메모한다. 그 날이나 다음 날에, 아이들이 각자 주어진 과제를 해결한 방법들을 공유하도록 한다. 그림 7-1과 그림 7-2는 몇 가지 전형적인 2학년 아이들의 반응을 보여준다.

40) 이 수업자료로 수업을 하는 생생한 모습은 "구성주의 수학교실: 곱셈(김진호, 김경미, 남미선, 경문사, 2009)"의 1장을 참고하기 바란다.

◀
그림 7-1
Howard는 2를 22번 그리고 나서, 이것들을 사용해서 2씩 44까지 세었다.

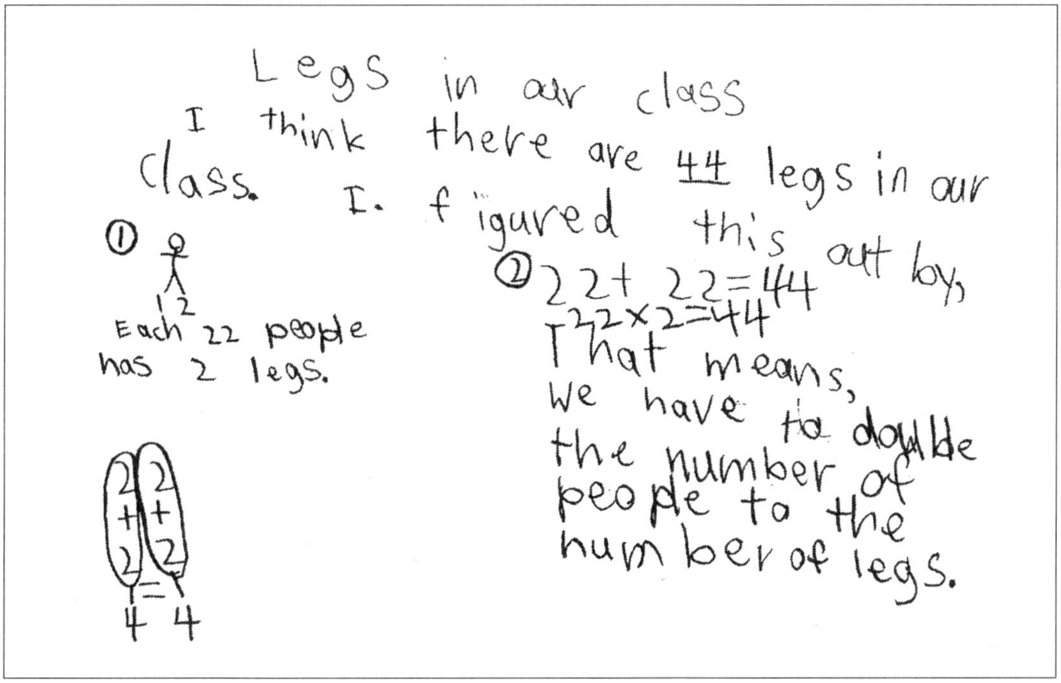

◀
그림 7-2
Edwin은 22를 2배해서 답을 얻었다.

이 토론을 활용해서 Edwin이 그림 7-2에서 자신의 활동을 보여준 것처럼 아이들이 많은 동량의 묶음들을 가지고 있을 때 자신들이 얼마나 많이 가지고 있는지를 알아보는 가장 빠른 길이 곱셈이라는 점을 이해하도록 한다. 또한 아이들에게 2개씩 짝지을 수 있는 것이 또 무엇이 있는지 생각하도록 요청한다. 이것에는 눈, 코, 신발, 자전거의 바퀴 같은 것이 포함될 것이다. 이것을 게시판에 목록으로 만든다. 그러고 나서 세 개, 네 개, 다섯 개, 여섯 개씩 묶음으로 있는 것들에 대한 목록도 만든다. 교사는 그림 7-3과 같은 것을 얻을 수 있다.

그림 7-3 묶음으로 이루어진 것들

묶음으로 이루어진 것들

2개씩
눈
귀
신발
자전거 바퀴

3개씩
세발자전거 바퀴
삼각형 모서리(꼭짓점)

4개씩
자동차 바퀴
사각형 모서리(꼭짓점)

5개씩
별의 점
한 손의 손가락
한 발의 발가락

6개씩
곤충의 다리
다윗의 별의 점

이렇게 작성된 목록을 큰 종이에 옮기고 이것을 교실의 한 공간에 게시해 두고, 아이들에게 이 수업 후에 그들이 찾은 새로운 생각을 추가할 수 있다고 설명해 준다. 교사는 이 목록을 이용해서 184쪽에 있는 **배수 패턴** 활동을 할 수 있다.

원과 별 게임

이 활동은 동수누가로써의 곱셈에 대한 개념을 시각적으로 해석할 수 있는 기회를 제공해 준다. 이 게임은 곱셈에 관한 언어와 기호를 소개하는 좋은 방법으로 Marilyn Burns(2001)의 『*Teaching Arithmetic: Lessons for Introducing Multiplication, Grade 3*』[41]에 자세히 소개되어 있다. 다음의 수업은 원본을 요약한 것으로 2학년 아이들에게 적절하다.

41) 이 책은 "구성주의 수학교실: 곱셈(김진호, 김경미, 남미선, 2009, 경문사)"로 번역되어 있고, 이 게임은 이 책의 2장에 있다. 또한 이 수업자료의 일부를 각색한 활동이 초등학교 2학년 1학기 수학익힘책의 8단원 놀이마당에 수록되어 있다.

준비물

- 2인 1모둠당 한 개씩의 주사위
- 개인별로 A4 한 장씩

교수 · 학습 지침

1. 학급구성원들을 상대편으로 하여 이 게임을 놀이하면서 이 게임을 지도한다. 교사는 주사위와 칠판을 준비한다. A4용지를 아이들에게 보인 후, 이 게임을 4회 한 것을 기록할 활동지를 만들기 위해서 A4용지를 4등분으로 접는 방법을 보여준다. 칠판을 2부분으로 나눈다. 한 쪽에는 교사가 원과 별을 그리기 위한 공간이고, 다른 한쪽은 아이들이 한 것을 기록하기 위한 공간이다.

2. 교사쪽 칠판에 얼마나 많은 원을 그려야 할지를 결정하기 위해서 주사위를 한 번 굴릴 것이라고 설명해 준다. 3이 나왔다면, 교사쪽 칠판에 큰 원 3개를 그린다. 그러고 나서 다시 주사위를 던져서 두 번째 나온 주사위의 눈의 수만큼 각각의 원안에 별을 그릴 것이라는 것을 아이들에게 알려준다. 두 번째 던졌을 때 4가 나왔다면, 교사쪽 칠판에 다음과 같이 그려야 한다.

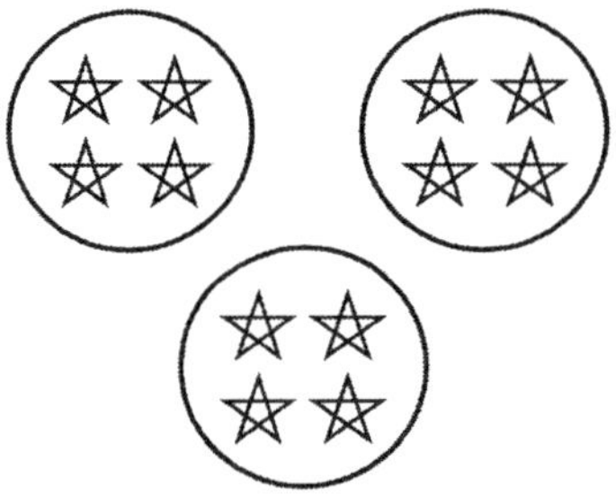

3. "이것이 우리가 이 게임을 **원과 별 게임**이라고 부르는 이유예요. 처음에 던진 것은 몇 개의 원을 그려야 하는지를 결정하고, 두 번째 던진 것은 각각의 원 안에 그릴 별의 개수를 말해요. 이제 선생님은 선생님이 모두 몇 개의 별을 그렸는지 알아봐야 해요. 누구 4개씩 3묶음에 별이 모두 몇 개 그려졌는지 알아보는 방법을 말할 사람 있나요?"라고 말한다. 아이들의 제안을 받아들여 이번 회에서 나온 별의 합계를 판서한다.

4. 이제 한 아이에게 학생쪽 칠판에 그릴 원의 수를 결정하기 위해 주사위를 한 번 던지게 한다. 그러고 나서 다른 아이에게 별의 수를 정하기 위해 주사위를 다시 던지도록 한다. 자원자들에게 학생쪽 칠판에 그려진 별의 수가 모두 몇 개인지 알아내는 방법을 설명하도록 한다.

5. 아이들이 게임의 규칙을 이해했다고 생각한다면, A4용지를 4등분하는 방법을 보여주고, 짝과 같이 이 게임을 4회 하도록 한다. 매회 놀이자들은 그려진 별의 개수가 몇 개인지 구해야 한다. 4회가 모두 끝나면, 각 놀이자는 자기가 지금까지 그린 별의 수의 총합을 구해야 한다. 완성된 활동지는 그림 7－4와 같다.

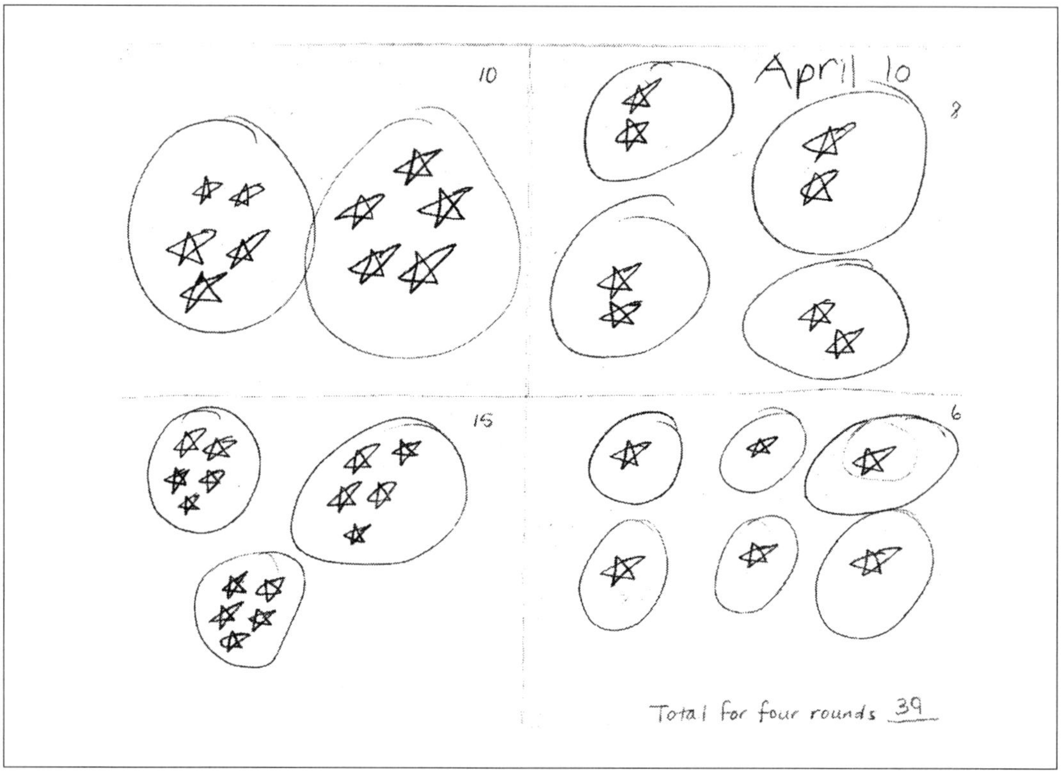

그림 7－4
Joelle는 4회에서 34개의 별을 얻었다.

6. 아이들이 4회의 게임을 모두 끝낸 후에(아마도 2일째), 그들의 결과에 대해 토의하는 시간을 갖는다. 교사는 다음과 같은 질문을 할 수 있을 것이다.

"각자 한 것 중에서 한 회에서 가장 많은 별을 가진 것은 몇 개입니까?"
"36개의 별보다 더 많이 그린 사람이 있어요?"
"어떻게 36이 나왔나요? 그래요, 6개의 원 안에 6개의 별이 있을 때, 36이 나와요. 36이 나오는 다른 방법은 없나요?"
"별의 수가 가장 적은 경우의 수는 무엇이죠?"
"12개의 별이 나온 사람 있어요? 그렇다면, 종이에는 어떻게 그려져 있나요? 다른 방법으로 12가 나온 사람 있나요?"
"한 회에서 7개의 별이 나온 사람 있나요? 왜 없을까요?"

아이들이 교사의 질문에 대답할 때, "4개씩 2묶음인 별은 8개입니다." 또는 "4개씩 2개는 모두 8입니다."와 같은 언어를 사용하도록 한다.

7. 칠판에 4개의 별이 그려진 3개의 원을 그리고 3가지 방법으로 이것을 표현하는 방법을 설명해 준다.

   - 4개씩 3묶음은 12이다.
   - 4개씩 3번은 12이다.
   - 3×4=12

   ×는 수학 기호로 **동량의 묶음의 수**를 의미한다는 것을 설명해 준다. "이제 여러분은 매회 나온 결과를 1가지 또는 그 이상의 방법으로 글로 작성하면서 게임을 해야 해요. 여러분에게 가장 마음에 와 닿는 언어를 사용하세요. 이것이 다 끝나면, 종이를 뒤집어서 상대편과 4회의 게임을 더 하세요. 다시, 매회 나온 원과 별 그리고 별의 총 개수를 나타내기 위해 1가지 이상의 방법으로 글을 작성하세요."라고 말한다.

8. 이후 몇 일간, 아이들이 학교와 집에서 원과 별 게임을 하도록 격려해 준다.

어떻게 퀼트를 멋진 모양으로 만들 수 있을까?

준비물

- 학급구성원들에게 시범을 보일 15㎝×15㎝ 크기의 정사각형 색종이 4장
- 2인 1 모둠 당 24개씩의 색 타일
- 색타일과 같은 크기의 모눈종이

교수 · 학습 지침

1. 이 활동은 곱셈의 배열 모델을 소개한다. 원 모양으로 아이들을 러그 위에 모이도록 한다. 교사는 정사각형 모양의 퀼트를 만드는 중이고, 멋진 모양의 퀼트를 만들기를 원한다고 설명한다. 15㎝×15㎝ 크기의 정사각형 색종이 4장을 보여준다. 이 정사각형 색종이들을 배열해서 직사각형 모양의 퀼트를 만들 수 있는 방법이 있는지 아이들에게 물어본다.

2. 아이들이 한 제안들에 따라 "4개씩 한 줄", "두개씩 두 줄"과 같은 언어를 사용해서 색종이를 재배열한다. 이들 아이디어들을 1×4와 2×2로 칠판에 판서한다.

3. 이제 아이들의 과제는 정사각형 색종이 6장, 정사각형 색종이 12장, 그리고 정사각형 색종이 24장을 가지고 만들 수 있는 모든 직사각형의 퀼트를 알아내는 것임을 설명한다. "여러분은 색타일을 사용해서 모든 가능한 방법들을 찾아봐야 합니다. 선생님은 여러분이 만든 각각의 모든 직사각형들을 모눈종이에 그리고 이것들을 오려서 여러분이 어떤 직사각형들을 만들었는지 알 수 있도록 하세요. 각 직사각형에 곱셈식을 이용해서 이름을 붙이도록 하세요."라고 말한다.

4. 아이들이 문제를 해결할 시간을 가진 후에, 그들이 발견한 것을 토론하고, 그들이 생각하기에 퀼트를 만들기에 가장 적당한 직사각형이 무엇인지에 대한 아이디어들을 공유할 수 있는 시간을 갖도록 한다.
   교사가 아이들에게 곱셈의 배열 모델을 가지고 활동하는 기회를 더 주고 싶다면, 색타일의 수를 달리하여 이 활동을 더 하도록 할 수 있다. 예를 들어, 아이들에게 1부터 24까지의 수들로 만들 수 있는 다양한 직사각형을 찾을 수 있는 방법을 탐구하도록 한다. "직사각형을 한 가지 방법으로만 만들 수 있는 수는 어떤 수들이 있어요?"라고 묻는다.

배수의 패턴[42)]

다시, 이 수업자료의 완전한 설명은 『*Teaching Arithmetic: Lessons for Introducing Multiplication, Grade 3*』(Burns 2001)을 참고한다.

준비물

- 묶음으로 되어 있는 것들 활동으로부터 나온 차트들
- 1인당 1−100 수배열표
- 셈도움물

교수 · 학습 지침

이 활동은 2학년 아이들이 2부터 6까지 수들의 배수의 패턴을 검사하도록 격려한다. 이것은 또한 정보와 정보들 사이의 수학적 관계를 기록하는 한 방법인 T−차트를 도입하는 기회가 된다.

42) 이 수업자료는 "구성주의 수학교실: 곱셈(김진호, 김경미, 남미선, 경문사, 2009)"의 10장에 자세히 소개되어 있다.

1. 아이들이 최근에 4명의 다리 수를 구하는 활동을 했었음을 아이들에게 상기시킨다. 오늘 수업시간에는 4명의 귀의 수를 알아볼 것이라고 학급구성원들에게 말한다.
2. 아이 4명을 교실 앞으로 나오게 하고, 하나씩 세기와 둘씩 뛰어세기를 통해 귀의 수를 센다.
3. 칠판에 곱셈식 2×4=8을 쓰고 이 곱셈식은 귀가 모두 8개임을 알려준다는 것을 상기시킨다.
4. 이제, "6명이라면 귀의 수가 어떻게 될까요?"라고 묻는다.
5. 아이들의 사고를 확인시킬 수 있도록 아이 2명을 앞으로 더 나오라고 한다. 칠판에 2×6=12라고 쓴다.
6. "이제 선생님은 한 사람, 두 사람, 세 사람 등의 귀의 수를 알아보는 표를 만들려고 합니다."라고 설명한다. 교사가 칠판에 다음과 같은 정보를 쓰고, 교사가 각 사람의 수에 대한 귀의 수를 정확히 구하는 것을 돕도록 격려한다.

사람	귀	
1	2	2×1=2
2	4	2×2=4
3	6	2×3=6
4	8	2×4=8
5	10	2×5=10
6	12	2×6=12

7. 다음으로 1−100 수배열표 위에 귀의 수에 대한 패턴을 기록하는 방법을 보여 준다. (그림 7−5 참고.)

1	2	3	4	5	6	7	8	9	10
11	12	13	14	15	16	17	18	19	20
21	22	23	24	25	26	27	28	29	30
31	32	33	34	35	36	37	38	39	40
41	42	43	44	45	46	47	48	49	50
51	52	53	54	55	56	57	58	59	60
61	62	63	64	65	66	67	68	69	70
71	72	73	74	75	76	77	78	79	80
81	82	83	84	85	86	87	88	89	90
91	92	93	94	95	96	97	98	99	100

◀ **그림 7−5**
1−100 수배열표 위에 2의 배수들이 음영처리 되어 있다.

8. **묶음으로 되어 있는 것들** 차트로부터 한 아이템을 선택해서 2인 1 모둠으로 활동할 것이라고 설명한다. 아이들의 임무는 자신들이 선택한 아이템에 맞는 T－차트를 만들어 내는 것이다. 이때, T차트에는 선택한 아이템으로 1－6까지의 배수들을 기록하도록 한다. 예를 들어, 세발자전거의 바퀴 수를 알아보기로 했다면, 세발자전거가 한 대일 때, 세발자전거가 두 대일 때 그리고 세발자전거가 여섯 대일 때까지 모두 알아봐야 한다. 그러고 나서 귀의 수에서 했던 것처럼 1－100 수배열표에 이 배수들을 색칠한다.

   2학년 아이들이 3, 4, 6의 수들에 대한 배수를 알아보는 것은 도전감을 준다. 아이들에게 이 과제를 수행할 때 구체물을 사용할 수 있음을 상기시켜 준다. 아이들에게 1－100 수배열표를 활용해서 이 배수들을 알아 볼 수 있다고 안내한다.

   이 활동을 빨리 마친 각 2인 1 모둠은 목록에서 두 번째 아이템을 선택할 수 있고 이 아이템에 대한 T－차트를 만들고 1－100 수배열표에 색칠한다.

9. 색칠된 1－100 수배열표를 전시하고 아이들에게 이 표에 나타난 여러 가지 패턴들을 알아볼 수 있는 기회를 준다.

지금까지 설명한 몇 가지의 활동들은 아이들에게 곱셈을 이해하는 계기를 마련해 줄 것이다. 이들이 3학년이 되어 다시 곱셈을 배울 때, 이들은 자신감에 차 있을 것이며 이 주제에 대해 일정 수준의 편안함과 이해를 갖고 있기 때문에 이 주제를 좀 더 깊이 있게 탐구할 수 있을 것이다.

수로 이루어진 자료 수집

4장에서 제시한 그래프 그리기 활동들은 일반적으로 범주형 자료를 수집하는 것과 관련되어 있다. 아이들은 자신들이 어떤 범주에 속하는지에 대해 생각해야 하는 질문들을 받았다. 예를 들어, "몇 월에 태어났어요? 학교에 어떻게 와요? － 도보, 자동차, 버스, 자전거. 여러분은 여러분의 가족들 중에서 큰 형(언니)에요, 중간이에요, 막내에요, 아니면 외동이에요?"

수로 이루어진 자료는 다른 양상이 있다. 이것은 **얼마나 많은지**에 대한 질문에 답해야 한다. 예를 들어, "몇 살입니까? 학교에서 집까지 몇 블록을 가야합니까? 여러분의 가족은 모두 몇 명입니까?" 수로 이루어진 자료에 중점을 둘 때, 교사는 아이들에게 학급구성원 전체가 함께 조사할 만한 재미있는 질문을 선택해서 한 모델을 먼저 제공하는 것이 좋다. 나중에, 교사는 아이들이 자신만의 조사들을 할 수 있도록 자유롭게 해 준다. 그리고 교사는 학급구성원들이 한 조사가 아이들에게 자료를 수집하고, 조직하고, 표현하고, 분석하는 것을 연습할 수 있는 기회를 제공해 주었는지 확인해야 한다. 이상적으로, 추후 조사를 유발시키는 새로운 질문들이 이 분석으로부터 발생할 것이다.

Z의 이야기를 기초로 한 수로 이루어진 자료 수집 경험

교수 · 학습 지침

1. 아래에 설명되어 있는 대규모의 조사를 준비하기 위해, "우리 학급 아이들의 이름에 있는 철자는 몇 개입니까?"라는 질문에 대답하는 학급 그래프를 작성한다. 각 아이들은 자신의 이름을 1인치 모눈 칸에 한 칸에 한 철자씩 쓴다. 빈 칸들은 잘라서 이름의 길이를 한 눈에 알아볼 수 있게 한다. 2개의 철자로 된 이름들로 이루어진 세로 행, 3개의 철자로 된 이름들로 이루어진 세로 행, 등으로 간단한 그래프를 만든다. (그림 7-6 참고.)

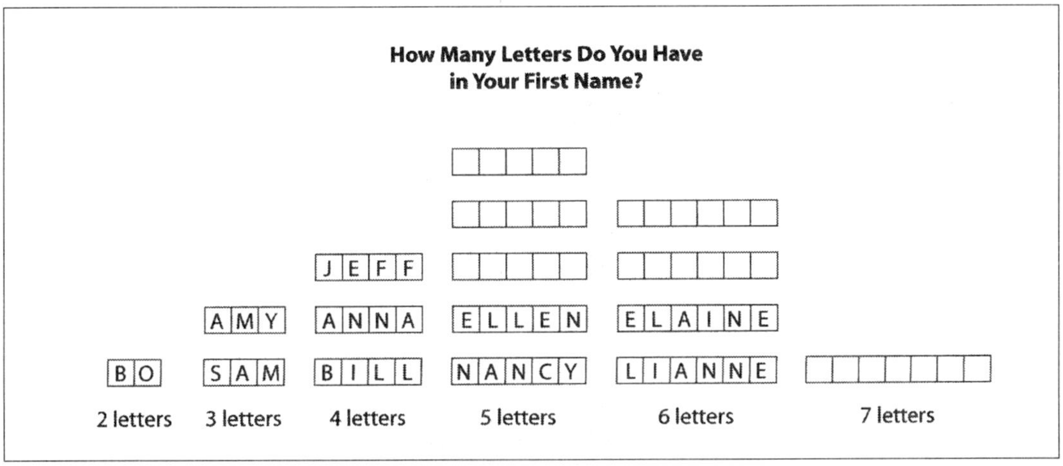

그림 7-6
아이들은 자신의 이름에 있는 철자의 수를 토대로 그래프를 만든다.

2. 자료가 조직되면, 아이들에게 그 자료를 보고 알 수 있는 것을 물어본다. 아이들의 반응들은 아래와 같은 것들 일 것이다.

   - 이름에 5개의 철자가 들어간 사람이 더 많다.
   - 2개의 철자를 가진 사람은 한 명이다.
   - 7개의 철자를 가진 사람의 이름이 가장 길다.

3. 나중에, Jcannc Mod(1990)의 Z의 이야기를 읽어준다. 이 우화는 알파벳 철자들 사이에 일어난 언쟁으로 철자 Z가 자신이 충분히 활용되지 않았고 평가 절하되었음을 주장하는 내용으로 구성되어 있다. 2학년 아이들은 Z의 허풍에 재미있어하고, Z가 각 글자에서 빠져버림으로써 생겨난 결과에 대해 좋아하게 된다.

4. 이 이야기를 읽고 난 후에, “선생님은 Z가 옳은지 아닌지가 궁금해요. 우리는 Z가 마지막 철자라는 것을 알고 있지만, 정말 그 철자가 가장 적게 사용되고 있을까요? 우리의 이름 그래프를 사용해서 이것을 알아볼 수 있는 방법이 있을까요?”라고 아이들에게 묻는다. 아무도 대답하지 않는다면, 선생님이 앞서의 그래프에 수집해 놓은 같은 자료를 다른 형태로 배열할 수 있다고 설명한다. 이 그래프를 위해, 교사는 학급구성원 각자가 자신의 이름의 철자 각각 사이에 있는 선들을 자르도록 한다. 그러고 나서 학급구성원들의 이름 철자 중 A를 모두 모아 세로 행으로 놓고, 또 B를 모두 모아 세로 행으로 놓고, 나머지 알파벳도 이와 같은 방법으로 놓는다. 그리고 “이 새로운 형태는 우리의 이름에 알파벳의 각 철자가 얼마나 많이 사용되는지를 알 수 있는데 도움이 됩니다. 우리는 어떤 철자가 우리 이름에 가장 적게 사용되는지도 볼 수 있습니다.”라고 말한다.
   교사가 『Z의 이야기』 책을 구할 수 없다면, 다음과 같은 질문을 던진다. “선생님은 어떤 철자가 우리 이름에 가장 많이 쓰이는지 궁금해요.” 그러고 나서, 이 새로운 형태의 자료 표현에 대해 토론을 이어가서 위에 던지 새로운 질문에 답할 수 있다.

▶ **그림 7–7**
아이들이 알파벳의 각 철자가 자신들의 이름에 얼마나 많이 사용되었는지를 알 수 있는 그래프를 만든다.

A	a	a	A	a	a	
B	B	B				
C	c					
D						
E	e	e	E	e	E	e
F	f	f				
G						
H						
I	i	i	i			
J	J					
K						
L	l	l	L	l	l	l
M	m	m				
N	N	n	n	n	n	n
O	o					
P						
Q						
R						
S	S					
T						
U						
V						
W						
X						
Y	y	y				
Z						

5. 전지에 왼쪽을 기준으로 하여 알파벳 순서대로 세로로 철자를 적어 준비해 둔 차트를 보여준다. 이제 한 번에 한 명씩 아이들이 준비한 철자를 붙일 것이라고 설명한다. 아이들에게 새로운 1 인치 모눈 칸 종이 위에 이름을 쓰게 하고, 그것을 각각 철자별로 자르도록 한다. 학급구성원들에게 몇 명씩 이 새로운 그래프에 자신의 이름의 철자와 일치하는 철자 옆에 철자들을 붙이도록 한다. (그림 7－7 참고)

6. 그래프가 완성되고 학급이 정리되었을 때, 아이들에게 이 그래프에서 알 수 있는 것이 무엇인지 설명해 보도록 질문한다. 예를 들어, 다음과 같은 질문을 한다.

   "이 그래프는 Z의 의견을 지지합니까?"
   "이 그래프를 통해 우리가 알 수 있는 것은 무엇입니까?" (이 그래프에서 A와 E가 많이 사용되었다는 것을 알 수 있다. 왜 그런지도 물어본다.)
   "이 그래프는 원래의 이름 그래프와 어떤 점이 다릅니까?"
   "두 그래프는 같은 정보(우리의 이름에 있는 철자)를 가지고 있음에도 불구하고 이 그래프가 다르게 보이는 이유는 무엇입니까?"

   교사는 이들 두 표현을 이용해서 같은 자료를 가지고 다르게 정리한 것이 매우 다른 이야기를 할 수 있다는 점을 설명할 수 있다.

7. 이제 교사가 시도할 수 있는 많은 방향이 있다. 여기 몇 가지 가능성이 있다.

   "우리 이름에 사용된 철자의 개수가 모두 몇 개인지 알아보길 원한다면 어떤 그래프가 유용합니까?
   두 그래프에 있는 각각의 철자들을 세어서 같은 답을 얻을까요? 아니면 다른 답을 얻을까요?"
   "성에 있는 철자 그래프와 이름에 있는 철자 그래프를 비교하면 어떻겠습니까? 이름의 이니셜로 그래프를 만들면 어떻겠습니까?"
   "Z가 주장하는 자신이 가장 적게 사용되고 있다는 것을 알아보기 위해 어떤 다른 소재로 철자에 관한 그래프를 만들어 볼 수 있을까요? (여러분은 재미있는 이야기에서 한 문장 또는 두 문장을 선택해서 이 문장들 속에 있는 철자들로 그래프를 만들어도 좋습니다.)

8. 이 조사에 대한 아이들의 흥미가 감소되었다면, 그들 자신의 수로 이루어진 자료를 수집하는 질문들을 조사하도록 한다. 아이들이 관심 있어 하는 한 가지 주제에 대해 학급구성원들을 대상으로 자료를 수집할 것이라고 설명해 준다. 조사할 질문에 대한 학급목록을

만드는 것으로 시작한다. 예를 들어 다음과 같은 질문들이 있을 수 있다.

"애완동물을 몇 마리 가지고 있습니까?"
"1분에 자신의 이름을 몇 번 쓸 수 있습니까?"
"동물원에 몇 번 가 보았습니까?"

아이들에게 할 질문을 선택하고, 자료를 수집하고, 이 정보를 조직한 후 표현하고, 그리고 마지막으로 이것을 분석하고, 그리고 분석한 것을 학급구성원들을 대상으로 발표하는 시간을 약 4 차시 가질 것임을 아이들이 알도록 한다. 교사는 이 활동을 아이들이 개별적으로 하게 할지 아니면 2인 1 모둠으로 하게 할지를 결정해야 한다. 아이들이 과제 수행을 시작하기 전에, 사려 깊은 과제 수행의 중요성에 대해 논의하는 시간을 잠깐 갖는다. 서로 자료를 수집하기 위해 교실 여기저기를 이동할 때 어떤 모습일지를 묻는다.

9. 다량의 질문이 있는 학급목록을 만들어 놓아 아이들이 이 목록을 이용해서 자신들의 자료를 기록할 수 있도록 한다. 첫날 활동이 끝날 무렵, 각 학생(또는 2인 1 모둠)은 친구들에게 질문하기로 계획한 질문들 그리고 매일 할 일에 대한 계획을 종이에 표현해 둘 필요가 있다고 설명해 준다. 예를 들어, 아이들은 다음과 같이 쓸 것이다.

   우리는 친구들에게 빠진 이가 몇 개인지 물어볼 예정입니다.
   화요일에 우리는 자료를 수집할 것입니다.
   수요일에 우리는 자료를 어떻게 조직할 것인지 결정하고, 그것을 그리기 시작할 것입니다.
   목요일에 우리는 그리는 작업을 마치고, 학급구성원들에게 무엇을 말할지에 대해 생각할 것입니다.

10. 아이들이 작업을 시작하고 나면, 앞으로 며칠 동안 아이들이 자신들이 세운 계획을 세우고 그대로 실행하는지 궤간순회 한다.

11. 5일째에 아이들에게 그들이 조사한 것을 학급구성원들에게 발표하기로 한 것을 연습할 수 있는 시간을 약간 준다. 그러고 나서, 학급구성원들을 집중시켜서 그들의 정보를 공유하도록 한다.

수로 이루어진 자료를 수집하고 표현하는 데 사용할 수 있는 유용한 자료로 『*How Many Pockets? How Many Teeth*』(Wright, 1997)을 추천하고 싶다. 이것은 2학년 아이들이 수로 이루어진 자료를 수집하고 표현하는데 훌륭한 자료이다.

생강빵 마을

아래 설명한 프로젝트는『*Math Excursions 2*』(Burk, Snider, and Symonds 1991)에 있는 **생강빵 마을**의 내용을 간략화한 수업자료이다. 이 수업자료를 수행하는데 적어도 1주일은 걸린다. 또한 이 마을에 있는 모든 건물들을 만들려면 1ℓ 크기의 우유상자를 충분히 확보해야 한다.

준비물

- 각 아이가 각자의 집을 만들 수 있도록 아이마다 1ℓ 크기의 우유상자 한 개씩
- 아이들이 선택한 마을의 건물을 만들기 위해 2인당 최대 우유상자 4개씩
- 만능 칼(교사만 사용)
- 아동용 가위
- 템페라 화법으로 막대를 만들기 위해 건물 밑칠 할 석고 가루 물감
- 템페라 물감
- 10㎝×10㎝ 정사각형 색종이 두 장씩: 녹색(잔디), 갈색(주차장), 검정(거리)
- 4인 1 모둠 당 한 장씩의 80㎝×80㎝ 정사각형 종이
- 색도화지, 얇은 녹색 종이, 아이스크림 막대, 사람, 나무, 마을에 있는 여러 가지 것들을 만들 점토

교수 · 학습 지침

〈준비〉

생강빵 소년(또는 소녀)의 내용을 교사버전으로 바꾸어 이야기 해 주는 것으로 이 활동을 시작한다. 하지만 여우가 주인공을 먹었다는 비극적 결말 부분의 바로 앞부분에서 이야기를 멈춘다. 대신에, 이 생강빵 소년(또는 소녀, 아니면 둘다)이 가까스로 강을 건너 도망쳐서 이미 여우를 피해 온 생강빵 사람들이 살고 있는 마을을 찾아가는지를 설명해 준다. 이 생강빵 소년(또는 소녀, 또는 둘다)이 이 훌륭한 마을에 경탄하는 이야기를 한 후, 마을의 연장자가 마을의 건설에 관한 건축법을 설명해 준다. 학급구성원들은 이 건축법을 이용해서 교실에 학급의 생강빵 마을을 건설할 것이라고 설명해 준다.

건축법은 다음과 같다.

- 마을은 여러 구역으로 나눠져야 한다. 4명이 한 구역을 함께 만들어야 한다. 각 구역은 80㎝×80㎝로 한다.
- 각 구역은 4 채의 집과 한 두 개의 건물을 추가로 지을 수 있다.

- 집들은 1L 우유상자 크기여야 한다. 다른 건물들은 크기 면에서 1ℓ 크기의 우유상자 4개 까지 사용해서 만들 수 있다.
- 각 우유상자는 4개의 10㎝×10㎝ 정사각형 땅에 지정되어 있어야 한다. 이들 정사각형들은 직사각형 형태로 배열되어야 한다. (정사각형이나 직사각형이 가능하다.)
- 거리의 폭은 정사각형의 너비와 같고, 길이는 상관없다.
- 주차장이나 거리로 사용되지 않는 땅은 공원 등으로 활용한다.
- 건축을 시작하기 전에 이 도시에 필요한 건물들이 무엇인지, 각 건물의 크기는 어느 정도 켜야 하는지를 결정하기 위해서 주민공청회가 열려야 한다.

〈주민공청회〉

마을을 짓기 위해서, 교사는 주민공청회를 가질 계획을 세워야 한다. 마을에 필요한 건물들의 목록에 대해 브레인스토밍 하는 것으로 시작한다. 이 토론을 통해서 아이들은 한 지역사회가 필요로 하는 물건들과 서비스가 무엇인지를 조사하는 기회를 갖게 된다. 2개 이상의 건물을 지을 수 없고, 한 구역을 짓기 위해 4명이 필요하다는 것을 기억한다. 교사와 아이들이 지을 수 있는 건물의 수가 모두 몇 개인지도 알아둬야 한다. (예를 들어, 학급의 학생 수가 20명이라면 5구역을 만들 수 있고, 생필품과 그 마을의 복지를 위해서 모두 10개의 건물이 가능하다.) 작성해 둔 마을에 필요한 건물들의 목록으로부터 몇 가지를 골라내는 작업을 해야 한다. 교사는 각 건물이 필요한 이유에 대한 설명을 아이들로부터 들은 후 투표를 할 필요가 있다.

교사가 결정해야 할 필요가 있는 다른 결정들은 각 건물을 짓는데 몇 개의 우유상자가 필요한지, 각 모둠들이 선택한 건물은 무엇인지, 그리고 각 구역의 건물들을 짓기 위해 모둠들을 어떻게 구성할지 등이 있다.

〈집 디자인하기〉

모든 것들이 결정되고 나면, 교사는 건물짓기를 시작할 수 있다. 이 활동의 원 버전은 집의 내부와 외부를 디자인하고 장식하는 것이지만, 2학년 아이들과 할 때는 집의 외부만을 작업하도록 제한하는 것이 좋다. 아이들은 자신들의 우유상자(그림 7-8)의 방향을 어떻게 해야 할지 선택하고, 자신들이 원하는 위치에 창문이나 문을 그리기 시작한다. 성인용 칼을 가지고 구멍을 자르는 것을 도와줄 어른을 몇 사람으로 해야 할지도 생각해 둔다. 우유상자에 긴 구멍을 내야 할 경우에는 아이들이 가위를 이용해서 자르도록 한다.

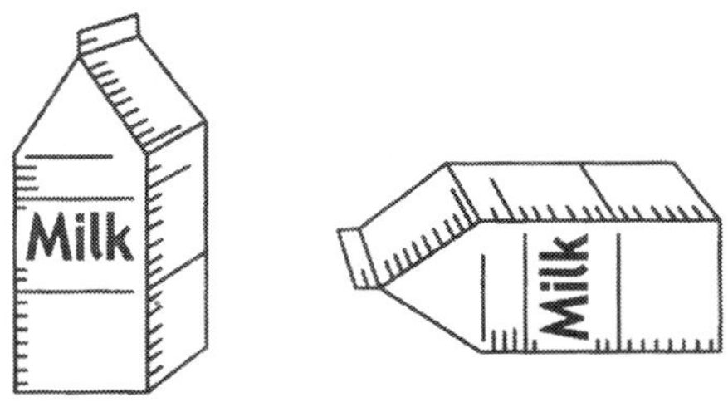

우유상자를 수직으로 세운다. 혹은 우유상자를 가로로 누인다.

◀ 그림 7-8 우유상자를 이용하여 집을 지을 수 있는 두 가지 방향

우유상자를 세워서 또는 우유상자를 뉘어서

〈집 색칠하기〉

우유상자가 템페라 물감에 견디기 위해서, 표면에 석고가루를 칠해서 준비해 둬야 한다. 석고 가루가 마른 후에 아이들은 집의 외부를 칠힐 수 있다.

〈건물 만들기〉

다음으로, 아이들은 주민공청회에서 토의하고 결정한 건물을 짓는다. 보호테이프(masking tape)를 준비해 두어서 아이들이 이것을 사용할 수 있도록 하고, 아이들이 자신들의 건물들을 지을 때 건물들의 관계를 고려해서 우유상자들을 위치시키는 많은 가능한 방법들을 생각하도록 격려한다(그림 7-9 참고). 일단 우유상자들에 테이프를 감고 나면, 건물들에 구멍을 내고 칠하는 절차를 똑같이 밟게 한다. 교사는 아이들에게 완성된 건물들에 건물표시를 추가하도록 한다.

보호테이프(masking tape)를 사용하여 다양한 방법으로 건물을 만들 수 있다.

◀ 그림 7-9 우유상자들이 여러 가지 모양의 건물들을 만들기 위해서 여러 가지 방법으로 붙일 수 있다.

〈구역 만들기〉

마을의 한 구역을 배치하기 위하여 4인 1 모둠으로 작업을 할 때, 아이들은 멋들어지게 공간 문제해결에 참여할 수 있는 기회를 갖는다. 앞서 언급한 건축법을 기억해서 아이들이 각 건물에 필요한 정사각형들이 몇 개인지 생각하는 기회를 갖게 한다. 각 집이 4개의 연두색 정사각형들이 몇 개 필요한지를 토의한다. 땅의 모양은 직사각형이어야만 한다는 요구사항이 주어진 조건에서, 4개의 정사각형들을 배치할 2가지 가능한 방법을 살펴본다. (아래 참조)

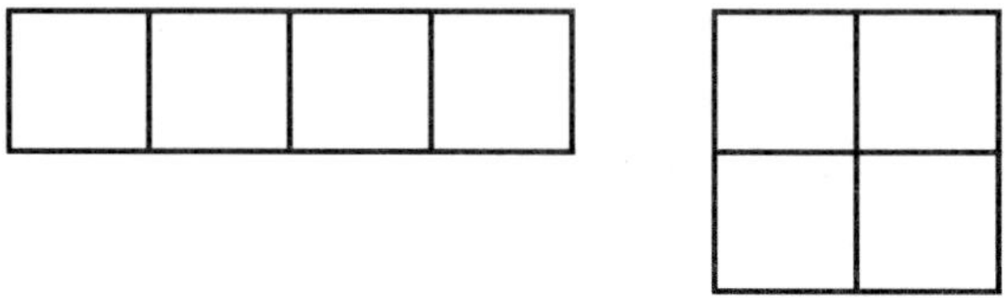

건물을 짓기 위해 사용된 우유상자들의 수에 따라서, 각 건물이 필요한 녹색과 갈색 정사각형의 수에 대해 계속해서 토의한다. 예를 들어, 우유상자 2개로 만든 건물은 8개의 정사각형이 나온다. 이것에 "전망"을 위한 광장과 주차장을 위한 광장을 조화롭게 만들 수 있다. 또한 거리는 너비가 정사각형과 같고, 건물로 통하는 길이는 제한이 없다는 것을 상기시킨다.

아이들이 잘 이해했을 때, 10cm×10cm 녹색, 갈색, 검정색 정사각형을 80cm×80cm 큰 정사각형 종이위에 배치하기 시작할 수 있다. 아이들이 작업하는 동안, 아이들을 궤간순회하고, 건축법을 상기시키고, 문제가 발생하면 그것을 돕도록 한다. 또한 건물과 거리는 이웃의 공원보다 더 진한 녹색으로 칠할 수 없다는 것도 명심하도록 한다. 모둠들이 배치를 끝내는 대로, 모둠들은 정사각형을 풀로 붙일 수 있다(그림 7-10 참고).

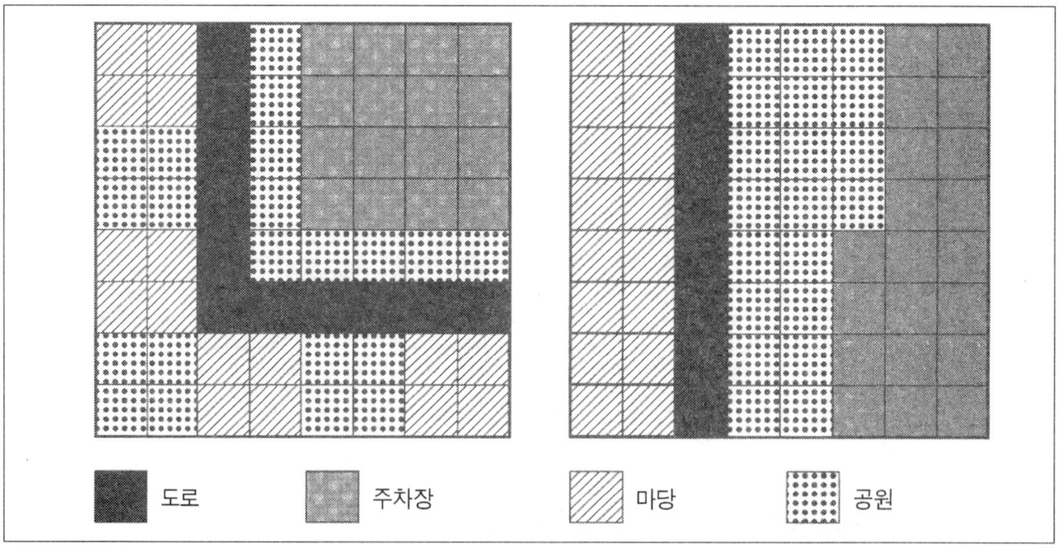

그림 7-10 아이들이 큰 종이 위에 자신들의 마을을 배치하는 방법을 결정한다.

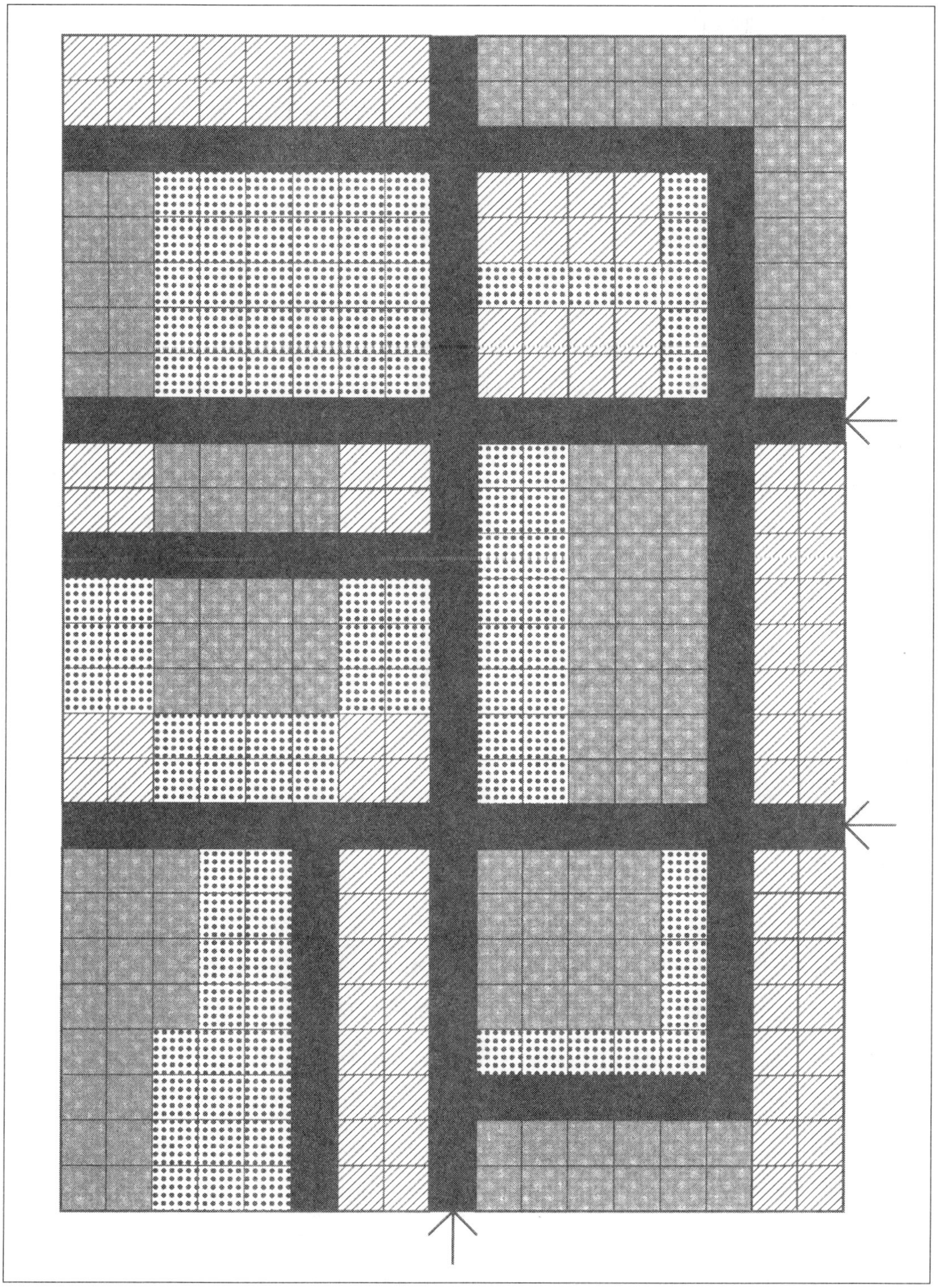

◀
그림 7-11
교통흐름을 원활히 하기 위해서 구역 사이에 도로망을 만든다. 이때 4인치 크기로 검은색 종이띠를 사용한다.

〈마을 배치 함께하기〉

모든 구역이 완성되고 나면, 또 다른 주민공청회를 열어서 마을의 구역들을 어떻게 배열할지에 대해 상의한다. 교사는 검은색 긴 종이 띠 몇 장으로(10㎝ 너비) 각 구역의 거리를 만들어서 교통의 흐름을 좋게 한다. 완성된 마을 계획인 그림 7－11을 참고한다.

〈마을에 거주하기〉

구역들이 서로 서로 어디에 놓일지 정해지고 마을을 전시하기 위해 교사가 정해둔 공간에 배치되고 나면, 아이들은 제자리에 집과 건물을 차례로 놓을 수 있다. 아이들이 이 일을 마칠 때, 종이로 "생강빵" 사람을 만들 시간을 준다. 교사는 아이들이 만든 생강빵 사람들을 아이스크림 막대에 붙인 후 이것들을 점토로 만든 작은 공 모양에 꽂아 세울 수 있도록 제안해도 좋다. 아이들이 생강빵의 앞 뒷면을 모두 만들면 막대는 보이지 않게 된다. 아이들은 독창적으로 나무, 숲, 신호등, 교차로, 공원에 있는 호수 등 여러 가지를 만들 수 있다.

이것은 2학년 아이들에게 아주 기발한 구성이고 성취감을 맛볼 수 있게 해 준다. 다른 반 아이들이나 부모님을 초대해서 완성된 프로젝트를 즐기게 한다.

표준화 시험 준비

걱정 덜기

고부담시험[43]은 늘 변함없이 교사와 학교 행정가들에게 걱정을 유발한다. 교사가 이 달에 표준화 시험을 실시해야 하는 상황에 처해 있다면, 아이들과 이 걱정에 대해 이야기를 나누지 않는 것이 좋다. 아이들이 이 시험에 대해 가지고 있는 질문들에 정직하게 대답해 준다. 토론하는 동안, 아이들에게 이 시험이 아이들의 3학년 진급과는 무관하다는 것을 확인시켜 준다. 표준화 시험에서 모두가 만점을 맞을 것을 기대하지 않는다는 것도 설명해 준다. (대부분의 표준화 시험이 갖고 있는 모호성으로 인해서, **교사 자신조차도** 모든 질문들에 정확하게 답하는데 쩔쩔 맬 수 있을 것이라는 점을 교사는 아마도 정직하게 말 해 줄 필요가 있다.) 아이들에게 몇 문제를 손도 못 될 수도 있지만, 그래도 좋다는 것을 이해시켜 준다. 아이들에게 이런 쟁점들에 대해 긴장을 풀도록 도와주는 것만으로도 아이들은 시험에서 자신들의 최선을 다

43) 상대적인 순위 결정 또는 합·불합격 판정 등을 목적으로 치러지는 시험. 예: 대학수학능력시험, 초등임용고시, 대학 석박사 과정의 종합시험, 초등학교 학교단위에서는 졸업시험(미국의 몇 몇 주에서는 각급 학교를 졸업할 때 졸업시험을 치른다.) 또는 학업성취도 등 (단계형 교육과정에서의 단계 이수시험 등).

할 수 있다.

시험 당일, 학급구성원들이 육체적으로 안정될 수 있도록 한다. 너무 덥거나 너무 춥거나 또는 바깥의 소음과 같이 외부에서 발생하는 방해 요인들이 학생들의 집중력에 영향을 미치지 않도록 한다. 시험 기간 동안, 과도한 활동과 숙제를 내 주는 것은 삼가며 휴식을 취할 수 있도록 한다. 교사가 아이들이 잠자리에 드는 시간을 통제할 수는 없지만, 교사는 어려운 시험을 치르는 것이 얼마나 아이들에게 스트레스를 주는 것인지를 인식하도록 하고 그리고 적절한 학급 활동을 하도록 함으로써 아이들에게 추가적인 스트레스는 제거할 수 있다.

교사의 음성 또한 아이들이 그들의 최선을 하는데 도움을 줄 수 있다. 편안한 자세로 시험 문항을 크게 읽어 준다. 마음속으로 그렇게 하고 싶지 않더라도 그렇게 해 준다. 교사가 시행하는 시험의 지침을 지키면서 가능한 한 자연스러운 언어를 사용한다. 교사는 아이들이 가능한 한 스트레스를 받지 않도록 하고 그저 평범한 경험이 되도록 해 준다.

교사는 아이들에게 문항을 큰 소리로 읽어 주고 읽는 속도도 고려한다. 예를 들어, 시험 문제가 그래프와 관련이 있다면, 문제를 제시하기 전에 그래프를 관찰할 시간을 준다.

수학 시험 준비하기

아이들이 표준화 시험을 준비하는 가장 좋은 방법은 수학 개념의 이해를 강조하는 1년에 걸친 프로그램을 제공받는 것이다. 아이들이 그들이 하고 있는 수학을 지적으로 이해한다면 그들은 시험을 통해서 자신의 방법에 대해 생각해 볼 수 있다. 그들이 습득한 방식은 일생을 통해서 만나게 되는 수학을 해결하는 방식이 될 것이다.

시험 몇 주 전에, 시험에서 볼 수 있는 몇 가지 새로운 유형에 대해 더 깊이 준비시킨다. 예를 들어, 일 년 내내 교사는 덧셈과 뺄셈 문제를 가로셈 형식으로 또는 문장제를 통해서 제공해 왔다. 세로셈 형식은 단지 그들에게 매우 친근한 형태의 문제를 제시하는 다른 방법일 뿐이다.

$$79 + 12 = \_\_\_ \qquad \begin{array}{r} 79 \\ +\ 12 \\ \hline \end{array}$$

이 새로운 형식인 세로셈으로 인해서 아이들이 지신들이 두 자리 수 문제들을 해결하면서 계발한 훌륭한 전략들을 포기할 필요는 없다. 하지만, 교사는 칠판이나 OHP 위에 한 번에 한 문제씩 다양한 문제들을 제공할 필요가 있고, 그리고 "이 문제에서 요구하는 것이 무엇입니까? 이 문제를 어떻게 풀 수 있습니까?"라고 말한다.

아이들이 문제를 해결할 시간을 가진 후에, 짝꿍과 그들의 사고를 공유하는 것을 포함해서 학급구성원들과 자신들이 해결한 전략들을 설명할 시간을 잠시 가진다. 예를 들어, 다음 문제를 보자.

$$\begin{array}{r} 64 \\ +\ 27 \\ \hline \end{array}$$

이 경우에, 한 아이는 다음과 같이 말할 수 있다. "나는 60과 20을 더하면 80이라는 것을 알아요. 7 더하기 4는 11이므로, 80과 11을 더하면 91이 되기 때문에, 이 문제의 답은 91입니다." 교사는 아이들이 새로운 형태의 문제를 잠시 생각하고, 자신이 사용해 오던 방법들을 이용해서 쉽게 풀 수 있다는 것에 기쁘고 심지어 놀랄 수도 있다.

시험 준비 기간 동안, 아이들에게 선다형 문항에서 정확한 답을 체크하는 것과 메모지를 효과적으로 사용하는 방법에 대해 알려준다. 아이들은 또한 서로서로 전략과 학습법을 계속해서 공유해야 한다.

교사는 또한 아이들이 시험에서 마주칠 수 있는 수학 사회적 지식을 검토하는데 시간을 가지는 것이 좋다. 예를 들어, 아이들이 달러와 센트를 기록하는 방법을 포함하는 문제들을 접하게 될 것 같으면 아이들에게 이들 기호들을 기록하는 연습시간을 갖도록 한다. **발생할 가능성이 있는**(likely) 그리고 **발생할 가능성이 없는**(unlikely)과 같은 단어들이 시험에 나온다면(그리고 수업 중에 아직 이 내용 즉 확률에 대해 다루지 않았다면), 짧게 이 용어들을 소개해 준다. 예를 들어, 태양이 아침에 떠오를 가능성이 있는지 없는지, 또는 한 지역 야구팀이 다음 홈경기에서 100 득점을 올릴 가능성이 있는지 없는지에 대해 생각해 보게 한다.

아이들이 이러한 새로운 개념이나 형태에 친근해 지고, 자신감을 얻도록 돕는 것 이상으로 어떤 다른 시험 준비를 하지 않는다. 시험 준비에 너무 많은 시간을 보내는 것은 아이들을 지치게 만들고 시험과 시험 결과에 부정적인 영향을 준다. 장기간의 학습면에서 볼 때, 시험 준비가 오히려 다른 활동으로 더 가치 있게 보낼 수 있는 수업시간을 방해할 수 있다.

시험과 관련된 쟁점들에 대해 학부모에게 알리기

교사는 표준화 시험을 치르는 동안 가능한 최대의 지원을 하며 아이들을 도와줄 책임이 있다. 하지만, 교사는 자신이 가지고 있는 걱정인 시험이 아이들이나 교사가 운영하는 교육과정에 주는 부정적인 영향에 대해서도 고민해야 한다. 담임교사들은 많은 표준화 시험들이 자신들이 담당하고 있는 아이들의 발달 수준에 맞지 않는다는 것을 알 수 있는 위치에 있는 유일한 사람들이다. 그러한 이런 시험은 교사나 학부모에게 유용한 정보를 제공하지 못하거나, 질문의 선택에서 바보 같은 것이다. 어쩔 수 없이 정치적 입장을 따라야 할 것인지 말아야 할 것인지에 대한 결정은 개인적 선택이다. 어느 쪽으로 결정을 하던지 그 결과들에 대해서 조심스럽게 생각해야 한다.

교사가 시험에 대한 걱정을 표현하고 싶다면, 먼저 부모에게 알리는 것이 좋다. 아이들이 이 시험을 치르면서 긍정적인 경험을 할 수 있도록 아이들을 준비시키려고 가능한 모든 것을 교사가 하고 있음을 부모들에게 재확인시켜 준다. 이 표준화 시험에 대해 교사가 아이들에게 부정적인 영향을 미칠 것이라고 판단된다 할지라도, "담임이 부모에게 드리는 글"의 형식으로, 부모에게 교사가 걱정하고 있는 것을 알리는 것뿐만 아니라 이 시험을 대비하기 위해 아이들을 준비시키기 위한 교사의 노력들을 설명하는 것이 상처를 주지는 않는다.

제 8 장

5월 / 6월

측정 그리고 작별인사

학년을 마친다는 것이 정말로 가능한가? 일정한 속도로 시간이 흐른다는 것을 알고 있지만, 학년이 마무리 되는 이 시점에서 시간은 매우 빠르게 흐르는 것 같다. 겨울방학까지는 시간이 길고 느릿느릿 지났고, 학년 후반인 3월까지는 빠르지만 일정하게 시간이 흘렸다. 그러고 나서 갑자기 학년이 거의 끝난 듯하다. 하지만, 아직 끝나지 않았다. 이 마지막 몇 주가 어려울 수 있다. 모든 사람이 지쳐있고, 변화가 목전에 있을 때 사람들은 서서히 불안을 느끼는데, 마찬가지로 교사와 아이들도 이 시점에서 불안을 느낄 수 있다.

이 시점에서는 사려 깊은 방식으로 한 해를 기념하는 활동들을 함으로써 좀 더 긍정적인 감정을 가질 필요가 있다. 그래서 이 장은 올 한 해 동안 아이들이 경험한 과정들을 통해서 아이들이 얼마나 성장했는지를 반성하고, 우아하게 작별 인사를 할 수 있는 방법들을 탐구한다.

이 장은 측정에 초점을 두고 있는데, 이것은 아이들의 성장을 평가할 수 있는 매우 훌륭한 영역이다. 아래에 기술된 활동들은 신체적으로 적극적인 것들이다. 이 활동들은 아이들에게 혼자서 책임감 있게 활동하는 기회를 제공해 준다.

작별 인사

학년말이 가까워지면서, 아이들의 성취를 기념하는 방법을 찾는다. 아이들에게 올 한 해 동안 한 것들을 반성하고 자신들의 성장을 측정할 수 있는 기회를 제공하는 활동들을 제공함으로써, 아이들은 올해 배운 것을 다음 학년에서도 잘 사용할 수 있게 된다. 다가올 것에 대한 두려움을 누그러뜨리는 것은 학년말을 좀 더 차분하고 만족스럽게 해 줄 수 있다.

학급 연보(年譜)

각 아이가 한 쪽씩 작성하는 학급 연보는 각각의 아이들에게는 자신의 이름이 담긴 책이 되며 한 해를 회상해 볼 수 있는 좋은 방법일 수 있다. 학년 말이 되기 몇 주 전에, 아이들과 함께 금년에 가장 의미 있는 활동들에 대한 목록을 만든다.

▶ **그림 8−1**
Jeff는 수학에 대해 글을 썼다.

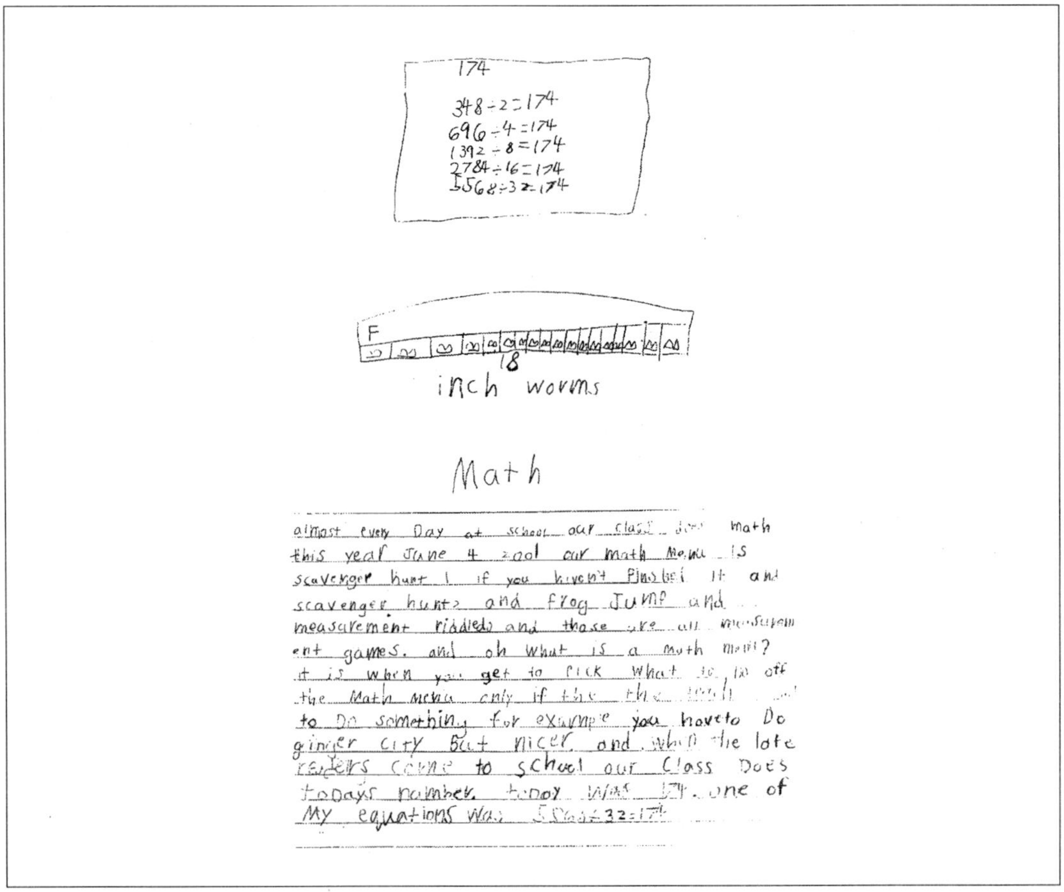

교사는 이 목록을 "매일 한 활동", "특별 활동", 그리고 "교외 활동"의 세 개의 범주로 나눈다. 이 목록을 완성한 후, 각 아이는 한 주제를 선택하고 이것에 대한 그림을 그리고 글을 작성하도록 한다. (한 주제가 특히 인기가 있다면, 여러 명의 아이들이 이 주제에 대해서 그림을 그리고 글을 쓸 수 있다. 이런 현상을 피하고 싶으면, 한 주제를 선택한 아이들에게 1－10 사이의 수 중 하나를 뽑도록 하고, 교사가 마음속으로 정한 수와 가까운 수를 뽑은 아이가 이 주제에 대한 글을 작성하도록 한다.) (그림 8－1, 그림 8－2, 그리고 그림 8－3 참고)

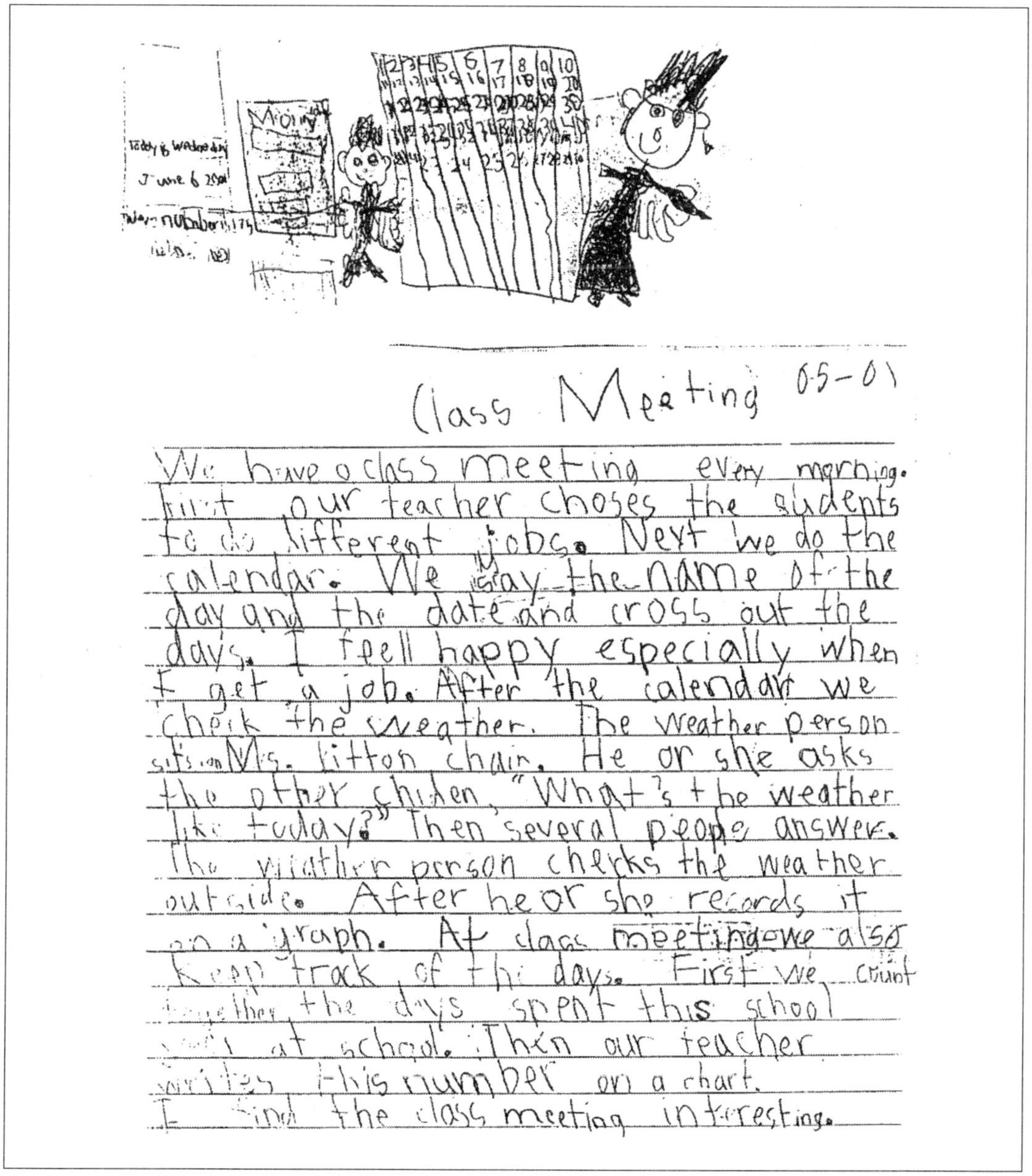

Class Meeting 05-01

We have a class meeting every morning. First our teacher choses the students to do different jobs. Next we do the calendar. We say the name of the day and the date and cross out the days. I feel happy especially when I get a job. After the calendar we check the weather. The weather person sits on Ms. Litton chair. He or she asks the other chiden, "What's the weather like today?" Then several people answer. The weather person checks the weather outside. After he or she records it on a graph. At class meeting we also keep track of the days. First we count together the days spent this school year at school. Then our teacher writes this number on a chart. I find the class meeting interesting.

◀ **그림 8－2**
Corbin은 학급 회의를 좋아했다.

▶ **그림 8-3**
Ilsa는 프로젝트 시간에 한 활동들을 적었다.

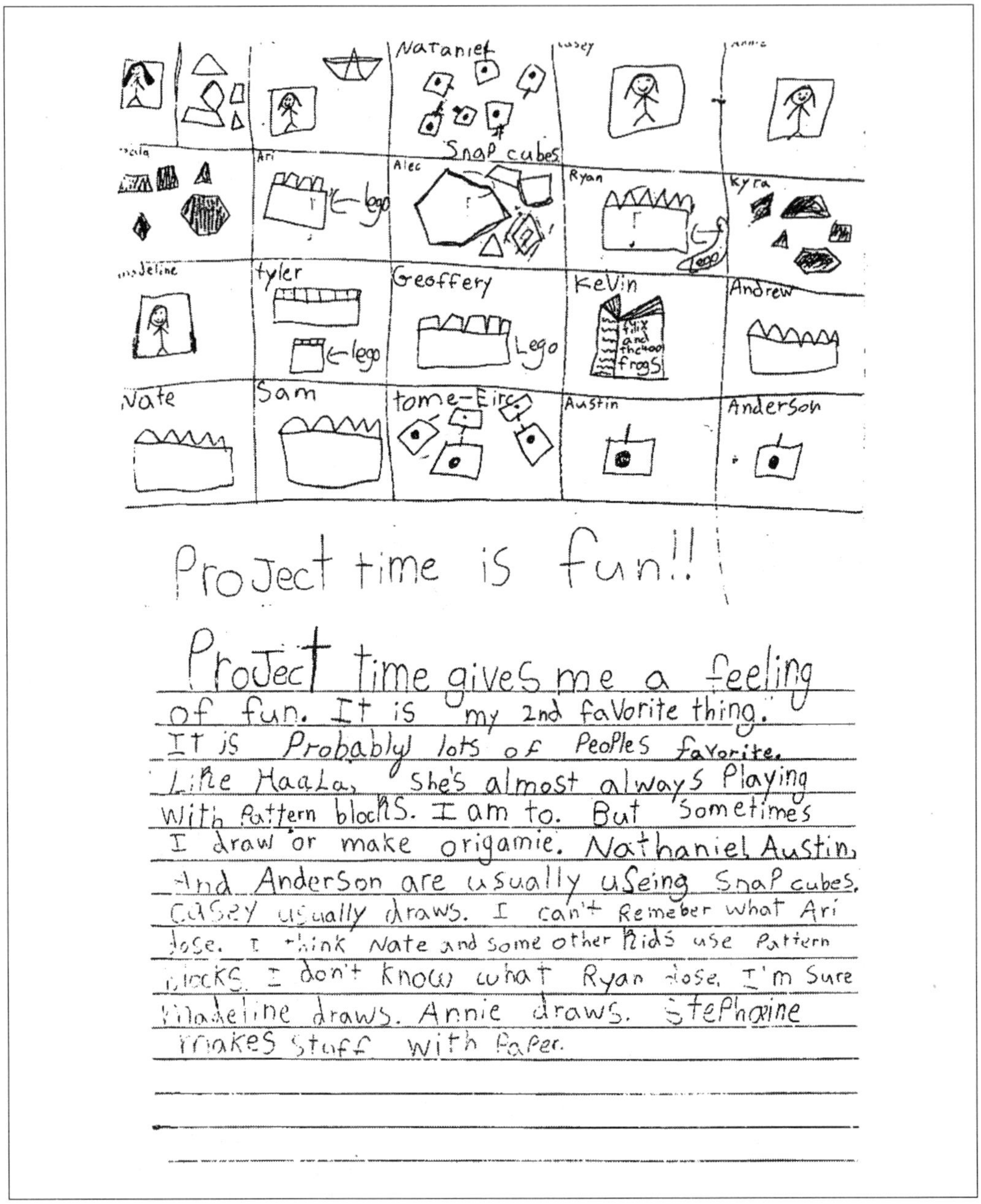

학급 연보를 편집하면서 1학기 개학하는 첫 날에 대해 아이들이 어떤 느낌을 가지고 있었는지에 대해 토론하는 시간을 갖도록 한다. 누군가가 얼마나 긴장했었는지에 대해 이야기를 할 것이다. 이것은 지극히 정상적인 반응이라는 것에 대해 이야기 하는 시간을 갖고, 다음 학년에 대한 긴장감과 관련지어 이야기하는 시간을 갖는다. 그럼에도 불구하고, 올해 모든 것이 좋았다는 것을 상기시켜 줌으로써, 아이들은 다음 학년으로의 이동에 대해서도 긴장감을 덜 갖게 된다.

모든 쪽이 완성되었을 때, 이것들을 시간 순서(매일 한 활동의 날짜 순서, 교외활동을 한 날짜 순서)로 놓고, 완성된 책을 아이들 수 만큼 제본한다. 2학기 마지막 날에 이것들을 아이들에게 나누어 주고 읽어 보게 한 뒤 색칠할 수 있도록 하면 즐거운 시간을 보낼 수 있다. 또한 각각의 아이가 가진 학급 연보에 서명 할 수 있는 시간을 준다. 이것은 학년 말에 아이들끼리 서로의 친분을 돈독히 할 수 있는 좋은 방법이다.

타임캡슐

2장에서 설명한 타임캡슐 활동을 한 교사라면, 교사가 저장해 둔 내용물에 대해 언급한다. 아이들은 자신들이 학년 초에 한 적어 둔 것과 자신들이 현재 적어 둔 것을 비교하면서 즐거워할 것이다. 아이들은 자신들의 키가 얼마나 더 컸는지, 자신들의 손은 얼마나 더 커졌는지를 알아보기 위해서 자신들의 신체를 다시 측정하기를 원할 것이다.

일 년을 반성하기 : 숙제로 할당

아이들에게 일 년을 반성해 보도록 하는 숙제를 내 주는 것을 고려한다. 아래의 질문들은 나의 동료인 Lianne Morrison이 자신의 학생들에게 적도록 요청하는 질문들이다.

"2학년에서 무엇이 좋았어요?"
"2학년에서 실천하고 싶었는데 실천하지 못한 것은 무엇입니까?"
"학년 초 이후로 자신에게 어떤 변화가 있었나요?"
"3학년이 되어서 하고 싶은 것은 무엇인가요?"
"3학년 생활에 대해 걱정스러운 것이 있나요?"

아이들이 이 숙제를 마치고 난 후, 아이들의 한 것을 검토하면서, 아이들이 어떻게 느끼는지에 대한 이해를 확장한다. 그러고 나서, 이와 같은 질문들을 주제로 토론하는 학급회를 연다.

학습 환경

측정을 할 때, 아이들은 종종 교실을 이동하고 다른 아이들과 이야기를 나누면서 걸어 다닌다. 이런 조건들은 2학년 아이들의 춘곤증을 달래 주기에 좋지만, 아이들에게 학습 활동으로부터 벗어날 수 있는 여지를 주기도 한다. 이런 상황에 효력을 발생할 수 있는 문구가 바로 **목적의식을 갖고**이다. 아이들이 목적의식을 갖고 활동하도록 하는 한 가지 방법은 아이들이 해야 할 행동에 대해 미리 이야기하는 것이다. 교사가 한 활동을 소개하고 난 후 아이들이 활동을 시작하기 전에, 다음과 같이 물음으로써 '목적의식을 갖는다.'라는 것에 대한 의미를 소개한다.

"여러분이 활동을 할 때 '목적의식을 갖는다.'라는 것은 무슨 뜻이에요?"

"선생님이 내 준 과제를 목적의식을 갖고 하기 위해서, 여러분은 무엇을 기억할 필요가 있을까요?"

대부분의 아이들이 조용히 주어진 과제에 집중하여 작업하는 것의 중요성을 내면화하였다는 판단이 설 때까지 이러한 이슈에 대해 이야기를 나눌 충분한 시간을 준다. 교사의 조언은 필요하지 않다. 아이들은 양질의 제안들을 내 놓고 조용하고 사려 깊은 태도에 대해 예를 들어 설명할 것이다.

그럼에도 불구하고, 아이들이 작업을 하는 도중에 이들에게 학교에서 작업을 해야 할 것들이 남아 있음을 조용히 알려주는 사람이 필요할 수 있다. 아이들이 과도하게 활기차면, 주저 없이 모든 것을 멈추고 아이들에게 기대되는 행동들을 부드럽게 다시 말해 준다. 적절한 분위기를 조성하면서, 서서 돌아다니는 것은 아이들이 결실을 맺기 위해서 필요한 것이다.

수학

오늘의 수와 달력 만들기

교사가 계속해서 오늘의 수식 활동을 하면서, 교사는 아이들이 150 보다 큰 수들로 수식을 적을 수 있다는 것에 감명을 받을 것이다. 그리고 달력 만들기 일과 활동에 대해, 마지막 달력에 여름 생일날들을 넣을 장소를 포함하는 것을 잊어서는 안 된다. 또한, 교사가 아이들에게 달력을 만들라고 했던 처음 시기에 대해 상기해 본다. 아이들이 이 시기에 이 과제를 매우 쉽게 완성하는 것을 보면서 교사는 매우 흐뭇할 것이다.

측정

교사가 측정 관련 내용을 수업하면서, 측정은 수를 길이, 무게, 넓이, 용적(容積), 경과 시간, 또는 온도에 부여하는 것을 포함하는 것이라는 아이디어를 소개한다. 2학년 아이들은 크기(많고 적음, 길고 짧음 등)라는 주제에 관심을 갖고 있기 때문에 측정 활동들은 아이들의 관심을 사로잡는 수들을 제공해 줄 수 있다. 아이들이 양을 측정하고 비교하면서, 아이들은 수를 세고 연산을 수행할 수 있는 기회를 갖는다. 따라서 아이들은 자신들이 올해 배우고 있는 덧셈·뺄셈 기능들을 계속해서 사용하게 된다.

또한 측정은 2학년 아이들이 이해하기 위해 애써야 하는 몇 가지 새로운 아이디어들을 제공해 준다. 이 새로운 아이디어들은 다음과 같다.

- 측정의 반복 특성 — 길이를 측정할 때, 측정자는 특정 단위로 측정 대상의 처음부터 끝까지 정확하게 몇 번을 측정하였는지를 세어야 한다.
- 정확하게 어림하는 방법들 — 정확한 어림하기는 측정 단위가 특정한 거리를 측정하는데 몇 번 필요한지를 시각화하는 것에 대한 이해를 필요로 한다.
- 측정의 표준 단위에 대한 근거
- 측정은 결코 정확하지 않다는 개념 — 아이들은 측정은 절대로 정확할 수 없기 때문에 자신들의 측정치들이 "충분히 가깝다"라는 것에 대해 안심할 필요가 있다.

활동을 선택하고 시간 계획하기

아래에 기술된 각각의 측정 활동들에 대해 며칠 동안 수행할 계획을 세운다. 교사가 시간에 쫓긴다면, 몇 가지 형태의 측정에 초점을 둔다. 교사는 한두 가지 형태의 측정 활동(예를 들어, 길이와 용적)을 심층적으로 실행에 옮기는 것도 좋다. 또는 표준 단위들의 필요성과 같은 개념에 초점을 두도록 한다.

온도

온도 활동은 다른 영역의 내용과 동시에 행해질 수 있다. 교사가 아이들에게 온도계를 읽는 방법을 가르쳐 준 후, 온도 재기를 일과활동에 추가한다. 교사는 아이들에게 교실 안과 밖에서 온도를 재고 이것들을 비교하도록 한다. 또는, 지역 신문이 국내의 다른 지역 또는 국외의 다른 지역의 온도들에 대한 정보를 제공한다면, 학교가 있는 지역과는 기후적으로 다른 지역에 있는 장소들의 온도들과 아이들이 잰 온도를 비교하도록 한다.

길이

첫 번째 단계 : 양화 하지 않으면서 대응시켜 비교하기

이는 가장 기초적인 측정 활동으로서, 여기서 아이들은 사물들을 한 가지 측정 도구에 대응시키는 활동을 한다. 예를 들어, 모든 아이들에게 약 30㎝ 길이의 끈을 하나 주고 아이들 스스로 몇 가지 사물들을 찾아보게 한 뒤, 이 끈을 가지고 몇 번을 잴 수 있는지를 알아보고 그 결과를 활동지 위에 기록한다. 이 간단하고 수월한 활동을 통해서 아이들은 목적의식을 갖고 교실을 돌아다니며 활동 할 수 있는 기회를 갖게 된다.

두 번째 단계 : 임의단위들을 사용하여 양화하기

아이들은 연결정육면체, 막대사탕의 막대, 또는 클립과 같은 임의단위를 가지고 활동하면서 측정의 반복 특성을 경험하게 된다. 또한 아이들은 같은 크기의 단위를 사용하는 것의 중요성을 이해하게 된다. 게다가, 이 활동은 어림이라는 중요한 기능을 포함하고 있다.

아이들은 측정할 한 가지 사물(책장의 길이, 칠판의 높이, 쓰레기통의 둘레의 길이 등)을 선택한다. 아이들은 어떤 단위를 사용하여 자신이 정한 사물을 측정할 것인지 정하고, 자신들의 어림값을 기록한다. 선택한 단위를 이용하여 선택한 사물을 측정하고 난 후, 아이들은 자신들이 한 어림값이 실제 측정값과 얼마나 근접한지 알아본다.

『*Teaching Arithmetic: Lessons for Addition and Subtraction, Grades 2 –3*』(Tank and Zolli 2001)에 있는 "어림하고 비교하기"는 이 기초 활동의 심화 활동을 소개하고 있고, 2학년 아이들이 유의미한 수들을 비교해 볼 수 있는 많은 다른 활동들을 제공해 준다.

아이들이 비교적 조용한 활동들에 대해 목적의식을 갖고 작업을 하고 있다면, 교사는 어림하고 비교하기 위해서 다음 것들 중의 일부를 제안해도 좋을 것이다. (아이들은 먼저 끈으로 측정하고 난 후 끈의 길이를 같은 크기의 단위들로 양화할 수 있다.)

- 외발뛰기(깽깽이)/양발뛰기(두발을 붙여서)
- 멀리뛰기/도움닫기 멀리뛰기
- 종이비행기를 날려서 날아간 거리(두 번 하기)
- 기울기가 다른 두 경사면에서 한 장난감 자동차가 갈 거리

세 번째 활동 : 표준단위 사용하기

측정의 반복 특성을 탐구할 기회를 제공해 주는 임의단위 사용에 대한 충분한 경험 후에, 아이들은 표준단위를 사용하여 작업을 할 준비가 되어 있을 것이다. Rolf Myller이 지은 『*How Big is a Foot*』이라는 책을 읽게 한 뒤 표준단위를 사용한 측정의 유용성에 대한 아이디어를 소개한다. 완전한 후속 수업 자료가 『*Teaching Arithmetic: Lessons for Addition and Subtraction, Grades 2 –3*』(Tank and Zolli 2001)의 "신체 측정"에 소개되어 있다.

교사가 인치나 센티미터를 이용하여 교실에 있는 한두 가지 사물들을 측정하는 시범을 보인 후, 아이들이 이제 그들 자신의 신체 일부분들의 치수(엄지손가락, 팔, 다리, 손 등의 길이), 손목으로부터 마루바닥까지의 거리, 등을 재어야 한다고 설명해 준다. 그러고 나서, 2인 1 모둠의 각 구성원들은 자신들이 얻은 값을 비교한다. 이때, 인치로 측정한 값은 인치로 측정한 값끼리, 센티미터로 측정한 것은 센티미터로 측정한 값끼리 비교하도록 한다.

마지막으로, 각 아이들은 자신들의 신체 부위에 대한 측정값과 교사의 신체 부위에 대한 측정값을 비교하고 그 차를 구할 수 있다. 교사는 아이들이 측정할 신체 부위를 정하기 전에, 이 과제가 야기할 수 있는 불쾌감에 대해서도 철저하게 생각해야 한다. 예를 들어, 학급에 과체중 아이가 있는데, 허리둘레를 신체 부위로 정한다면, 이 아이는 자신의 허리둘레 치수를 알리는 것에 대해 당혹해 할 것이다. 측정할 신체 부위 목록을 작성하고 이 목록에 있는 신체 부위만을 측정하도록 강조하는 것도 한 가지 방법이 된다.

무게

길이 측정에 사용한 순서와 같은 순서로 무게 측정 활동을 한다.

첫 번째 활동 : 대응시켜 비교하기

무게가 500g이 안 되는 사물을 적어도 20개 정도 함께 모아둔다. 아이들에게 학급구성원들이 보는 앞에서 이것들 중 2개를 집어 들고 어떤 것이 가볍고, 어떤 것이 무거운지 느껴보라고 요청한다. 눈가리개를 하던 하지 않던 상관없이 이 활동을 하는 것은 명료하다.

다음, 양팔저울의 각 접시에 사물들을 올려놓고, 어떤 것이 더 무거운지를 결정하기 위해 어느 쪽 접시가 아래로 내려갔는지를 알아본다. 아이들에게 한 사물을 집게 한 뒤, 이것 보다 가벼워 보이는 것과, 이것 보다 무거워 보이는 것, 이것과 무게가 같아 보이는 것을 각각 하나씩 찾도록 한다.

두 번째 활동 : 임의단위를 사용하여 양화하기

양팔저울, 무게를 잴 도구들, 그리고 무게를 비교하는데 사용할 세라믹 타일, 나사받이 (matal washer), 또는 공깃돌을 제공해 준다. 예를 들어, 아이들은 양팔저울의 한 접시에 한 사물을 올려놓고 다른 접시에 타일들을 올려놓아 그 타일의 수를 세어서 이 사물의 무게를 양화할 수 있다. 몇 가지 사물들에 대해서 아이들이 구한 자료를 이용하여, 아이들은 사물들을 가장 무거운 것부터 가장 가벼운 것으로 분리할 수 있다.

표준단위에 대해 생각하도록 격려하기 위해서, 아이들에게 같은 사물을 기준량으로 처음에는 타일을 가지고 측정하고, 다음에는 나사받이를 가지고 측정하도록 한다. 그후, 왜 이들 두 측정 도구들이 다른 측정값을 생성해 냈는지를 묻는다. 아이가 가지고 있는 사탕이 10개의 공기돌 또는 나사받이 만큼의 무게를 가지고 있습니까?

세 번째 활동 : 표준단위 사용하기

교사는 양팔저울에 놓고 사용할 표준화된 분동을 준비해야 한다. 교사는 양팔저울과는 다른 방식으로 무게를 표준화된 형식으로 수량화하는 목욕탕용 저울과 같이 다른 형태의 저울을 사용하는 것도 좋다. 아이들에게 어떤 형태의 저울이 어떤 형태의 무게 측정에 최선인지를 묻는다.

용적과 표면적

준비물

- 신발 상자 보다 크지 않은 상자(최소한 각 아이마다 하나씩). (이 활동을 하기 약 1주일 전에 아이들에게 상자를 가져오도록 한다.)
- 복사한 1-100 수배열표. 한 아이당 1개씩 그리고 교사용 1개.
- 표면적으로 재기 위한 타일들

교수 · 학습 지침

아이들을 2인 1 모둠으로 구성하여 활동을 하도록 하면, 아이들은 각 활동을 두 번하게 된다는 이점이 있다. 아이들은 자신들이 첫 번째 상자를 측정하면서 배운 것을 토대로 두 번째 상자의 크기에 대한 좀 더 정확한 예상 값을 생각해 낼 수 있을 것이다.

용적

아이들은 자신들의 상자들이 담을 수 있는 정육면체의 수를 예상하고 난 후, 정육면체를 담아 상자들을 채우고 자신들의 예상 값을 점검한다.

1. 교사가 정육면체들로 채워 둔 상자를 보여주면서 이 활동에 대한 시범을 보인다. 아이들을 교사 주위에 불러 모은 뒤, 부드럽게 상자를 흔든 후, 교사가 제시하는 수를 토대로 예상 값을 요청한다. 예를 들어, "선생님이 들고 있는 상자에 50개보다 더 많은 정육면체가 있을 것 같아요? 아니면, 정확하게 50개가 있을 것 같아요? 그것도 아니면, 50개 보다 적을 것 같아요?"라고 말한다. 교사는 상대적인 크기의 개념을 발달시키는 중이며, 또한 교사는 근접 예상 값(true estimates)이란 아이디어를 소개하는 중이다. 이 활동에서 교사는 아이들의 관심이 상자에 담겨 있는 정육면체의 정확한 개수를 판별하는 것에 대해 집중되지 않도록 도와준다.

2. 지원자들이 자신들이 생각한 것들을 발표하도록 한 후, 한 번에 10개씩 덜어내면서 이 상자를 비우기 시작한다. 교사가 세기를 기록하기 위해서 덜어낸 정육면체들을 1－100 수배열표 위에 놓는다.

3. 이 상자가 약 반쯤 비워졌을 때, 아이들에게 자신들의 초기 예상 값을 재고할 것을 요청한다. 교사는 "선생님이 센 마지막 수가 50에 가깝겠어요? 아니면 100에 가깝겠어요?"와 같은 질문들을 던질 수 있다. 교사가 들고 있는 상자의 용적에 적절한 수를 선택하도록 주의한다.

4. 교사가 이 활동에 시범을 보인 후, 아이들은 2인 1 모둠으로 활동을 하면서 특정한 상자가 담을 수 있는 정육면체의 수를 먼저 예상하고(50을 기준으로), 실제로 채우고 세는 활동을 한다.

5. 아이들이 마지막 것을 세고 나면, 아이들은 자신들이 측정한 각 상자의 용적을 표현하기 위해서 1－100 수배열표에 색칠한다. 교사는 각 모둠에게 자신들이 첫 번째 한 것과 크기가 다른 상자로 두 번째 상자를 선택하도록 한다. 그러고 나서, 아이들은 어떤 상자가 더 많이 담을 수 있을 것 같은지, 용적의 차이는 얼마인지에 대해 생각해 볼 수 있다.

6. 아이들이 두 상자 모두의 용적을 결정하고 나면, 아이들은 자신들의 수 기능들을 사용하여 두 상자의 용적에 대한 정확한 차를 구할 수 있다.

표면적

이 활동을 위한 준비로 전지 위에 한 상자의 전체 면들을 그린다. 교사는 앞서 한 용적 활동에 대한 시범을 보일 때 사용한 상자를 사용해도 좋다. 측정을 위해서 가까이에 타일 한 상자를 놓아둔다.

1. 아이들이 교사 주위에 모이게 한 후, 교사가 상자의 한 면씩 따라서 그리는 방법을 설명해 준다.
2. 교사가 그린 직사각형 면들 중의 하나를 색타일로 덮고, 이때 교사는 색타일을 놓으면서 큰 소리로 센다.
3. 이제, "선생님이 그린 상자의 모든 면을 덮는데 100개보다 적은 색타일이 필요할까요? 아니면, 정확하게 100개가 필요할까요? 그것도 아니면, 100개 보다 많아야 할까요?"라고 묻는다.
4. 아이들이 한 상자를 선택할 것이고, 신문지 위에 이것의 모든 면들을 따라서 그릴 것이며, (100을 기준으로) 자신들의 상자를 덮는데 몇 개의 타일이 필요한지를 예상 할 것이라고 설명해 준다.
5. 아이들이 자신들의 예상 값을 기록한 후, 아이들은 모든 면들을 덮는데 필요한 타일의 총수를 구할 수 있다.

경과시간

1분

교사가 1분을 재기 시작하면서 아이들에게 눈을 감으라고 요청하는 것으로 아이들에게 1분이 얼마나 긴지 느낄 수 있도록 한다. 교사는 아이들 자신들이 1분이 경과했다고 생각할 때까지 눈을 감고 있어야 한다고 미리 설명해 준다. 아이들이 정확하게 1분이 지났을 때를 알도록 한 후, 잠시 동안 자신들의 반응들에 대해 토의하는 시간을 갖도록 한다. 다음으로, 교사가 1분을 추적하는 방법에 대해 이야기한다. 아이들이 스톱워치의 분침의 경과를 이용하여 1분을 추적하는 방법 또는 1분 모래시계와 같은 시간의 경과를 측정하는 다른 방법을 알고 있는지 확인한다.

아이들이 1분을 추적하는 방법을 알고 나면, 1분 동안에 다음과 같은 것을 얼마나 많이 할 수 있는지를 알아보기 위해서, 각각의 시간을 잴 수 있다.

- 자신의 이름 적기
- 외발뛰기
- 별 그리기
- 또는 자신들이 정한 과제 하기

교사가 아이들을 격려하여 미리 예상하도록 하면, 아이들은 자신들이 한 예상 값과 실제로 센 수를 비교할 수 있다. 또는 자신의 결과와 친구의 결과를 비교하도록 할 수도 있다. (교사가 이 방법을 택한다면, 발생할 가능성이 있는 이슈들에 대해 이야기함으로써 경쟁적 상황의 결과를 고려해야 한다.)

모래시계

내가 선호하는 측정활동 중의 하나인 『*Integrating Measuring Projects: Sand Timers*』(Lemme 2000)을 참고하기 바란다. 이 활동은 이 시기의 2학년 아이들에게 독립심과 책임감을 길러주는데 적절한 과제이다. 이 활동은 아이들이 2 개의 깨끗한 플라스틱 병(1/2 리터 크기)을 입구와 입구를 맞대어 테이프로 붙여 그들 자신의 모래시계를 만드는 활동을 포함하고 있다. (그림 8－4 참고)

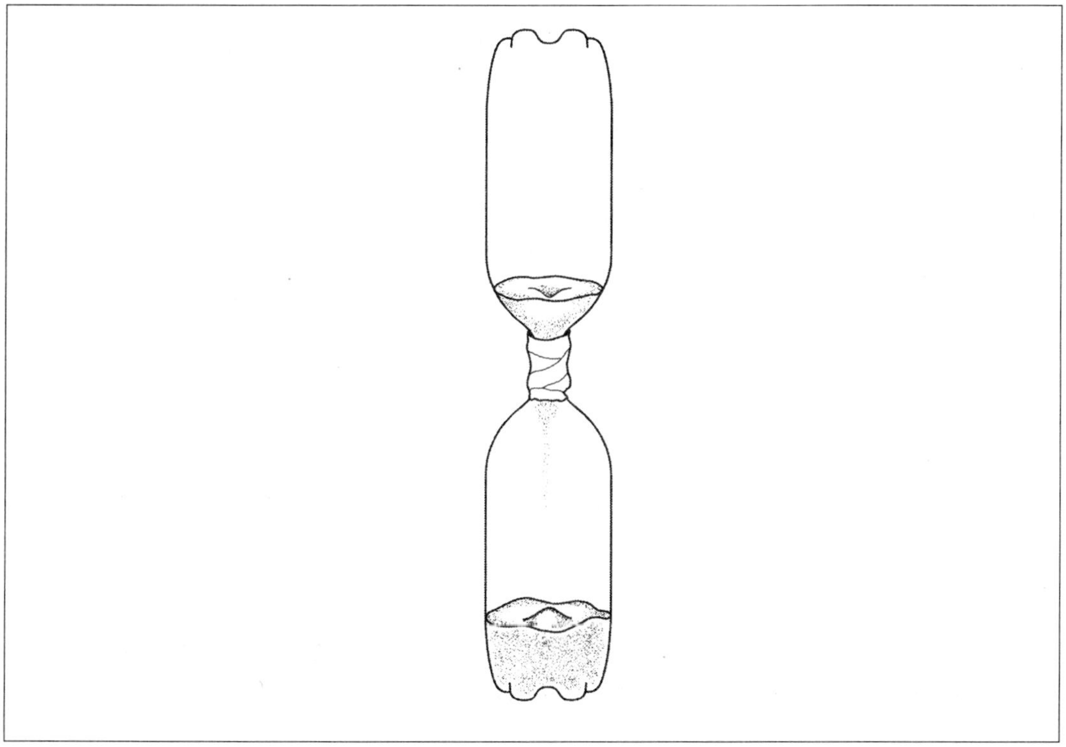

그림 8－4
플라스틱 병, 테이프, 그리고 모래를 이용해서 모래시계를 만든다.

아이들이 모래시계 안에 넣을 모래의 양을 스스로 정하고 모래의 흐름을 통제함으로써 모래시계의 눈금을 매긴다. 교사는 아이들을 격려하여 모래의 흐름을 통제하는 방법을 찾도록 한다. 대부분의 아이들은 두꺼운 종이(또는 다른 재료)를 이용하여(이것에 구멍을 한 개 또는 여러 개 만든다.) 두 병 중의 한 병의 입구의 크기를 줄여서 모래의 흐름을 통제할 것이다.

학급구성원들이 지켜보는 가운데 교사 자신이 만든 견본 모래시계로 이 활동에 대한 시범을 보인다. 첫 번째 병을 약 3분의 2 정도의 모래를 담고 난 후, 두 번째 병을 이것 위에 거꾸로 놓는다. 교사가 조심스럽게 병들을 거꾸로 하면서, 아이들에게 한 병으로부터 다른 병으로 모래가 이동하는데 시간이 얼마나 걸리는지 재도록 한다. (약 10초 정도 걸릴 것이다.) 이 모래시계가 1분 걸리도록 하기 위해서 무엇을 해야 하는지에 대해 토의한다. 이 목적을 달성할 수 있는 한 가지 옳은 방법에 대한 어떠한 최종 결론들을 내지 않는다. 이 상황에 대한 해결책을 구하는 것이 이 활동에 포함된 문제해결의 중요한 부분이다.

학급구성원들과 함께 모래시계를 만드는 것은 교사에게 몇 가지 계획을 요구한다. 교사는 각 아이들이 2개의 병을 가질 수 있을 만큼 충분한 병을 수집해야 한다. (아이들이 병을 가져오도록 한다.) 교사는 또한 상당한 양의 모래를 필요로 한다. (교사가 이 수업을 계획한 날에 모래가 건조해야 한다.) 마지막으로, 교사는 대야(또는 신문용지)가 필요하다. 이것은 아이들이 병에 모래를 채울 때 또는 모래가 떨어지는 시간을 1분에 맞게 조절할 때, 필요하다.

이 활동은 아이들에게 매우 큰 이점을 제공한다. 아이들은 매우 큰 성취감을 얻을 수 있고, 이제 실제로 작동하는 시계를 가지고, 1분 동안 자신들이(친구들이 그리고 가족들이) 선택한 과제를 수행하는 시간을 잴 때에도 이것을 계속해서 사용할 수 있다.

다른 측정 활동과 자료원

다음에 소개해 놓은 자료원은 2학년 아이들이 활동 할 수 있는 몇 가지 부가적인 측정 활동들에 대해 소개해 준다.

***Teaching Arithmetic: Lessons for Addition and Subtraction, Grades 2 – 3* (Tank and Zolli 2001)의 10 - 14장 : 측정 비교 수업**

이 책은 본서에 기술되어 있는 활동들 중 몇 가지 활동에 대해 좀 더 상세한 설명을 제공해 줄 뿐만 아니라, 용적의 측정 및 시간을 포함하는 추가 활동들을 제공해 준다.

Number Power[44], Grade 1, Boxes Unit

이 책에 소개되어 있는 1학년 수준의 활동은 미루지 않는 것이 좋다. 나는 이 단원을 1학년과 2학년을 지도할 때 모두 사용한다. 이 활동은 그 이상의 학년에서도 유용하다. 이 활동들은 상자의 많은 측면(길이, 용적, 그리고 부피)들을 측정하는 활동을 포함하고 있다. 이 활동들은 많은 수식 및 계산 활동을 포함하고 있을 뿐만 아니라 측정 경험 또한 포함하고 있다. (본서에서 기술되어 있는 용적과 겉넓이를 위한 활동들은 이 단원에 있는 활동들 중 일부를 간략하게 소개한 것이다.) 이 시리즈물의 부제는 "Cooperative Approach to Mathematics and Social Development(협력을 통한 수학의 발달 및 사회성 발달)"이다. 그래서 분명히 이것은 아이들이 함께 작업하도록 조장하는 주요 자료원이다.

Number Power, Grade 2, Airplanes

두 종이 비행기가 날아간 거리를 비교하는 아이디어는 같은 시리즈의 2학년 책에 소개되어 있다. 또한 이 책은 수의 상대적 크기에 대해 생각해 보도록 하는 다수의 활동들을 포함하고 있다. 아이들을 이 활동을 하면서, 아이들이 날린 비행기가 날아간 모든 거리의 정보를 포함하는 그래프를 만들도록 하고 특정 범위 내의 수들에 대해 생각해 보도록 한다.

Investigations in Number Data, and Space Series[45], Grade 2, How Long, How Far?

이 책은 직접비교로 시작하면서 길이의 측정에 초점을 맞추고 있다. 임의 측정 단위를 이용하는 활동을 포함하는 많은 활동들의 순서를 상세하게 설명해 주고 있다.

Investigations in Number Data, and Space Series, Grade 2, Timelines and Rhythm patterns

이 책은 아이들이 다양한 시각표를 만드는 단계들을 익히도록 한다. 이 책은 매우 유명한 아동문학 작가인 Dr. Seuss의 87세의 생애를 1년 단위 시각표를 통해서 아이들에게 시각표에 대한 개념을 소개해 준다. 계속해서 아이들은 그들 자신만의 개인적인 1년 단위 시각표를 만들고 아이들 삶 속의 특별한 날에 대한 하루 단위 시각표를 만든다. 이 활동은 아이들에게는 시간이 지남에 따라 성장하는 것을 반성하는데 좋은 방법일 수 있고, 교사가 학급을 운영하는 데 있어서는 학년말에 실행하기에 아주 딱 맞는 활동일 수 있다.

---

44) 이 책은 미국과학재단(NSF)의 지원을 받아 NCTM(1989)의 규준을 반영한 초등수학 프로그램, 즉 초등수학교과서 중의 하나이다.

45) 이 책 또한 미국과학재단(NSF)의 지원을 받아 NCTM(1989)의 규준을 반영한 초등수학 프로그램, 즉 초등수학교과서 중의 하나이다.

Teaching Children Mathematics[46]*(Young and O'Leary, 2002)* 중
"Creating Numerical Scales for Measuring Tools"

이 논문은 1학년 아이들이 길이, 용적, 그리고 온도를 탐구하면서 그들 자신의 임의단위 눈금이 매겨진 저울을 만드는 방법을 설명해 주고 있다. 논문의 저자들은 자신들과 함께 한 아이들이 "이들 영역을 전형적인 측정 활동들 보다 심층적으로 탐구한다."고 주장한다.

이 학급아이들이 한 것에 대한 경험은 다음과 같다. 이들은 Rolf Myller이 지은 『*How big is a Foot?*』을 읽는 것으로 단원을 시작했다. 이 이야기는 왕비에게 줄 침대를 지나치게 작게 만들어서 발생하는 문제를 다루고 있다. 이 문제는 목수가 왕의 발 크기로 잰 침대의 치수(왕의 발 치수를 누가 알 수 있겠는가?)를 의심 없이 받아들여 자신의 발 치수로 만들었기 때문에 발생한다.

아이들에게 "우리가 긴 발자국으로 무엇인가를 재고 나중에 짧은 발자국으로 재었을 때 무슨 일이 벌어질까요?"라고 묻는다. 각 모둠에게 10개의 왕의 발자국과 10개의 목수의 발자국을 주어서 활동하도록 한다. 아이들이 교실에 있는 책장과 다른 사물들을 재었을 때, 아이들은 짧은 발자국이 긴 발자국 보다 더 많은 수를 발생시킨다는 사실을 결국 알아냈다. 그러나, 알아낸 것이 모두 이해한 것과 같지는 않다. 결국, 한 아이가 같은 사물을 왕의 발자국으로 재고 난 후 목수의 발자국을 재었다는 아이디어를 발견해 냈다. 이 아이는 두 크기의 발자국을 나란히 옆으로 놓았다. 이 병렬 배치 비교를 통해서 다른 많은 아이들이 최종적으로 그 아이디어를 이해하는 것에 대한 도움을 받았다.

이 후에, 아이들은 이 발자국들을 긴 띠종이에 붙여 "여러 개의 자"를 만들어냈다. 아이들은 이 자를 만드는 과정에서 자의 끝이 아니라 자의 중간에 수를 적어야 했기 때문에, 문제가 발생하게 되었다. 예를 들어, 5와 반 발자국 길이를 가지 사물은 6 발자국으로 기록되었었다. 아이들은 결국 이 문제를 각 발자국의 발끝에 수를 적는 것으로 해결했다. 그러고 나서, 아이들은 여러 개의 1인치 크기의 두꺼운 종이띠를 1 피트 길이의 종이띠에 붙여서 인치 자를 만드는 것에 이 지식을 전이시켰다.

이 단원을 하는 동안 내내, 아이들에게 발생한 문제들에 대해 그들 자신의 해결방법을 찾아낼 것을 요청하였다. 이를 통해 아이들은 저자들이 의도한 것에 대한 심층적인 이해를 발달시킬 수 있었다. 교사가 아이들이 측정 영역에 대해 문제해결 접근을 접하기를 원한다면, 이것은 2학기의 이 시점에서 사용할 수 있는 매우 유용한 활동이다.

46) 이것은 NCTM에서 발간하는 초등교사를 위한 학술지이다.

후기

지난 여름, 나는 새롭고 어려운 제재들을 학습할 직접적인 기회가 있었다. 나의 외할머니와 외할아버지는 두 분 다 이탈리아에서 태어나셨고 나는 항상 이탈리어를 배움으로써 나의 뿌리를 찾고자 해 왔다. 그래서 내 남편과 나는 투스카니에서 이루어지는 2주짜리 어학코스에 등록했다. 우리는 여행 몇 달 전에 지역 고등학교의 평생교육과정에서 어학 입문과정을 받으며 준비했다. 이탈리아에서 우리가 경험한 것은 우리의 기대를 뛰어넘는 것이었다. 우리는 감사하게도 과정 동료들과, 열의를 다하시는 선생님과 함께하는 것을 즐겼고 아름다운 마을에 머무는 것이 너무나 좋았으며 훌륭한 음식에서부터 숨 막힐 듯이 놀라운 예술에 이르기까지 모든 것을 제공하는 문화에 열중하였다. 우리는 기회만 있다면 잠시 되돌아가고 싶었다.

그럼에도 불구하고, 나는 2주간의 학습과정의 마지막 즈음에 이탈리아인으로서 조금은 부족하다는 것을 느꼈던 것이 기억난다. 이 여행의 마지막 1주일은 프랑스에서 보냈는데, 나는 이전 2주 동안 배우기 위해 안간힘을 썼던 이탈리아어를 쓰려고 노력하기보다 거의 항상 영어에 의지하였었다. 내가 평소 생각하던 것이 발생하고 만 것이다. 철저하면서도 종합적인 노력하에서, 학교는 매일 많은 양의 새로운 제재들을 제공하는 교육과정을 고안해 내왔다. 문법수업에서는 주요한 새 개념을 매일 소개하였고, 그 이후에 이루어지는 회화 과정은 문법수업에서 다루어왔던 것과는 관련이 적었다. 복습이라는 것은 정말 없었다. 교수자가 주의집중하고 동기 부여된 아이들에게 정보를 명료하게 그리고 조직적인 방식으로 전달하였기 때문에, 학습은 단순하게 발생할 것이라는 것이 깔려있는 가정인 듯싶었다.

대신에, 나는 내가 책임을 져야 하는 방대한 양의 정보에 점점 더 압도당하는 나 자신을 발견했다. 나의 선생님들은 친절하고 좋은 분이셨음에서 불구하고, 나는 나 자신과 나의 수업에 대해 실망하게 되었다. 나는 어떻게 자신감을 되찾고 나아질 수 있을지에 막막했다. 이번 가을, 나는 다른 방식의 교수방법을 사용하는 이탈리아의 어학원에 다시 한 번 다녔다. 강사들은 흔히 섭할 수 있는 기본을 바탕으로 하면서 새로운 세새를 세시하였지만, 더 이상 강사 혼자서 일방적으로 이야기를 하지는 않았다. 대신에, 우리가 새로운 학습을 시도할 때, 나의 강사는 모든 학생들이 적극적으로 참여하게 하였다. 그는 우리를 격려해서 한 단어로 답을 하는 것이 아니라 우리 자신의 구절을 구성하도록 하였다. 우리가 간단한 작문 및 발표를 해야 할 때, 우리는 이전 차시에서 학습한 아이디어로 돌아가서 우리가 알고 있는 이탈리아어를 사용할 수 있는 기회를 가졌다. 나는 계속해서 이탈리아어를 배우는데 있어서 천천히 자신감을 얻었고 동기도 부여받았다.

나는 이러한 경험을 통해 학생들에게 이해를 구성할 수 있는 시간과 기회를 주지 않는 교육과정의 결점들을 깨닫게 되었다. 나는 교육 이론에 관한 아이디어를 찾기 위해 이탈리아에 간 것은 아니었다. 그러나, 이탈리아어 학습경험으로부터 나의 학습에 대한 신념은, 진짜 학습이 발생하기 위해서 학생들은 자신들이 **의미를 구성할 수 있는 방식으로** 아이디어에 대해 생각할 수 있는 기회를 가져야만 한다는 것으로 새롭게 변했다. 나는 때때로 "**적을수록 좋다**"는 것을 되새기고, 그리고 학습할 개념에 대해 혼란을 겪거나 실수를 저지르는 것이 학습에 전념하게 해 준다는 것을 되새긴다.

그래서, 나는 교사들이 가르치는 속도를 늦추고 아이들이 어떠한지, 아이들이 이해한 것이 무엇인지를 지켜 볼 것을 권한다. 새로운 활동이나 개념을 소개할 때, 아이들에게 교사가 하고 있는 것을 이야기하도록 이끌어 준다. 예를 들어, 새로운 놀이를 가르칠 때, 다음과 같이 교사의 생각과 전략에 대해 큰 소리로 사고구술(思考口述)해 준다. "음……. 이제 어떤 수가 다음에 나왔으면 좋겠어요?", "이 5를 선택하면, 선생님이 풀 수 있을까요? 아……. 이것을 보자. 선생님이 만약 이 쪽에 5를 사용하면 그 아래 8도 넣을 수 있겠다!" 학생들이 각자의 초기 생각을 서로 공유할 수 있도록 한다. 교사는 학생들의 관심을 돋우고 그들의 생각을 수학에 집중하도록 한다. 학생들에게 아주 많은 시간을 주어서 학생들이 그들의 여러 가지 생각들을 내는데 협력하도록 한다. 참여와 몰입하도록 하기 위해서 모든 시도들을 수용하고 칭찬해 준다. 실수로부터의 학습이 긍정적인 것으로서 비추어 질 수 있는 교실 문화를 형성한다.

일단 아이들이 개인적으로 활동하고 있는 동안 그들의 노력을 지지해 준다. 학생들의 생각에 관심을 보여주고, 학생들의 문제해결방식을 존중해 준다. 학생들이 해 내는 모든 과정 및 결과들을 가치 있게 여길 뿐만 아니라 질문을 하거나 정보를 제공해서 새로운 이해를 형성하도록 북돋운다. 효율적인 전략은 반드시 공유하도록 해야 하며, 나타낸 생각을 그림, 말, 그 밖의 상징들을 이용하여 시범보이기를 주저하지 않는다. 학생들이 서로 돕도록 격려하고 교사가 학생들의 학습을 돕기 위해 그곳에 있다는 것을 아이들이 분명히 기억하도록 한다.

모든 학생들에게 적합한 높은 수준의 교육과정을 마련한다. 학생들 각자가 자신이 이해한 전략들을 사용하여 어려운 문제를 해결하려는 시도를 하게 한다. 아이들이 시도하는 해결방법들의 복잡성은 다양할 수 있을지라도, 인내심 있게 해결방법을 구하는 모든 학생들이 의미 있는 활동에 참여하고 있다는 자신감을 심어준다. 자신들의 사고를 환기시키는 질문들로 자신들이 학습한 것을 반성하도록 함으로써, 아이들에게 최선을 다하도록 요청한다. 예를 들어, "합을 바꾸지 않으면서 덧셈식에 있는 수들의 순서를 바꾸는 것이 항상 성립하나요?"라고 묻는다. 새로운 생각을 기꺼이 시도하도록 하고 인내심을 갖도록 격려한다. 학생들을 향해서 웃어주고 교사의 학습에 대한 열정을 공유한다. 2학년 학생들은 본래 교사의 지도를 필요로 하고 교사의 리드를 따른다. 교사가 학습에 대한 개방성을 시범보일 때, 아이들은 즐겁게 따를 것이다.

마지막으로 교사라는 것을 잊지 말기 바란다. 오직 교사만이 학습에서 학생들을 관찰할 수 있으므로, 교사만이 어떤 활동을 소개할 것인지를 결정할 수 있고 언제 그 활동을 할지도 결정할 수 있다. 다시 말해서 이 말은 교사는 이 책의 모든 아이디어들을 자신의 교실 환경에 맞게 재구성해서 사용해야 한다는 것을 의미한다. 이 책에 있는 제안들을 엄밀하게 따르는 교사가 있다 할지라도, 이 교사는 완벽한 교육과정을 가질 수 없다. 나는 이 원고를 다 훑어보고 내 자신에게 이렇게 말했다. "음……. 내가 확률에 대한 단원을 잘 마칠 수 있을까? 좀 더 설명이 있으면 좋겠는데……."

교사 자신의 그림을 그리기 바란다. 교사로서 우리는 학생들을 위해 할 수 있는 모든 것을 했다고 자만해서는 결코 안 될 것이다. 이 말은 계속해서 노력해야 한다는 것이다. 즉, 항상 새로운 생각들을 찾고 어려움에 부딪힌 학생들과 우리 자신을 위해 끊임없이 도전하도록 해야 한다.

부록

Blackline Masters

월요일	월요일	화요일	수요일	목요일	금요일	토요일

20___년 ___월 날씨 그래프

화창한 날 																	
구름이 조금 낀 																	
대체로 구름 																	
비 																	
눈 																	

13 만들기

〈준비물〉 얼굴 카드를 뺀 카드 1벌

〈규칙〉

1. 카드를 섞고 나서 한 사람당 카드를 7장씩 나누어준다.
2. 나머지 카드는 뒤집어 쌓아둔다. 이것이 중앙뭎이다.
3. 경기자 1: 자신의 카드 중 1장을 골라서 손에 들고, 그림면이 보이도록 해서 중앙뭎 옆에 놓는다. 카드의 값을 크게 말한다.
4. 경기자 2: 자신의 카드 중 한 장을 첫 번째 카드 옆에 놓고, 이 카드의 수를 첫 번째 카드의 수에 더한다. 합한 값은 13이거나 13보다 작아야 한다. 만약 이 경기자가 13을 넘어서지 않는 카드를 내려놓을 수 없으면, 이 경기자는 13이하의 수를 만들 수 있는 카드가 나올 때 까지 중앙뭎으로부터 카드를 가져와야 한다. 13 또는 그 이하의 합을 만들었을 때 그 합을 큰 소리로 말한다.
5. 한 경기자가 합이 정확히 13을 얻을 때까지 게임을 계속한다. 그 경기자는 (합이 13이 되는) 두 장의 카드를 한쪽에 두고 새 카드로 시작한다.
6. 자신의 카드를 먼저 모두 없애는 사람이 승리한다.

홀수 혹은 짝수

〈준비물〉 얼굴 카드를 뺀 카드 1벌

〈규칙〉

2인 1 모둠으로 카드 1벌을 가지고 함께 활동을 한다. 게임의 목표는 카드 더미를 한번 다 사용하여 카드를 모두 없애는 것이다.

1. 카드를 섞어서 중앙뭉을 만든 후 위의 카드 2장을 가져온다. 카드의 그림면이 보이도록 이 두 장의 카드를 옆으로 나란히 살짝 겹치게 놓는다. 이 두 장의 카드 옆에 중앙뭉을 놓아둔다.

2. 그림면이 보이도록 놓은 두 장의 카드의 합이 짝수이면 이 두 카드를 경기에서 제외시키고, 카드 두 장을 더 뒤집는다.

합이 홀수이면 세 번째 카드를 뒤집어서 맨 위의 카드를 살짝 겹치게 놓는다.

3. 맨 위에 있는 카드 두 장의 합이 이제 짝수이면, 위에 있는 두 카드만 경기에서 제외시킨다. 합이 홀수이면 또 다른 카드를 이미 그림면이 보이도록 놓아 둔 카드들과 한 번 더 살짝 겹치게 놓는다.

4. 항상 맨 위의 카드 두 장의 합이 짝수가 되는지 찾으면서, 중앙뭉에 있는 카드들을 모두 사용할 때까지 계속해서 이 방식으로 카드들을 뒤집는다.

5. 승자가 누구인지 본다. 경기자이거나 카드뭉이다!

피라미드 10

〈준비물〉 얼굴 카드를 뺀 카드 1벌

〈규칙〉

2인 1 모둠으로 카드 1벌을 가지고 게임을 한다. 이 게임의 목적은 카드 더미를 한번 다 사용하는 동안 전체 피라미드를 제거하는 것이다.

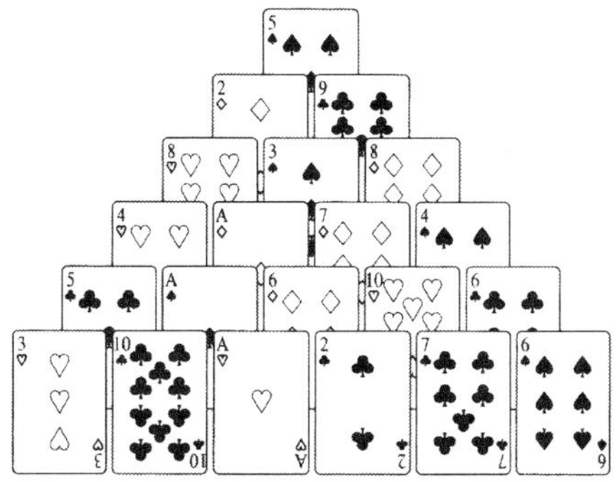

1. 카드를 섞어서 피라미드 모양으로 카드 21장을 오른쪽에 보이는 것과 같이 배열한다.
2. 남은 카드를 덮어 놓는다.
3. 자유 카드의 정의: 자유 카드란 그 위에 겹치는 카드가 없는 것을 말한다. 게임이 시작하면 이 피라미드의 맨 아래 줄에 있는 카드 6장만 자유 카드의 자격을 부여 받는다.
4. 이 마지막 줄에서 모든 10과 더해서 10이 되는 두 카드는 빼서 따로 놓는다. 이 카드들은 더 이상 게임에서 사용하지 않는다.
5. 만약 게임을 하다가 10 또는 더해서 10이 되는 두 카드가 자유카드가 된다면, 그 카드들도 게임에서 사용하지 않도록 빼서 따로 놓아둔다. 뺄 카드가 없을 때까지 계속해서 이 과정을 한다.
6. 중앙뭉에서 카드 한 장을 뒤집는다. 만약 그 수가 10이거나 피라미드에 있는 자유카드와 합해서 10이 된다면 그 카드들을 뺀다. 만약 뒤집은 카드를 사용할 수 없다면, 이 카드를 피라미드의 아래에 놓는다. 이 카드는 나중에 사용할 수 있다.
7. 중앙뭉에서 또 다른 카드 하나를 뒤집는다. 6번의 지시를 똑같이 따른다. 만약 이때 중앙뭉에서 가져온 새 카드와 피라미드에 있는 자유 카드 하나와 합해서 10을 만들 수 있다면 이 두 카드를 따로 빼서 놓음으로써 새로운 자유 카드가 생길 수 있다. 이때, 앞에서 피라미드 아랫줄에 놓았던 카드와 이 자유 카드로 10을 만들 수도 있다. 주의: 경기자가 경기를 진행해감에 따라서 피라미드 아래에 놓은 카드들이 쌓여 갈 수 있지만, 경기자는 처음 중앙뭉에서 위 카드만 사용할 수 있다.
8. 이 게임은 중앙뭉에 있는 모든 카드를 뒤집었는데 더 이상 10 또는 10이 되는 두 카드를 제거할 수 없을 때, 또는 피라미드에 있는 카드를 모두 제거했을 때 끝난다.

1 부터 10

〈준비물〉 주사위 2개, 카드 묶음 1개

〈규칙〉

이 게임의 목적은 경기자가 가지고 있는 카드를 모두 없애는 것이다. 한 사람은 빨간색 카드를 모두 갖고, 다른 한 사람은 검은색 카드를 모두 갖는다.

1. 경기자 1: 주사위를 굴려서 두 수의 합을 구한다. 주사의의 합과 같은 카드의 모든 조합을 버린다. 예를 들어, 주사위를 굴려 5와 3이 나와서 합이 8이 되었다고 가정해 보자. 경기자 1은 여러 가지 방법으로 8을 만들 수 있다. 5+3, 4+4, 6+1+1과 같이 말이다. 그 합을 만드는 한 가지 방법을 선택하고 나서 그 카드들을 버린다.
2. 경기자 1: 경기자 1이 가진 카드로 첫 번째 합을 만들 수 없다면, 주사위를 다시 굴린다. 만약 이 새로 주사위를 굴려 나온 합을 만들 수 없다면, 다시 주사위를 굴린다. 만약 이 세 번째 합을 만들 수 없다면, 자동으로 지게 된다.
3. 경기자 1과 2: 교대로 주사위를 굴리고, 카드를 버린다.
4. 먼저 자신의 카드를 모두 버리는 사람이 승자가 된다.

한 자리 수 덧셈

같은 두 수의 합들을 알고 있는지 점검하고, 만약 모르면 이것들을 연습합니다.

1+1　2+2　3+3　4+4　5+5　6+6　7+7　8+8　9+9　10+10

수업 시간에 우리는 0+0부터 10+10까지의 덧셈구구 차트를 살펴보았습니다. 덧셈구구가 121개나 있었어요! 정말 많죠.

그 차트를 자세히 들여다보니, 모든 학급 친구들이 이미 알고 있는 덧셈구구가 많다는 것을 우리는 알 수 있었어요. 그래서 알고 있는 것에 X표를 했어요.

아래에 제시된 덧셈구구들은 여러분이 더 연습해야 하는 덧셈구구들이예요. 중요한 것은 여러분이 이해가 되는 전략을 찾는 것이에요. 그래서 여러분이 답을 구해야 할 때 답을 빨리 찾을 수 있어요.

4+3	5+3	6+3	7+3	8+3	9+3
	5+4	6+4	7+4	8+4	9+4
		6+5	7+5	8+5	9+5
			7+6	8+6	9+6
				8+7	9+7
					9+8

매일 3개 이상의 덧셈구구를 선택하세요. 각 덧셈구구의 답을 얻을 수 있는 전략을 서로 다른 종이에 적어보세요.

부모님께 드리는 글: 아이들은 이 과제를 통해서 자신들의 수 감각(특히 수를 가르기 하는 능력과 수들이 어떻게 관련되어 있는지에 대한 지식)을 활용해서 한 자리 수 덧셈을 효율적으로 할 수 있는 전략을 발달시킬 수 있습니다. 같은 문제를 접하더라도 아이마다 다른 전략을 생각할 수 있습니다. 중요한 것은 각 아이가 자기 자신이 이해할 수 있는 전략을 생각해 내는 것입니다.

암기하는 것은 정답을 구하는 빠르고 정확한 방법 보다 덜 중요합니다. 예를 들어, 저는 8+9를 구하고 싶다면, "8+8=16이므로 8+9=17이다." 말합니다. 저는 눈을 감고도 이것을 할 수 있습니다. 수업에서 우리는 우리를 수학적으로 강하게 만들어 주는 여러 종류의 전략들에 대해 이야기합니다. 여러분의 자녀는 많은 아이디어들을 이끌어내야 합니다. 학부모님께서는 부모님이 알고 계신 전략들은 자녀들과 공유하고 싶어 할지도 모르겠습니다. 그러나 여러분의 자녀가 위의 문제들을 다른 방법으로 해결할 수 도 있는데 그것도 괜찮다는 것을 명심하십시오. 우리는 우리 각각에게 맞는 방법을 구하고 이해를 해야 합니다.

같은 두 수의 합 구하기

1+1부터 10+10까지의 모든 같은 두 수의 합을 표현하는 방법을 생각한다. 예를 들어, 월드시리즈 동안 각 게임에 18명의 선수가 있다. 이 중 9명은 양키스 선수이고 다른 9명은 페드레스 선수이다. 가족과 함께 같은 두 수의 합에 대해 브레인스토밍 한다. 수, 글, 그림을 사용한다. 완성하고 난 후 두 수의 합을 연습한다. 같은 두 수의 합을 알고 있으면 이를 바탕으로 다른 수들을 더하는 전략을 세울 수 있다.

1+1=2 젓가락 하나 더하기 또 다른 젓가락 하나는 젓가락 2개이다.	

수 퍼즐을 위한 10×10 모눈종이

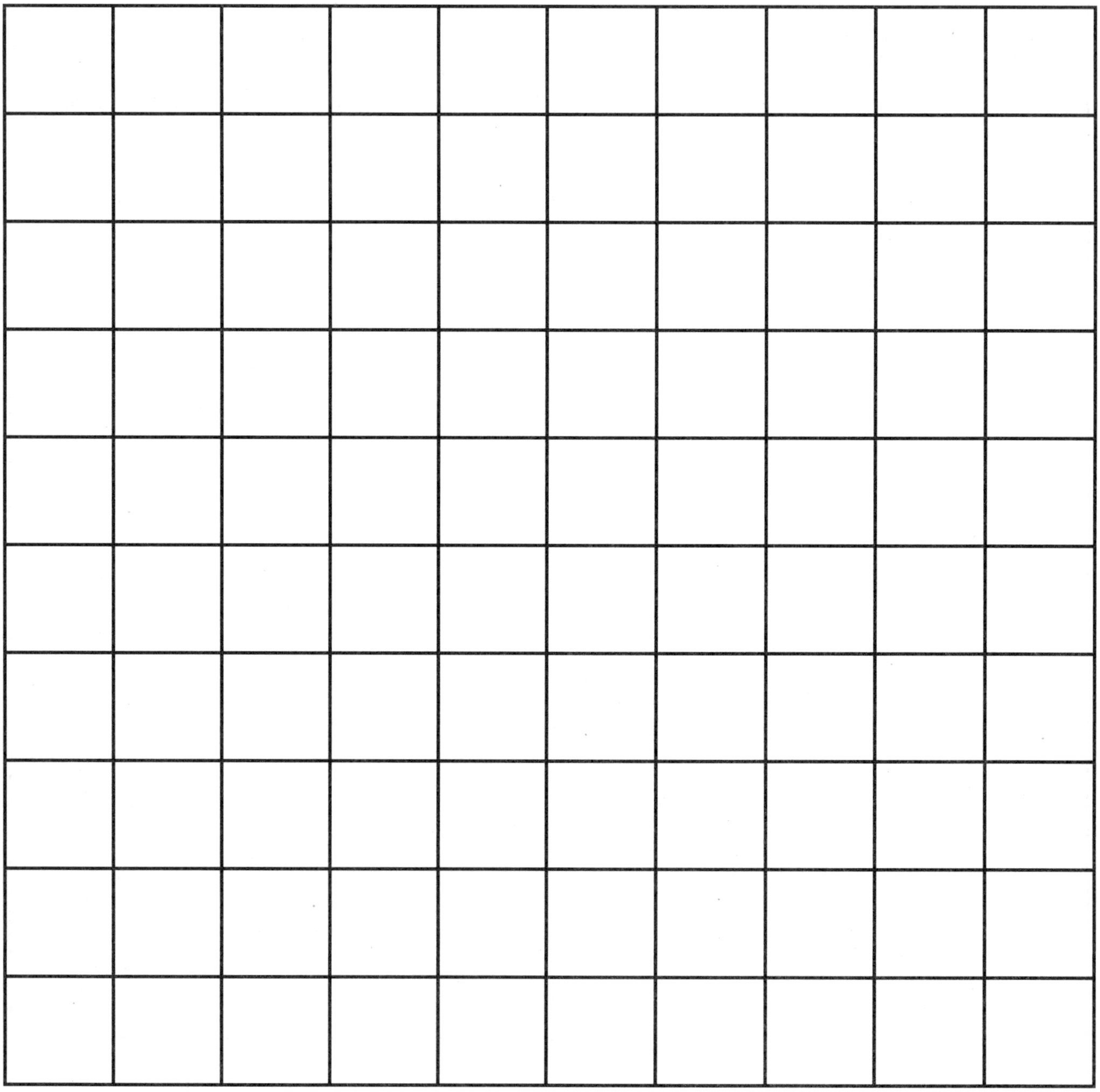

자리값 개념 평가: 개별 면담

이름 ____________________ 날짜 ____________________

수들 사이의 관계 그리고 10씩 묶음들과 낱개들 사이의 관계
아이들이 24개의 타일을 10 묶음으로 놓는 활동을 한 후, 다음과 같은 질문을 한다.

"10개 묶음이 몇 개 있어요?" _____ "낱개는 몇 묶음 있어요?" _____

그러고 나서, "전부 몇 개 있어요? 어떻게 알아냈어요?"라고 묻는다.

수에 있는 숫자들의 위치의 중요성

- "열여섯 개의 타일을 책상위에 올려놓으세요."라고 말한다. 면담 중인 아이가 이 과제를 완성하는 방법을 필기한다.

- 면담 중인 아이에게 다른 종이 위에 16을 적으라고 한다. "선생님은 네가 16을 적는데 1 하나와 6 하나를 사용한 것을 보았어요. 16에 있는 1과 6이 의미하는 것이 무엇이에요? 타일을 가지고/또는 말로 설명할 수 있어요."라고 말한다.

덧셈 문제 풀기

- "선생님이 25개를 더 준다면, 네가 전부 몇 개를 가지고 있는지를 어떤 방법으로 알아 낼 수 있어요?"라고 묻는다.
- 면담 중인 아이가 16을 적어 둔 종이에 +25라고 적는다. (적은 수가 적절할 듯싶으면, +5라고 문제를 바꾼다.)
- 면담 중인 아이가 이 과제를 하는 방법을 필기한다.
- 종이 위에 적혀 있는 것들이 이상 없음을 아이가 이해했는지 확인한다.
- 이 아이의 면담 내용이 담긴 종이를 이 양식에 첨부해 둔다.

- 이 아이가 41개의 타일이 있을 수 있음을 이해하고 나면, "42개의 타일을 10개 묶음으로 묶으면 몇 묶음을 만들 수 있어요?"라고 묻는다.

열 개 묶음 __________ 개 나머지 __________ 개

학부모님께 드리는 편지

존경하는 학부모님께,

우리는 자리값의 이해를 증진시키는데 초점을 둔 단원을 절반 정도 공부했습니다. 이 편지는 여러분의 자녀가 더하기와 빼기를 어떻게 공부하고 있는지에 대해 면밀하게 보여드릴 것입니다.

여러분의 자녀들이 수학을 하는 방법은 부모님께서 학창시절에 공부하던 방법과는 조금 다릅니다. 우리 세대는 전형적인 알고리즘(문제를 풀기 위한 규칙이나 절차)을 이용하여 더하기와 빼기를 배웠습니다. 더하기 위해서, 우리는 “받아올림”을 배우고, 빼기를 위해서 “받아내림”을 배웠습니다. 우리는 수학적 맥락과 관련이 없는 문제들을 계산하며 한 페이지씩 배워갔습니다. 이러한 절차는 우리가 어려서 경험했던 절차를 기억나게 합니다.

이러한 방법들이 우리 세대와 친숙하기 때문에, 우리는 계산 능력을 평가하는데 있어서 이 방법들을 표준으로 생각하는 경향이 있습니다. 불행하게도, 학생들은 종종 문제 속에 수의 의미와 연결시키지 못하고 알고리즘을 공부하기도 합니다. 그리고 이러한 방법으로 수학을 배운 많은 어른들은 간단한 실생활 문제를 이해하지 못합니다. 알고리즘은 컴퓨터가 계산하는 과정으로 일련의 절차를 만들어 놓은 것입니다. 그것은 유용한 도구이지만 알고리즘은 자리값에 대한 개념을 소홀히 다루게 합니다. 알고리즘은 시작이 아닌 종착점인 것입니다.

표준으로 사용되는 받아올림과 받아내림 절차에 내재되어 있는 결정적 단점은 그것이 수가 나타내는 양에 초점을 맞춘 것이 아니라 단순히 하나의 숫자에만 초점을 맞춘다는 것입니다. 절차를 잊어버린 학생들은 심지어 자신이 실수를 하고 있다는 것을 모른 채 정말 눈에 띄는 실수를 하는 것을 스스로 발견합니다. 그리고 왜 그 답을 얻었는지 이해하지 못합니다. 다음은 아이들이 종종 저지르는 실수입니다.

$$\begin{array}{r} 58 \\ +\ 25 \\ \hline 713 \end{array} \qquad \begin{array}{r} 53 \\ -\ 16 \\ \hline 43 \end{array} \qquad \begin{array}{r} \not{4}\,\not{9} \\ 53 \\ -\ 37 \\ \hline 12 \end{array}$$

한 가지 반가운 소식은 문제를 계산하는 여러 가지 효율적인 방법이 있다는 것입니다. 사실, 2학년 학생들은 자신만의 절차를 만들어 낼 수 있습니다. 58과 25를 더하는 문제를 생각해 보면, 2학년 학생들은 다음과 같은 방법으로 해결하기도 합니다.

- 50과 20을 더하여 70을 얻는다.
- 8과 5를 더하여 13을 얻는다.
- 70과 13을 더하여 83을 얻는다.

이 방법은 “받아올림” 알고리즘만큼 효과적이고, 쉽게 기억할 수 있고, 쉽게 수행 할 수 있고, 짧은 시간에 수행 할 수 있습니다. 이 방법은 문제 해결을 하는 사람이 수가 나타내는 것이 무엇인지 계속해서 집중할 수 있기 때문에 수학적 관점에서 보면 표준적인 알고리즘보다 더 훌륭한 방법입니다. 그리고 어떤 문제에도 일반화 할 수 있습니다.

우리들 중에 대부분은 지금 미국에서 가르쳐 지고 있는 방법과 역사적으로 사용된 다른 알고리즘을 가지고 있는 문화에 대해 알지 못합니다. 다음의 예는 학술지 『Teaching Children Mathematics』(1996)의 한 호에 게재된 Randolph A. Phillip의 "Multicultural Mathematics and Alternative Algorithms"라는 논문의 내용 중 일부로 다른 나라의 성인들이 우리가 지도하고 있는 많은 2학년 학생들이 하고 있는 것과 같은 방법을 지도받고 있음을 볼 수 있습니다.

1970년대 초에 스위스에서 교육받은 한 노인과 캐나다에서 교육을 받은 한 남자 모두 자신이 공부한대로 위쪽에서부터 빼는 방법을 설명하고 있습니다. 스위스 사람은 아래와 같이 두 문제를 해결하였습니다.

$$\begin{array}{r} 59 \\ +\ 16 \\ \hline 60 \\ 15 \\ \hline 75 \end{array} \qquad \begin{array}{r} 481 \\ +\ 926 \\ \hline 1300 \\ 100 \\ 7 \\ \hline 1407 \end{array}$$

위와 같은 방법은 미국의 학생들에게 자신만의 알고리즘을 만들어 보라고 하면 많이 등장하는 방법들 중의 하나입니다. 이 여러 자리 수 더하기를 하라고 하면 대부분의 학생들은 큰 자리 수부터 자연스럽게 더합니다. 이는 어른들에게도 마찬가지 입니다. 예를 들면, 만약 두 명의 친구가 공동으로 돈을 지불하기 위해 지갑에 있는 돈을 모두 꺼낼 때, 20달러짜리를 먼저 셉니까 아니면 1 달러짜리를 먼저 셉니까?

물론 위와 같은 과정으로 문제를 해결하는 것은 두 자리 수가 10과 1의 배수들로 구성되어져 있고, 수가 어떻게 분리되고 합쳐지는가에 대한 지식을 필요로 합니다. 학생들은 게임을 통해 이와 같은 개념을 배우고, 손쉽게 접할 수 있는 교구를 이용하여 수학적 모델을 만들고, 많은 문제를 접할 수 있는 기회를 갖습니다. 두 자리 수끼리 더하는 문제를 접할 때, 학생들은 정확한 답을 구하기 위해 자신이 이해한 절차와 함께 우리의 수 체계에 대해 공부했던 것을 이용합니다. 학생들은 그들 스스로 구성한 접근법에 대해 깊이 이해하고 있고 그리고 이러한 방법으로 문제를 해결 할 때 거의 실수를 하지 않습니다.

덧셈과 뺄셈의 두 경우 모두, 문제를 해결하는데 있어 절차를 단순히 말해 주는 것은 불가능한 일입니다. 두 양이 합쳐져 하나의 새로운 양이 된다는 것을 제대로 이해하는 것은 학생들 스스로 단련해야 하는 정신적인 관계성입니다. 덧셈과 뺄셈의 모든 문제들을 해결하는데 필요한 논리-수학적 지식은 많은 경험에서 우러나는 것으로 시간이 지나면서 발달합니다. 우리는 학생들이 자연스러운 단계로 발전하도록 기대하고 격려할 필요가 있습니다. 그러한 과정은 배움만큼이나 혼란도 포함하는 과정입니다. 학생들은 이해가 발달할 것이기 때문에, 이들은 자신들의 사고를 형식화 하고 재형식화 할 기회를 가져야 합니다.

학생들은 덧셈과 뺄셈을 배울 때 전형적인 여러 단계를 거칩니다. 예를 들면, 일부 학생들은 위의 문제를 해결할 때 58에서부터 시작해서 25를 이어세기해서(59, 60, 61, 62, …… , 83) 이 문제를 해결합니다. 이러한 학생들은 58 + 25의 의미 중 한 가지 이해를 발전시킨 것입니다. 만약 정확하게 실행되었다면, 이 방법은 정답을 줄 것입니다. 그러나 1씩 세는 것은 불편하고, 수가 커짐에 따라 실수를 하게 됩니다. 다시 학생들은 큰 수를 이용한 문제를 해결하고 수를 더욱 편하게 다루기 위해 수를 묶음 짓기 시작합니다. 우리는 종종 학생들이 효과적인 뺄셈을 하기 전에 효과적인 덧셈법을 알아내는 것을 발견할 수 있습니다.

학생들이 저학년 때 이해한 절차는 다양한 문제에 적용할 수 있습니다. 1462 + 1745 + 278과 같은 문제를 접했을 때, 학생들은 오래된 받아올림 알고리즘을 이용할 필요가 없습니다. 그들은 다음과 같이 접근합니다.

- 1000 + 1000 = 2000, 400 + 700 + 200 = 1300, 모두 3300. (잊어버리지 않으려고 숫자를 메모한다.)
- 60 + 40 + 70 = 170, 이제 모두 3470. (잊어버리지 않으려고 그 숫자를 메모한다)
- 2 + 5 + 8 = 15, 모두 3485.

숫자를 수직으로 쓰는 것은 그렇게 중요하지 않다는 것에 주목해야 합니다. 위의 학생은 잊어버리지 않으려고 단지 숫자 3가지만 메모했습니다. 가장 중요한 것은, 문제를 해결하는 사람이 개별 숫자가 아니라 수가 나타내는 양에 초점을 두었기 때문에 그 답에 자신감을 가질 수 있다는 것입니다. 이와 같은 방법은 살면서 마주치게 될 어떤 문제를 시각적으로 해결하는 데 효과적이고 정확한 방법입니다. 부모님들은 이 접근 방법이 얼마나 효과가 있는지를 알아보기 위해 스스로 어떤 가설 문제를 만들어 해결해 보시기 바랍니다.

과거에는 정말 많은 아이들이 잘못된 믿음이지만, 수학을 싫어하고 자신은 수학을 잘하지 못한다고 믿었습니다. 우리는 그 관념을 바꿔야 합니다. 수학은 모든 사람이 이해할 수 있는 것이며, 그래서 수학을 항상 분명하게 이해되는 그런 방법으로 가르쳐야 합니다. 만약 어린 아이가 수의 왕국에서 확실한 이해의 기초를 세울 기회를 찾는다면, 그들은 자신이 우리 세계의 중요한 부분을 마스터할 수 있다는 것을 발견하게 될 것입니다.

6개의 녹색삼각형

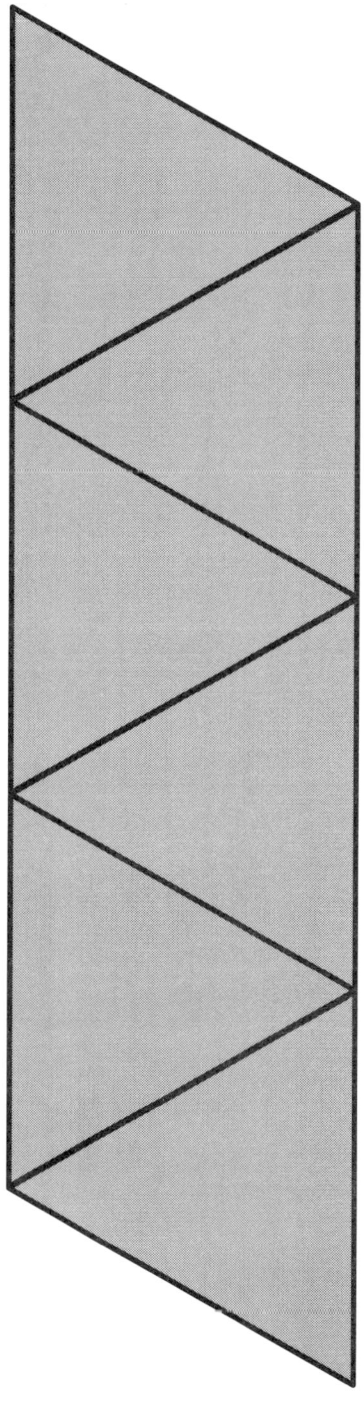

정육각형 덮기

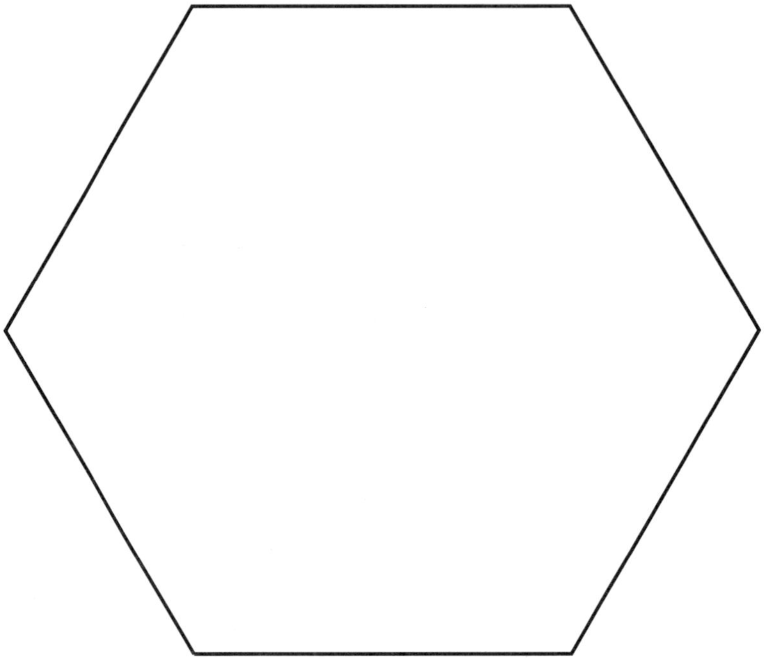

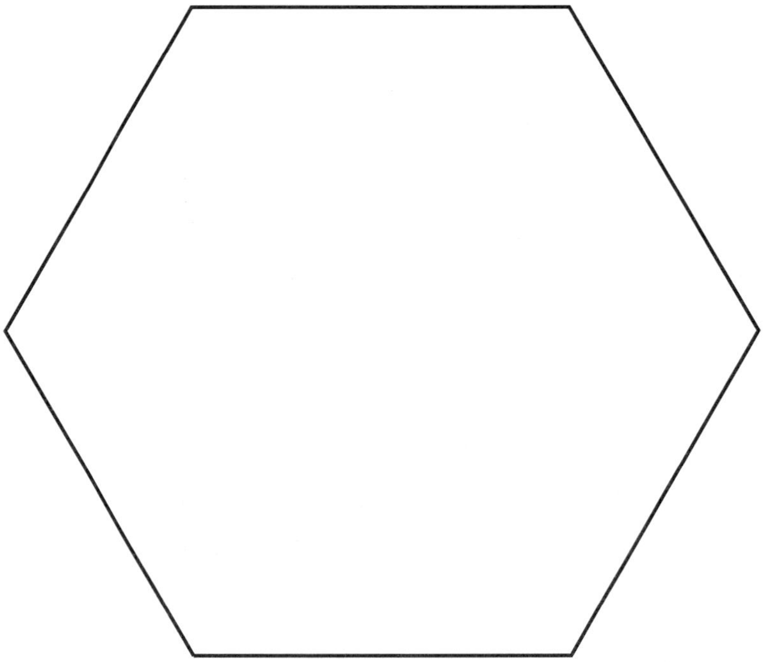

점판

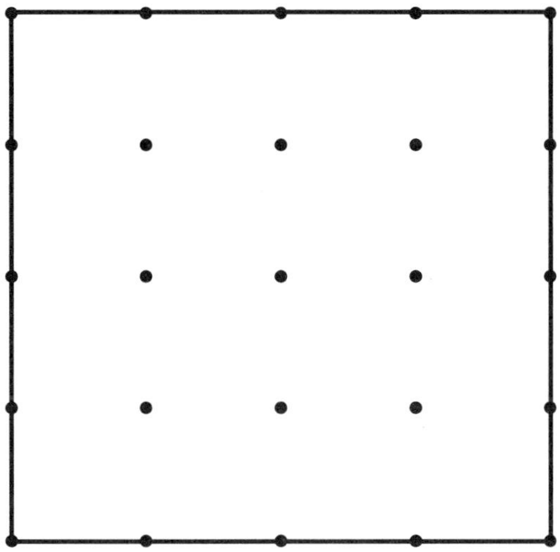

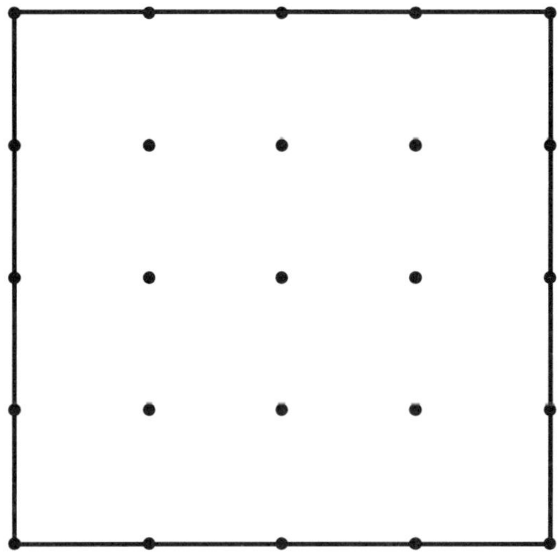

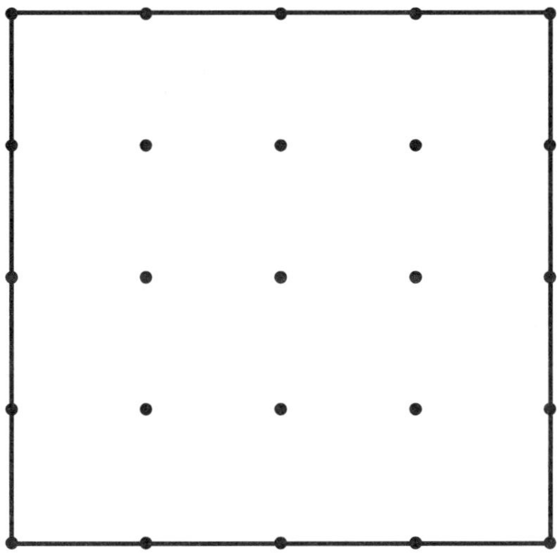

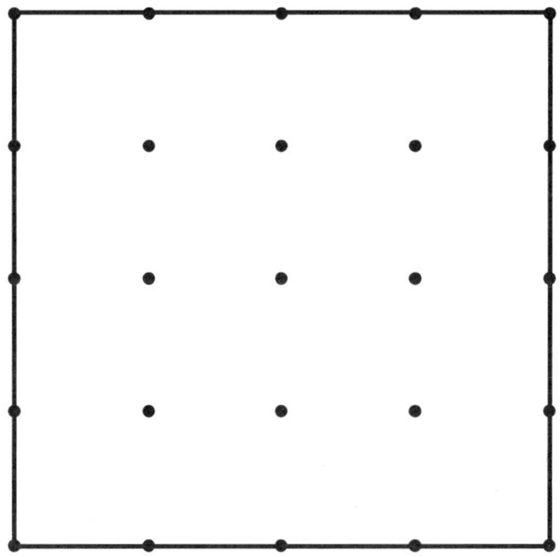

1－100 수배열표

1	2	3	4	5	6	7	8	9	10
11	12	13	14	15	16	17	18	19	20
21	22	23	24	25	26	27	28	29	30
31	32	33	34	35	36	37	38	39	40
41	42	43	44	45	46	47	48	49	50
51	52	53	54	55	56	57	58	59	60
61	62	63	64	65	66	67	68	69	70
71	72	73	74	75	76	77	78	79	80
81	82	83	84	85	86	87	88	89	90
91	92	93	94	95	96	97	98	99	100

1－100 수배열표 상의 패턴

1	2	3	4	5	6	7	8	9	10
11	12	13	14	15	16	17	18	19	20
21	22	23	24	25	26	27	28	29	30
31	32	33	34	35	36	37	38	39	40
41	42	43	44	45	46	47	48	49	50
51	52	53	54	55	56	57	58	59	60
61	62	63	64	65	66	67	68	69	70
71	72	73	74	75	76	77	78	79	80
81	82	83	84	85	86	87	88	89	90
91	92	93	94	95	96	97	98	99	100

두 자리 수 덮기

〈준비물〉

- 교사가 가지고 있는 쌓기나무, 블록과 같은 크기의 정사각형이 있는 1－100 수배열표. 개인별로 하나씩.
- 블록이나 쌓기나무 100개. 일부는 10개 묶음으로 되어 있고 나머지는 낱개로 있도록 한다.

〈규칙〉

1. 놀이자들은 교대로 주사위를 굴린다. 놀이자들은 주사위를 굴려 나온 눈을 함께 사용할 수 있거나 각 놀이자는 개별적으로 주사위를 굴릴 수 있다.

2. 각 놀이자는 주사위에 있는 수 만큼 10개 묶음 또는 그 만큼의 낱개 블록을 가져오고 이것들을 1－100 수배열표에 놓는다. (만약 3이 나오면 그 놀이자는 3개의 10개 묶음 또는 3개의 낱개 블록 **중 한 가지만**을 가져와서 자신의 1－100 수배열표 위에 놓는다.)

3. 각 놀이자가 정확히 일곱 번씩 주사위를 굴린다. 놀이자들은 7번 주사위를 굴릴 때마다 낱개 블록 또는 10개 묶음 중 한 가지만 취해야 한다. 한 번 주사위를 굴릴 때 낱개 블록과 10개 묶음을 모두 가져 올 수 없다.

4. 7번 주사위를 굴린 후, 100을 넘지 않으면서 수배열표를 거의 다 채운 사람이 이긴다.

이야기문제 1

이름 ________________

날짜 ________________

16 + 35

아래에 이야기문제를 적으시오.

글, 그림, 수, 그리고 다른 기호들을 사용해서, 만든 문제를 해결하시오.

이야기문제 2

이름 ____________________ 날짜 ____________________

32 − 19

아래에 이야기문제를 적으시오.

글, 그림, 수, 그리고 다른 기호들을 사용해서, 만든 문제를 해결하시오.

참고문헌

수학동화

Bogart, Jo Ellen. 1989. *10 for Dinner*. New York: Scholastic.
Ernst, Lisa Campbell, and Lee Ernst. 1990. *The Tangram Magician*. New York: Harry N. Abrams.
Gannet, Ruth Stiles. 1948. *My Father's Dragon*. New York: Random House.
Hong, Lily Toy. 1993. *Two of Everything: A Chinese Folktale*. Morton Grove, IL: Albert Whitman.
Leuck, Laura. 1999. *My Monster Mama Loves Me So*. Illus. Mark Buehner. New York: Scholastic.
Lobel, Arnold. 1970. *Frog and Toad Are Friends*. New York: HarperCollins.
Mod, Jeanne. 1990. *The Story of Z*. Saxonville, MA: Picture Book Studio.
Myller, Rolf. 1991. *How Big Is a Foot*. New York: Dell Young Yearling.
Paul, Ann Whitford. 1996. *Eight Hands Round: A Patchwork Alphabet*. Illus. Jeanette Winter. New York: HarperTrophy.
Tompert, Ann. 1997. *Grandfather Tang's Story: A Tale Told with Tangrams*. New York: Dragonfly Books.

전문도서

Anderson, Catherine, Karen Economopoulos, and Alison Abrohms. 1996. *How Many Pockets? How Many Teeth?* Investigations in Number, Data, and Space Series. Cambridge, MA: TERC and Menlo Park, CA: Dale Seymour Publications.
Baratta-Lorton, Mary. 1994. *Mathematics Their Way*. Rev. ed. Menlo Park, CA: Addison-Wesley Longman.
Burk, Donna, Allyn Snider, and Paula Symonds. 1991. *Math Excursions 2*. Portsmouth, NH: Heinemann.
Burns, Marilyn. 2001. *Teaching Arithmetic: Lessons for Introducing Multiplication, Grade 3*. Sausalito, CA: Math Solutions Publications.
Chapin, Suzanne H., and Art Johnson. 2000. *Math Matters: Understanding the Math You Teach*. Sausalito, CA:

Math Solutions Publications.

Confer, Chris. 1994. *Math by All Means: Geometry, Grades 1–2*. Sausalito, CA: Math Solutions Publications.

Contestable, Julie, Shaila Regan, Carol Westrich, Susan Alldredge, and Laurel Robertson. 1995. *Number Power, Grade 2*. Menlo Park, CA: Addison-Wesley.

Cory, Beverly, and Tracey Wright. 1996. *Timelines and Rhythm Patterns: Representing Time*. Investigations in Number, Data, and Space Series. Cambridge, MA: TERC and Menlo Park, CA: Dale Seymour Publications.

Cory, Beverly, Marisabina Russo, and Joan Akers. 1996. *Shapes, Halves, and Symmetry: Geometry and Fractions*. Investigations in Number, Data, and Space Series. Cambridge, MA: TERC and Menlo Park, CA: Dale Seymour Publications.

Dacey, Linda, and Rebeka Eston. 2002. *Show and Tell: Representing and Communicating Mathematical Ideas in K–2 Classrooms*. Sausalito, CA: Math Solutions Publications.

Economopoulos, Karen. 1997. *Coins, Coupons, and Combinations: The Number System*. Investigations in Number, Data, and Space Series. Cambridge, MA: TERC and Menlo Park, CA: Dale Seymour Publications.

Fosnot, Catherine T., and Maarten Dolk. 2001. *Young Mathematicians at Work: Constructing Number Sense, Addition, and Subtraction*. Portsmouth, NH: Heinemann.

Goodrow, Anne, Beverly Cory, and Catherine Anderson. 1997. *How Long? How Far?: Measurement*. Investigations in Number, Data, and Space Series. Cambridge, MA: TERC and Menlo Park, CA: Dale Seymour Publications.

Lemme, Barbara. 2000. "Integrating Measurement Projects: Sand Timers." *Teaching Children Mathematics* 7: 132–135.

Litton, Nancy. 1998. *Getting Your Math Message Out to Parents*. Sausalito, CA: Math Solutions Publications.

Phillip, Randolph A. 1996. "Multicultural Mathematics and Alternative Algorithms." *Teaching Children Mathematics* 11: 128–133.

Robertson, Laurel, Shaila Regan, Marji Freeman, and Julie Constable. 1993. *Number Power, Grade 1*. Menlo Park, CA: Addison-Wesley.

Russell, Susan J., Karen Economopoulos, and JoAnn Wypijewski. 1997. *Putting Together and Taking Apart: Addition and Subtraction*. Investigations in Number, Data, and Space Series. Cambridge, MA: TERC and Menlo Park, CA: Dale Seymour Publications.

Russell, Susan J., Rebecca B. Corwin, Karen Economopoulos, Catherine Anderson, Beverly Cory, and Alison Abrohms. 1997. *Does It Walk, Crawl, or Swim?: Sorting & Classifying Data*. Rev. ed. Investigations in Number, Data, and Space Series. Cambridge, MA: TERC and Menlo Park, CA: Dale Seymour Publications.

Stenmark, Jean Kerr, Virginia Thompson, and Ruth Cossey. 1997. *Family Math for Young Children*. Berkeley: EQUALS, Lawrence Hall of Science, University of California.

Sullivan, Peter, and Pat Lilburn. 2002. *Good Questions for Math Teaching: Why Ask Them and What to Ask, K–6*. Sausalito, CA: Math Solutions Publications.

Tank, Bonnie. 1996. *Math by All Means: Probability, Grades 1–2*. Sausalito, CA: Math Solutions Publications.

Tank, Bonnie, and Lynne Zolli. 2001. *Teaching Arithmetic: Lessons for Addition and Subtraction, Grades 2–3*. Sausalito, CA: Math Solutions Publications.

Wickett, Maryann, and Marilyn Burns. 2002. *Teaching Arithmetic: Lessons for Introducing Place Value, Grade 2*. Sausalito, CA: Math Solutions Publications.

Young, Sharon L., and Robbin O'Leary. 2002. "Creating Numerical Scales for Measuring Tasks." *Teaching Children Mathematics* 8 (7): 400–405.

찾아보기

ㅇ

ㅈ

ㅊ

ㅋ

ㅌ

ㅍ

ㅎ

김 진 호
Columbia University 수학교육학 박사
현재 대구교육대학교 수학교육과 교수

남 미 선
서울교육대학교 수학교육학 석사
현재 은진초등학교 교사

안 희 진
서울교육대학교 수학교육학 석사
현재 휘경초등학교 교사

구성주의 수학교실 2학년

2010년 8월 25일 초판 인쇄
2010년 8월 30일 초판 발행

지은이 / Nancy Litton
옮긴이 / 김진호 · 남미선 · 안희진
펴낸이 / 오판근
펴낸곳 / 교우사

주 소 / 서울 동대문구 제기2동 148-19
전 화 / 925-2861(代), 편집부 / 925-2825
팩 스 / 925-2860

E-mail / kyowoo@kyowoo.co.kr
http://www.kyowoo.co.kr

등록 / 1994. 3. 24 제6-0256호

ISBN 978-89-8172-861-8 (94410)
978-89-8172-836-6 (세트)

값 17,000 원